川东地区长兴组生物礁储层地震预测关键技术与实践

赵　松　罗　冰　胥良君　赵　虎　编著

科学出版社
北　京

内容简介

本书是一部介绍川东地区长兴组生物礁储层地震预测方法的专著，总结了川东地区多年来的长兴组生物礁气藏勘探开发成果及经验。本书在分析川东地区构造圈闭特征、长兴组地质及沉积相特征、测井及地震响应特征、地震识别方法的基础上，以长兴组礁滩储层地震预测技术为主线，梳理了如何综合利用古地貌分析、地震属性及地震相分析、叠前叠后反演及流体检测等关键技术进行生物礁储层地震识别及精准预测，为进一步加快川东地区天然气勘探步伐提供技术支撑。本书采用理论与实践相结合的方法，具有较强的理论指导和实际应用价值。

本书可供从事复杂地区天然气勘探开发的科研人员、生产技术管理工作者使用，也可作为石油天然气大专院校有关专业师生的参考书。

图书在版编目(CIP)数据

川东地区长兴组生物礁储层地震预测关键技术与实践 / 赵松等编著. — 北京：科学出版社，2022.11

ISBN 978-7-03-072015-3

Ⅰ. ①川… Ⅱ. ①赵… Ⅲ. ①生物礁-油气藏-储集层-地震勘探-研究-四川 Ⅳ. ①P618.130.8

中国版本图书馆 CIP 数据核字（2022）第 054563 号

责任编辑：黄 桥 / 责任校对：彭 映

责任印制：罗 科 / 封面设计：墨创文化

科学出版社出版

北京东黄城根北街16号

邮政编码：100717

http://www.sciencep.com

成都锦瑞印刷有限责任公司印刷

科学出版社发行 各地新华书店经销

*

2022年11月第 一 版 开本：787×1092 1/16

2022年11月第一次印刷 印张：12

字数：285 000

定价：198.00 元

序

天然气是清洁能源，是实现“双碳”目标的重要力量。四川盆地具有天然气储量大、含油气层系多、油气保存条件优越、地震地质条件相对较好等特点，是我国天然气勘探的有利区域，目前已成为全国天然气生产的主战场，2021 年贡献了中国石油天然气集团公司天然气净增产量的一半。其中二叠系长兴组一直是四川盆地天然气勘探的重要层系，随着开江—梁平海槽地质观点的提出，围绕其进行的长兴组气藏勘探也进入一个快速发展的时期，显然宏观地质保障是气藏勘探的重要因素。然而生物礁气藏具有非均质性强、气水关系复杂等特点，其精细勘探开发离不开针对性的地震勘探技术，多年的勘探实践表明，只有在宏观地质观点指导下，综合利用切实可行的地震勘探技术，才能提高长兴组生物礁气藏的勘探成功率。

多年来，为探索出一条适合于四川盆地川东地区长兴组生物礁气藏的高效勘探开发方法，中国石油天然气股份有限公司西南油气田分公司(简称中石油西南油气田分公司)重庆气矿的勘探工作者们以“探索—实践—总结”为工作思路，不断凝聚成功和失败的勘探经验，取得了较大的勘探成果。从 1983 年的石宝 1 井溶蚀孔隙白云岩储层发现开始，到“一箭双雕”YA012-X16 井的成功获气，无不显示四川盆地长兴组生物礁气藏勘探开发技术的高效、快速发展。通篇阅读，我为川东地区生物礁气藏勘探开发取得的成就感到欣慰，深深地感受到技术进步是生物礁气藏勘探成功的重要保障。帕克·迪基(Parke Dickey)曾说过一个经典的评论：“我们经常在新地方用老方法发现石油，有时候我们也用新方法在老地方发现石油，但很少能用老方法在老地方发现石油(We usually find oil in new places with old ideas. Sometimes we find oil in an old place with a new idea. But we seldom find much oil in an old place with an old idea)。”显然关键技术的不断挖掘是复杂油气藏高效勘探开发的核心所在，重庆气矿长兴组生物礁气藏勘探实践完美诠释了这一观点。

从技术研讨角度来看，本书以生物礁气藏地震预测关键技术总结发现为主线，在分析川东地区构造圈闭特征、长兴组地质及沉积相特征、测井及地震响应特征、地震识别方法的基础上，梳理了如何综合利用古地貌分析、地震属性及地震相分析、叠前叠后反演及流体检测等关键技术，进行生物礁储层地震识别及精准预测，采用理论与实践相结合的方法思路，具有较强的理论指导和实际应用价值，可为国内同类地区生物礁储层勘探提供技术指导，为中石油西南油气田分公司“建设中国第一大气田接续奋斗”的目标添砖加瓦。

回望是为了前行，思考是为了提升，创新是时代赋予每一个石油人的使命。感谢重庆气矿勘探工作者们为了天然气事业辛勤劳作、智慧研究，祝愿四川盆地石油事业有更新、更好的明天！

特作此序。

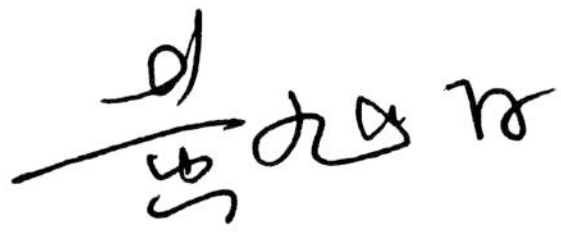

2022 年 6 月 18 日

前　　言

近年来，川东地区上二叠统长兴组天然气勘探取得了一系列突破和成果，但随着勘探进程的不断推进，川东地区由于地表情况起伏多变、构造特征复杂、生物礁储层非均性强、气水关系复杂等，导致长兴组生物礁气藏勘探仍然存在诸多难题有待解决，如何总结并建立生物礁气藏的地震有效识别模式及精准预测技术显得尤为关键。在此背景下，川东地区的科研人员经过多年的不断探索和实践，挖掘新的技术方法，对该区生物礁气藏基本地震地质特征进行不断深入认识和研究，形成了一系列成熟的、效果明显的技术系列，充分体现了科技驱动生产的工作思路，谱写了四川盆地生物礁气藏勘探开发的里程碑。

随着川东地区长兴组生物礁气藏的科技攻关、技术革新和科技试验力度的不断加大，在生物礁沉积模式、生物礁识别模式、礁滩圈闭成藏演化模式等方面取得了进步，然而一直没有总结形成适合川东地区的生物礁地震预测技术。温故而知新，为了进一步对川东地区长兴组生物礁储层进行深化勘探开发，需进一步从生物礁储层地震准确识别、储层精细刻画、流体检测等方面入手，挖掘行之有效的地震预测关键技术。对此，本书在总结近年来川东地区礁滩储层的勘探实践基础上，以地震预测关键技术为主线，从川东地区构造圈闭特征研究出发，首先总结分析长兴组地层及沉积相特征，其次建立长兴组生物礁储层测井及地震响应特征，进而形成地震识别模式。并构建了如何综合利用古地貌分析、地震属性及地震相分析、叠前叠后反演及流体检测等关键技术进行生物礁储层地震精准预测的流程，为提高生物礁气藏钻探成功率提供了技术支撑，为国内同类地区礁滩储层勘探提供了技术参考，为稳定川东地区的天然气产量提供了坚实的基础，为中石油西南油气田分公司“上产 500 亿、奋斗 800 亿”的目标添砖加瓦。

本书研究内容以川东地区多年长兴组生物礁气藏勘探为例，综合运用地层学、构造地质学、碳酸盐岩储层地质学和地球物理学等学科的理论和方法。主要内容包括川东构造特征研究、气藏地质特征研究、测井及地震响应特征研究及地震预测关键技术研究等，全面展示了川东地区生物礁气藏高效勘探的成就和进步，可为该区以及国内同类礁滩气藏的高效勘探开发提供借鉴。通过本书的编写，期望能总结经验、认识规律、发展技术、明确方向，进一步加快川东地区天然气勘探的步伐，并以此书献给从事川东地区天然气勘探开发的全体工作者。

全书由序、前言和相对独立的五章组成。第一章由赵松、邓瑛撰写；第二章由罗冰、杨江海、冯亮、刘宏、刘嘉伟撰写；第三章由赵虎、胥良君、许希辉撰写；第四章由胥良君、刘冬玺、赵虎、周路撰写；第五章由赵松、罗冰、胥良君、陈智雍、刘菲、朱中华撰写；本书图片由刘嘉伟、李汶峻、孙勇修饰美化。

在编写过程中，中石油西南油气田分公司、西南石油大学、中国石油集团东方地球物理勘探有限责任公司等单位、院校的领导和专家给予了指导和帮助。在此，向所有对本书提供指导、关心、帮助的领导和员工及引用参考资料的有关作者表示深深的谢意。

鉴于编者水平有限，不妥之处请批评指正，特此表示衷心感谢。

目　　录

第一章 概　　论

第一节 川东地区礁滩储层勘探历程

四川盆地正式的油气勘探工作是始于1953年，限于当时的勘探技术和地质认识，初期仅在局部地区进行地质普查和构造细测，并对当时认为保存条件比较好的一些局部构造进行了钻探(四川油气区石油地质志编写组，1989)。随后逐步开展了针对整个盆地的地质和地球物理普查勘探，进而了解整个盆地的地质结构和沉积岩的发育情况。按照油气勘探突破和地震勘探技术的发展，川东地区复杂储层的勘探历程可分为以下三个阶段。

一、油气普查勘探阶段(1953～1960年)

四川盆地的地面地质调查最初主要集中在龙门山前带和龙门山背斜、自流井至宜宾一带，在20世纪50年代中期以后逐步加强了川南和川中的普查，并首次开展连片构造制图工作，使得地质详查、细测工作不再局限于单一构造，而且可以把不同构造之间包括向斜部分的构造关系厘清，避免漏掉一些小的构造，也有利于进行构造对比。此外，这一时期也着重进行重磁力普查、详查工作，对盆地的基底结构和基岩埋深有了合理解释，对四川盆地的区域构造特征和构造区划分也形成了良好的认识。

二、以构造圈闭勘探为主及生物礁气藏兼探的阶段(1961～1989年)

1970年，在湖北建南构造连16井钻遇上二叠统长兴组发现生物礁气藏后，引起了四川油气勘探部门的重视。随后在川东华蓥山、开江江华、鄂西利川等地进行地面调查。1982年，对石宝寨断鼻构造进行预探，于1983年在石宝1井钻遇溶蚀孔隙白云岩，经射孔、酸化后获日产气近$40\times10^4m^3/d$，自此打开了四川盆地油气勘探领域新局面。

石宝1井生物礁气藏被发现后，地质学家们立即展开跟踪研究，1984年以后，长兴组生物礁气藏的勘探又不断有新发现，且在板东潜伏构造的板4井又发现生物礁气藏，经射孔后测试获工业气流。经与地面礁体分布态势对比，初步划分了生物礁发育的有利地带。但是由于这一时期发现的礁体较小，对其分布规律和礁体的地震反射特征认识不足，勘探难度依然较大，进而导致后续部署的井大多未获成功。虽然20世纪90年代初在铁山南构造发现了长兴组生物礁气藏，探明储量近$4\times10^8m^3$，但仍未改变其兼探地位，且由于勘探边缘礁滩的时机和技术条件仍不成熟，因此这一时期对于长兴组还是以构造圈闭勘探为主，对生物礁气藏勘探主要采用兼探方法。

三、以岩性-构造复合型圈闭为主的阶段（1990年至今）

（一）岩性-构造复合型气藏勘探

1979～1987年四川盆地高陡构造勘探陷入失利阶段，这一时期部署实施放缓的井位大多因钻入构造陡带或断层下盘的断凹之中而落空，油气勘探进程放缓。在对早期勘探阶段和预探评价阶段的结果综合分析之后，借鉴大池干井高陡构造带的成功实例，对川东高陡构造的褶皱特征有了更充分、清楚的认识。1984～1986年对五百梯构造重新进行数字地震详查，于1989年1月在五百梯潜伏构造高点附近部署了TD1井、TD2井，于石炭系钻获工业气流，从而发现川东地区第一个大型气田——五百梯气田，且在后续整体评价勘探阶段通过部署的TD2井、TD10井、TD21井发现了另一个主力产层——长兴组（马永生等，2010）。五百梯长兴组生物礁气藏是开江—梁平台凹东北侧发现的第一个二叠系边缘礁滩气藏，为以后黄龙场、七里北、高峰场等礁滩气藏的勘探发现提供了先例。1990年3月18日，在大猫坪潜伏构造高点部署实施了YA7井，于1993年2月16日钻探YA12井，且对该井长兴组井段进行射孔、酸化后获日产气近$60\times10^4m^3/d$，从而发现了长兴组生物礁气藏，为查明大猫坪构造长兴组生物礁分布范围，2008年在该区部署YA012-1井、YA012-2井，均在长兴组获得了高产气流。大猫坪长兴组生物礁气藏于2012～2014年部署了YA012-6井、YA012-X7井、YA012-X8井等4口开发井，4口开发井长兴组完井试油均获高产工业气流，随着一系列气田、含气构造勘探获得成功，四川盆地天然气探明储量逐步攀升。

（二）生物礁滩型气藏初步勘探

随着盆地内主要构造高部位均已被钻探，以构造圈闭为钻探目标的勘探思路未能取得油气勘探突破，油气勘探进程放缓，亟需新领域的勘探发现，因此必须转变勘探思路。虽然在20世纪90年代以前也陆续钻获一批小型礁滩气藏，但是对礁滩气藏的地质分布规律和成藏规律认识不清楚，勘探一直处于迷茫期。随着盆地油气勘探程度提高、地质认识不断深入和勘探技术不断进步，逐步发现生物礁集中分布在环早期开江—梁平海槽的碳酸盐台地边缘，它们随着碳酸盐台地沉积区的扩大和开江—梁平海槽的消亡而发生迁移，勘探者们也逐渐认识到礁滩气藏明显受到沉积相带的控制，因此调整了以构造为主的勘探思路，提出了以长兴组礁、滩孔隙型白云岩储集层为主的岩性-构造复合圈闭为勘探对象，勘探聚焦至宣汉—达州地区。

同时，中石化也加大了对礁滩气藏的勘探力度，对普光地区实施了地震综合勘探工作，结合大量地震、地质资料，优选钻探目标，部署实施PG1井，该井于2003年7月在飞仙关组试获约$40\times10^4m^3/d$高产工业气流，从而发现了四川盆地首个千亿级大气田——普光气田（曾汇川等，2017）。

（三）环开江—梁平海槽的生物礁滩型气藏专层勘探

20 世纪末虽然在川东北地区环开江—梁平海槽东侧的台地相区发现了渡口河、罗家寨、铁山坡、大天池、黄龙场等一系列礁滩气藏，但其大多都是在钻探其他主力产层时偶然钻遇，并未对其进行专层钻探。但随着这一系列长兴组礁滩型气藏的发现，打破了此前业界对于开江—梁平海槽地区几乎不发育礁滩气藏的认识局限，并提出“四川盆地东北地区晚二叠世—早三叠世飞仙关早期存在‘开江—梁平海槽’，其形成、发展和消亡过程控制了四川盆地上二叠统长兴组的生物礁分布。四川盆地二叠系呈层状分布、连片发育大型生物礁的优质孔隙性储层环开江—梁平海槽的台地边缘展布，是礁、滩气藏分布的有利区”。并由此提出：“占边缘、找亮点、套构造”的重要勘探思路，预测了环开江—梁平海槽及其北、西延伸带的生物礁有利分布区，确定了一批边缘相带大中型气藏勘探的礁、滩目标，进而指导了四川盆地生物礁滩气藏的勘探工作(胡东风等，2021)。并且随着勘探进程的不断推进，逐渐明确了沉积相、沉积环境对礁滩气藏形成和分布的控制作用，使四川盆地的礁滩气藏勘探工作主要围绕环开江—梁平海槽进行。

2006 年，在龙岗地区进行地震勘探时发现该地区长兴组生物礁地震异常，并部署实施了风险探井 LG1 井，测试显示长兴组获得高产工业气流。在 LG1 井突破后立即在龙岗地区部署了二维、三维地震勘探，部署实施了两轮探井计划，进一步扩大了龙岗气田探明范围。自此，开江—梁平海槽西侧地区长兴组生物礁气藏勘探取得突破。

在龙岗气田勘探工作进行得如火如荼时，中石化在元坝地区的勘探工作也在加快进行，在 21 世纪初期便完成了对该地区的地质研究和老井复查工作，并于 2003 年、2006 年在元坝地区分别进行了二维地震概查，且在 2006 年成功部署实施了 YB1 井，元坝地区长兴组生物礁气藏获重大突破，发现了元坝气田，进而开辟了开江—梁平西侧勘探新领域。

普光、龙岗、元坝气田的成功发现，不仅揭示了四川盆地礁滩气藏巨大的勘探潜力，同时也把勘探领域从原来的 5200m 深度拓展到 6500m 甚至是 7200m，实现了从中浅层到深层超深层领域勘探的转变，极大地丰富了勘探空间。

虽然四川盆地在常规天然气领域发现了普光、龙岗、元坝等大型气田，非常规天然气领域也获得了重大突破，但整体天然气探明率仍然偏低，剩余可供勘探的天然气资源量大，常规与非常规油气勘探、深层超深层天然气勘探潜力巨大，将大有可为。

第二节 川东地区地质背景

一、大地构造背景

四川盆地位于扬子板块西部，是一个在上扬子克拉通基础上形成的叠合盆地，北以米仓山和大巴山为界，西以龙门山褶皱冲断带与松潘—甘孜造山带相连，东以七曜山断裂为界，南部逐渐过渡到川滇隆起带，具有明显的近菱形边界，面积约为 $18\times10^4km^2$。按照盆地构造样式和强度可将四川盆地划分为 6 个构造带，分别为川西低陡构造带、川北低缓构造带、川中平缓构造带、川西南低褶构造带、川南低陡褶皱带和川东高陡构造带。

川东高陡构造带西起华蓥山断裂，东至七曜山，南达南川，东北以万源断裂带与大巴山相接，是四川盆地稳定地块中相对活动的构造区，面积约为 $4.5\times10^4km^2$。高陡构造在地貌上为正向高山，相对高差达500～800m，构造核部多出露中、下三叠统碳酸盐岩，翼部地层陡峻，倾角50°至直立倒转，上下构造差异大，属不协调褶皱。在平面上构成一系列平行的隔挡式褶皱，背斜狭窄，宽5～7km，延伸超过100km，向斜宽缓达10～20km。在高陡构造带之间也有少数受力较弱的低缓构造及由地震勘探发现的潜伏构造。由于地貌反差较大，地层倾角陡，构造形迹十分复杂，常被形象地称为高陡构造或高陡背斜。区内包含七排NE-NNE向隔挡式褶皱构造，分别为华蓥山构造、蒲包山—凉水井—九峰寺—铜锣峡构造、七里峡构造、大天池—明月峡构造、南门场构造、云安场构造、方斗山构造（图1-1）。

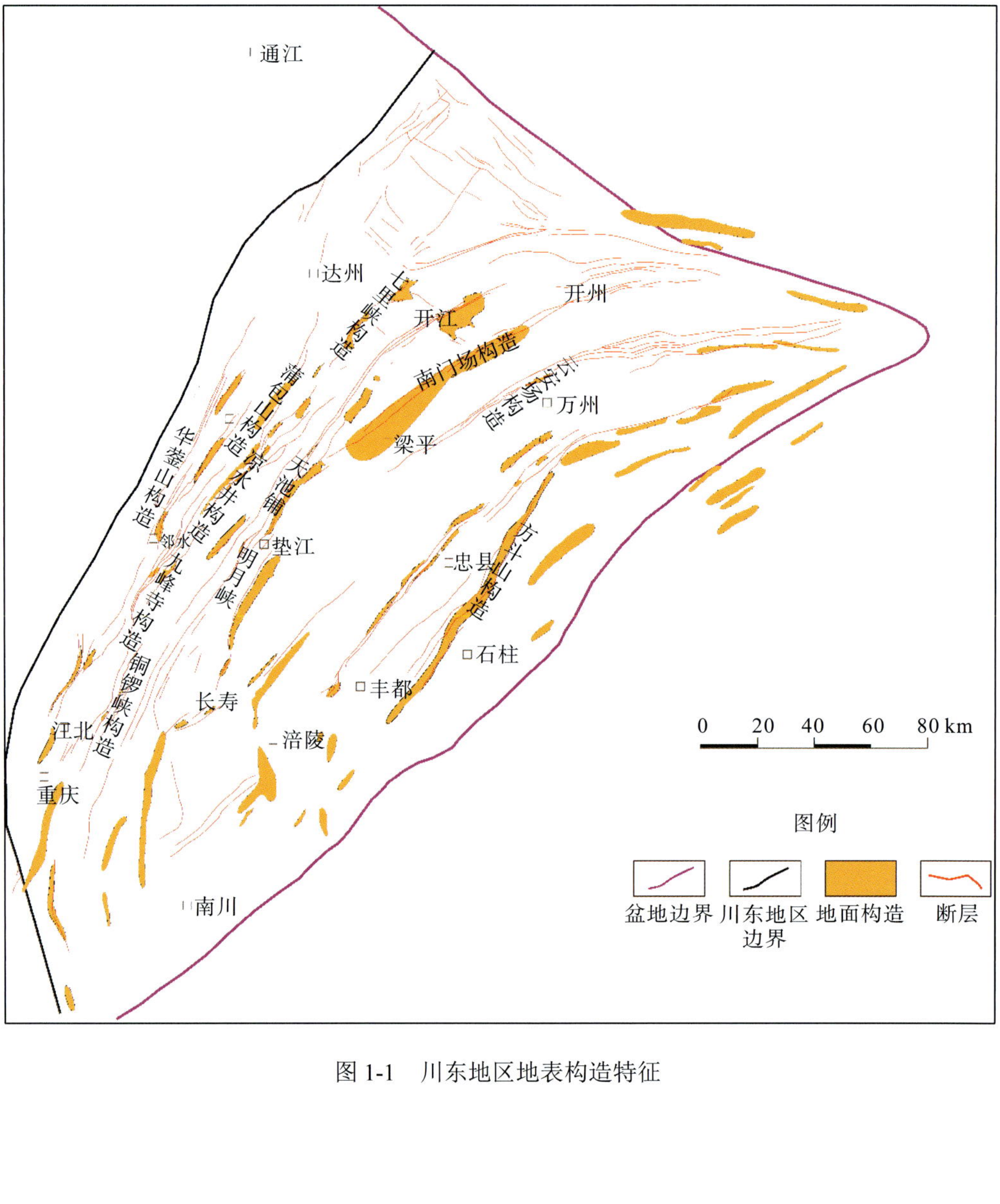

图1-1　川东地区地表构造特征

二、地层发育特征

四川盆地基底主要为前震旦系变质岩系，这套地层在不同区域分布差异较大。晋宁运动使这一套前震旦系广泛变质，同时还伴有基性—中酸性岩浆岩侵入，使整个上扬子区固结成为一个比较统一的稳定基底。基底之上地层发育齐全，震旦系—中下三叠统为海相地层，以碳酸盐岩为主，厚度 6000～7000m，上三叠统—白垩系以陆相碎屑岩为主，厚 2000～5000m（图 1-2）。

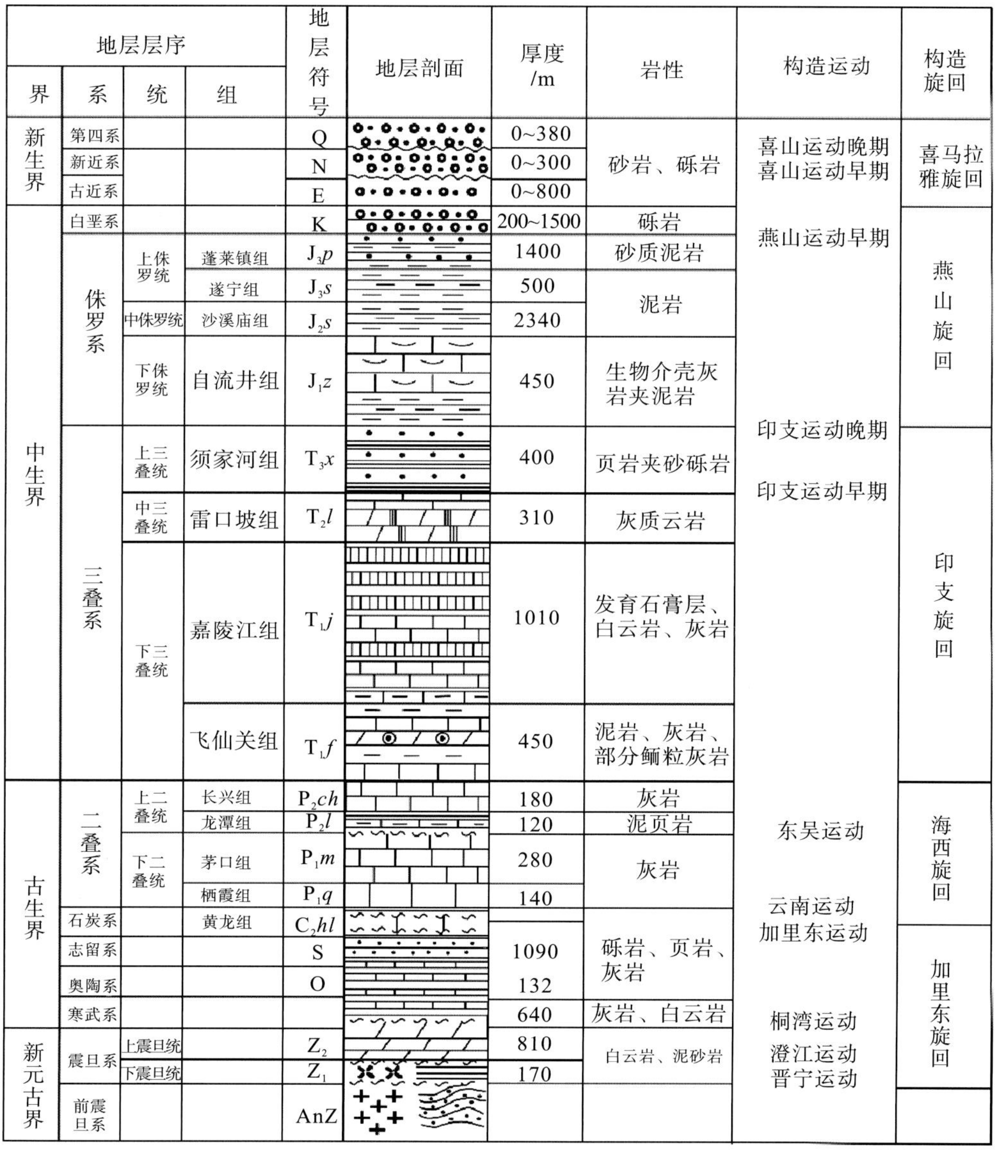

图 1-2　四川盆地地层层序示意图

（一）震旦系

震旦系是进入地台发展时期的第一个沉积盖层，在川东地区自下而上主要为莲沱组、南沱组、陡山沱组及灯影组。

1. 莲沱组

下部一般是紫红、灰紫色块状变余长石石英砂岩、含砾长石石英砂岩，底具砾岩，砾石成分主要为下伏板溪群变余砂岩、板岩；上部为紫灰、岩夹粉砂岩，偶夹少量凝灰岩，厚 200～1000m。

2. 南沱组

岩性为一套灰、灰绿色含冰碛砾石的砂质泥岩及砂岩，砾石表面常见多组不同方向的冰川擦痕，砾石分选差。

3. 陡山沱组

岩性为灰至灰黑色碳质页岩，砂质页岩夹含锰砂质岩透镜体，底部有一层厚数米至十余米的白云岩或白云质灰岩，顶部常有厚度不等的薄至中层状灰岩、泥灰岩，含微古植物。到万州、涪陵以西为灰色白云岩、砂岩夹少许页岩，川北广元、南江等地变成紫红色砂岩、页岩及灰色泥质白云岩和石灰岩，一般厚 200m 左右，四川盆地该层厚度为 10～400m，最厚分布在盆地东部及东北部。

4. 灯影组

大套质纯白云岩，以中上部的一层“蓝灰色页岩”为界分为上、下两段。下段底部为灰至深灰色块状含泥质，灰质白云岩；下部为灰至浅灰色厚层块状白云岩，葡萄状、肾状、花边状，花斑状构造十分发育，富含古藻；上部为灰至深灰色厚层夹薄层白云岩，夹黑色硅质岩，偶见花斑状，条纹状构造，古藻稀少。此外，下段又以含藻情况分为下贫藻层、富藻层、上贫藻层，上段为灰、灰白色含磷白云岩及硅质岩。灯影组岩性在盆地范围内比较稳定，其中的“蓝灰色页岩”和“富藻层”在区域上均能对比，可作标志层。由于震旦纪海水退出，致使灯影组遭到不同程度的剥蚀。

（二）寒武系

寒武系纵向上为一套碎屑岩至碳酸盐岩沉积组合，下统包括筇竹寺组、沧浪铺组，中统为龙王庙组和高台组，上统为大套碳酸盐岩的洗象池组。寒武系发育齐全，底与震旦系灯影组为假整合接触，顶与奥陶系在盆地内为连续沉积。

1. 筇竹寺组

上部岩性为深灰色、黑灰色泥质粉砂岩，其余为深灰色、黑灰色、灰黑色页岩夹灰黑色砂质页岩，底以深灰色页岩与下伏震旦系灯四段褐灰色灰岩假整合接触。

2. 沧浪铺组

上部岩性以深灰色、黑灰色粉砂岩、泥质粉砂岩、白云质粉砂岩为主，夹灰色细砂岩、灰色泥岩，中部为深灰色、深褐灰色白云岩夹深灰色粉砂质泥岩，下部为褐灰色、灰褐色、深褐灰色灰岩与深灰色泥质粉砂岩呈不等厚互层。

3. 龙王庙组

龙王庙组在川中地区以褐灰色、深灰色白云岩为主，夹深灰色泥质白云岩、砂质白云岩及灰色、深灰色鲕粒白云岩、豆粒白云岩，向川东地区为灰白色石膏层、白色盐岩、膏质白云岩与深灰色、灰色白云岩不等厚互层，到川东北地区基本以白云岩沉积为主。

4. 高台组

高台组在川中地区以灰色、深灰色、黑灰色泥岩、白云质泥岩与深灰色、深褐灰色、黑灰色泥质白云岩呈不等厚互层，夹深灰色白云质粉砂岩、鲕粒白云岩；川东南地区为石膏层、膏质白云岩与深灰色、灰色白云岩不等厚互层，川东北地区虽然无钻井钻穿，但地震上看应为石膏层、膏质白云岩与深灰色、灰色白云岩不等厚互层。

5. 洗象池组

上部岩性为灰色、深灰色白云岩夹薄层泥质白云岩，中上部为深灰色、褐灰色溶孔白云岩，夹深灰色白云岩，中下部及下部为深灰色、灰色白云岩夹黑灰色、深灰色泥质白云岩，深灰色砂质白云岩及白云质粉砂岩，底以深灰色砂质白云岩与下伏高台组深灰色白云质粉砂岩整合接触。

(三)奥陶系

1. 南津关组

岩性为灰色中-厚层砂质白云岩与灰绿色页岩互层，底为灰色、蓝灰色页岩。

2. 分乡组

城口北部岩性为灰色白云岩、生屑灰岩，城口南部区域的上部岩性为厚层白云质灰岩夹鲕状灰岩及竹叶状灰岩。下部岩性为砂质白云岩与黄绿色页岩互层，底为 0.1～1m 暗灰色含砾石英砂岩，产四川桐梓虫等化石。

3. 红花园组

岩性为扁豆状灰岩、生屑灰岩与深灰色、黄绿色页岩不等厚互层，夹有鲕状、竹叶状灰岩。

4. 大湾组

上部岩性为灰色中-厚层生物结晶灰岩，中部岩性为黄绿色页岩夹扁豆状灰岩，下部岩性为黄绿色页岩与薄层生屑灰岩互层。

5. 牯牛潭组

岩性为灰色、暗灰色中层泥质灰岩及瘤状灰岩夹龟裂纹灰岩。

6. 庙坡组

岩性为灰黑色页岩，中上部夹薄层扁豆状灰岩。

7. 宝塔组

岩性为灰色、灰紫色、紫红色厚层龟裂纹泥质灰岩夹瘤状灰岩。

8. 临湘组

上部岩性为黄绿色、深灰色页岩，下部为灰色中层瘤状灰岩。

9. 五峰组

岩性为黑色薄层硅质岩、硅质页岩与碳质页岩互层。

（四）志留系

主要岩性为灰黑色、灰色粉砂质页岩、水云母页岩及水云母质粉砂岩，底部为碳硅质页岩、碳质页岩，偶夹重晶石矿，富含笔石化石。

（五）石炭系

岩性为深灰带褐色白云岩、砂屑白云岩、角砾白云岩、溶孔角砾白云岩，粗粉晶结构，底部以深灰色白云岩与志留系呈假整合接触关系。

（六）二叠系

川东地区二叠系主要以浅海碳酸盐岩沉积为主，分为上二叠统和下二叠统，上二叠统为浅海相、滨海沼泽相沉积物，下二叠统为浅海相沉积物，自上而下分为长兴组、龙潭组、茅口组、栖霞组及梁山组。

1. 长兴组

长兴组为碳酸盐台地沉积环境，在不同沉积位置，岩性组合不同，台地边缘为生物礁沉积，斜坡区为厚层状灰、褐灰色灰岩夹深灰泥晶灰岩、生屑灰岩，海槽以泥页岩沉积为主。

2. 龙潭组

上部为深灰、褐灰色灰岩夹深灰色硅质灰岩及燧石结核灰岩、黑灰色灰岩；下部以深灰色灰岩与深灰、黑灰色页岩为主。夹深灰色硅质灰岩、深灰色铝土质泥岩及深灰色玄武岩与黑色煤。

3. 茅口组

下部以深灰色灰岩、藻屑灰岩、生屑灰岩为主，中上部为灰、黑灰色泥晶灰岩、泥晶生屑灰岩及藻层灰岩，含泥质重。

4. 栖霞组

上部深灰色灰岩；中部顶灰色灰岩，其余为深灰色灰岩；下部深灰色灰岩。

5. 梁山组

岩性为一薄层黑灰色页岩，该组厚度较薄，仅有几米厚，与石炭系深灰色白云岩呈假整合接触。

（七）三叠系

三叠系分为上三叠统、中三叠统和下三叠统。早三叠世飞仙关期，川东北地区处于开阔海至台地的过渡带上，为一套浅滩相及开阔海台地相碳酸盐沉积，到了中三叠世，由于水下隆起，断裂活动及海进、海退的综合作用，形成了半封闭局限海蒸发相和开阔海台地相之多旋回组合沉积。中三叠世末，印支运动使四川盆地四周抬升，成为大型内陆湖盆。

1. 飞仙关组

三叠纪早期的大规模海侵，基本继承了其海盆东深西浅的特征，川东北地区飞仙关组继承性沉积一套开阔海台地相的碳酸盐岩，飞仙关末期，由于盆地的萎缩，沉积了几十米干燥气候条件下的黏土岩和石膏、碳酸盐交互地层。

2. 嘉陵江组

嘉陵江组为开阔海台地相与局限海半封闭式蒸发相多旋回组合沉积。

3. 雷口坡组

雷一^{3}亚段：上部为灰色、深灰色、深灰褐色灰岩夹薄层白云质灰岩，中下部以深灰色灰岩为主，夹薄层灰褐色白云岩、灰白色石膏及深灰色泥质灰岩。雷一^{2}亚段：顶底为灰白色石膏，中下部为深灰色、灰褐色、灰色白云岩、泥质白云岩、膏质白云岩，深灰色灰岩、灰白色石膏及白云质石膏不等厚互层。雷一^{1}亚段：上部以深灰色泥质白云岩、白云岩为主，夹灰白色石膏、白云质石膏，下部为灰白色石膏与深灰色、灰黑色泥质白云岩及灰色白云岩呈不等厚互层。

4. 须家河组

须家河组为内陆湖盆相砂岩、页岩夹煤系地层沉积，以厚层灰白色、浅灰色、深灰色、灰黑色及灰色中砂岩、细砂岩为主夹深灰色粉砂岩、黑灰色页岩、灰黑色粉砂质页岩、深灰色泥质粉砂岩及黑色煤，底部夹黑色碳质页岩。

（八）侏罗系

侏罗系分为上侏罗统、中侏罗统和下侏罗统，为湖相和河、湖交替相沉积的砂岩、泥岩，侏罗系末早燕山运动使四川盆地强烈抬升隆起，造成侏罗系上部地层遭受风化剥蚀，各地残厚不一。

三、川东地区构造特征

对构造样式的研究同样是探索地质构造体的一种重要手段，从构造几何形态、构造运动学和构造动力学方面，解析地质体内部结构规律及其演化，能够认识构造要素的几何性质、力学性质及它们之间的相互关系。通过构造几何学分析认识构造的空间形态、分布范围、排列方式及发育状况，进而研究构造的变形机制和力学性质（单文琅等，1991），通过变形机制反演构造运动过程。

川东地区经历了多期的构造运动，包括多期次、多方位、多性质的应力作用，使得构造样式复杂多样。区域横截剖面显示，地表主体表现为七排构造带相间的构造格局，从东向西依次为方斗山构造带、大池干—黄泥塘构造带、南门场构造带、大天池构造带、七里峡构造带、蒲包山构造带、华蓥山构造带，各构造带间以向斜相隔（图 1-3）。

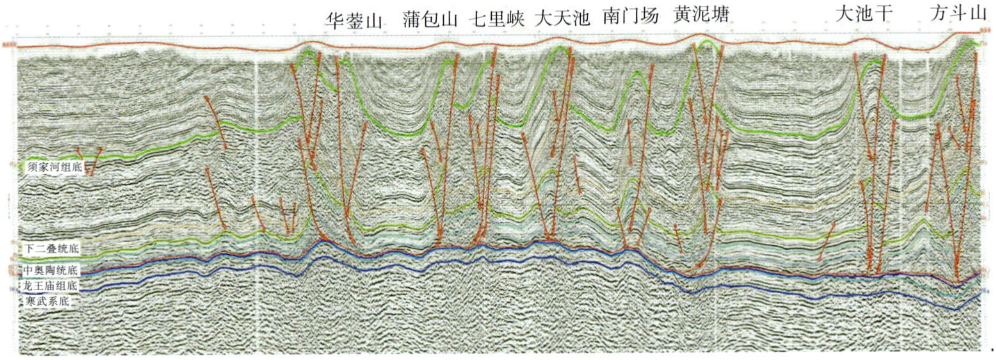

图 1-3 川东构造带剖面特征

川东地区北部轴向变化大，在大巴山—平昌构造带轴向呈北西向延伸，黄金口构造带呈北东向延伸，向东则表现为北东东、东西向的延伸，从西向东依次为大巴山—平昌构造带、黄金口构造带、五宝场凹陷、黄龙场—温泉井构造带、马槽坝—黑楼门构造带，加上税家槽构造带、南充构造群、威远—龙女寺构造群及南部的梓里场构造群，整个研究区可划分为 16 个构造带。

通过对川东地区构造解剖分析研究证实，川东地区构造模式并不是单一的，不同的构造带、不同的褶皱强度下、同一构造的不同构造部位都具有不同的模式。川东高陡构造模式可分为“挤压上冲抬升型”“挤压抬升倒转型”两大类（图 1-4），并可按照构造区域形态划分为三类：①主体构造区构造模式；②陡前带构造模式；③缓前带构造模式。

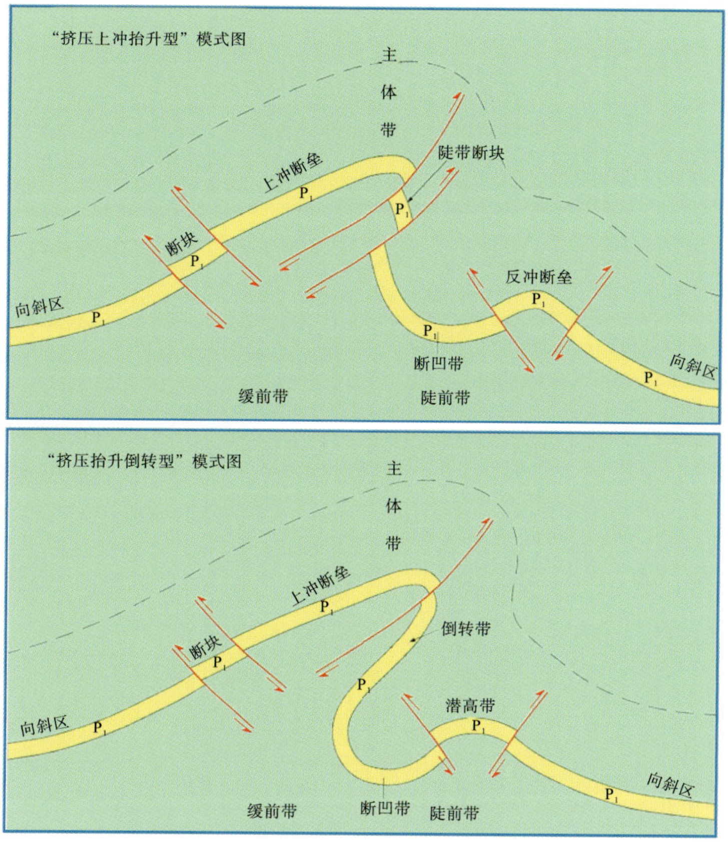

图 1-4　川东高陡构造模式(邓瑛等，2016)

(一)主体构造区构造模式

川东高陡复杂构造主体构造模式较多，多为不对称背斜型，两组构造相交会处、马槽坝、黑楼门构造带可见复式背斜。蒲包山主体构造狭窄、陡峭，两翼均发生倒转，可划分为双倒转型，南门场主体归为断块型(图 1-5、图 1-6)。

(二)陡前带构造模式

按陡前带构造褶曲、断裂结构关系、形态特征与上覆层的协调性将其分为五类：凸-凹结构型、凸-凹结构夹断层型、反背背斜型和凸-凹结构+反背背斜型。其中凸-凹结构型、凸-凹结构夹断层型是该区最普遍的构造模式，其凸型结构的构造是重要的含油气部位，陡缓转折型由于断块所处位置，应归入主体构造类的断块型(图 1-7)。

(三)缓前带构造模式

按缓前带构造褶曲、断裂结构关系、形态特征与上覆层的协调性将其分为五类。具体为:凸-凹结构型、阶梯状断块型、陡缓转折型、反背背斜型以及复式背斜型(图 1-8～图 1-10)。在华蓥山背斜、明月峡背斜、方斗山背斜的构造缓翼发育由若干次一级的背斜、向斜组合而成的一个大型背斜构造(图 1-9)(邓瑛等，2016)。

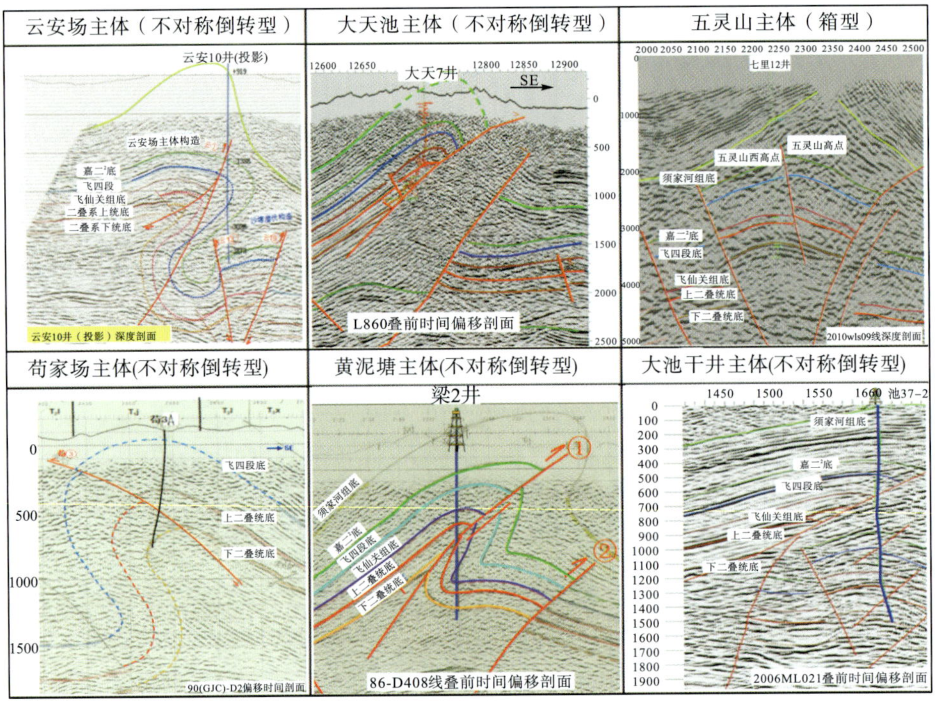

图 1-5 川东高陡构造主体构造模式一

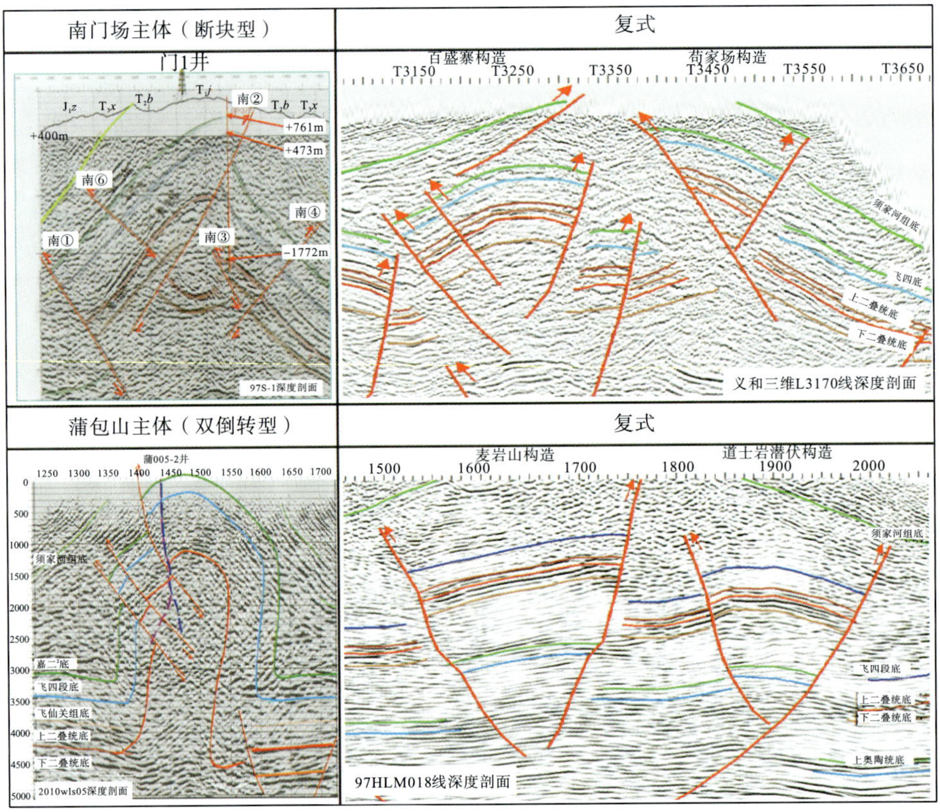

图 1-6 川东高陡构造主体构造模式二

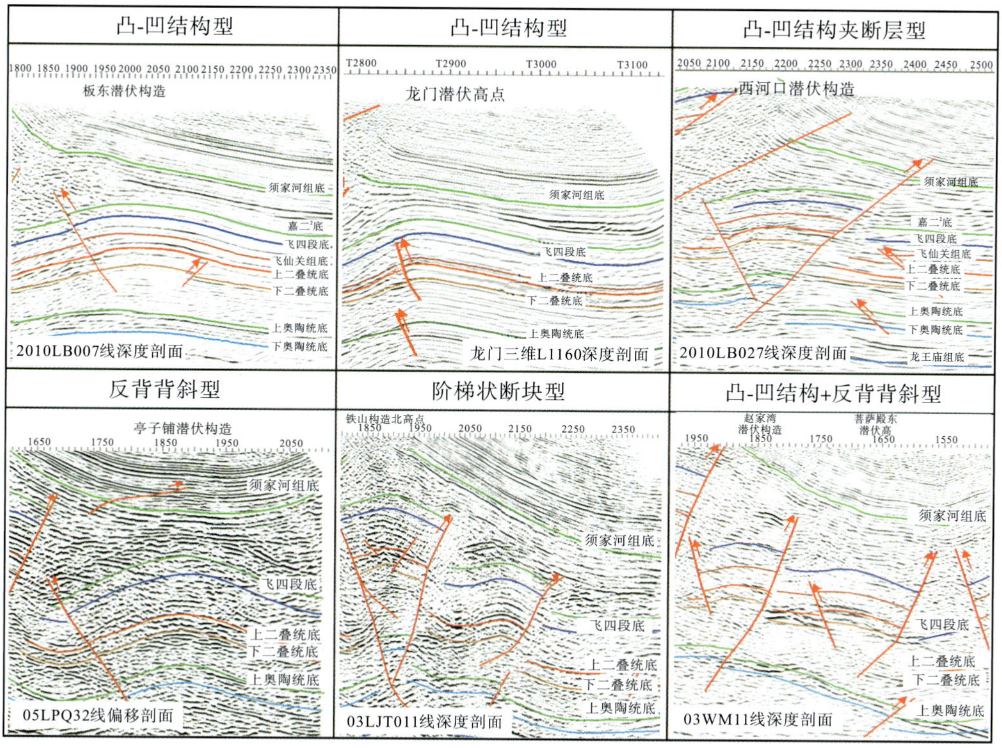

图 1-7　川东高陡构造陡前带构造模式

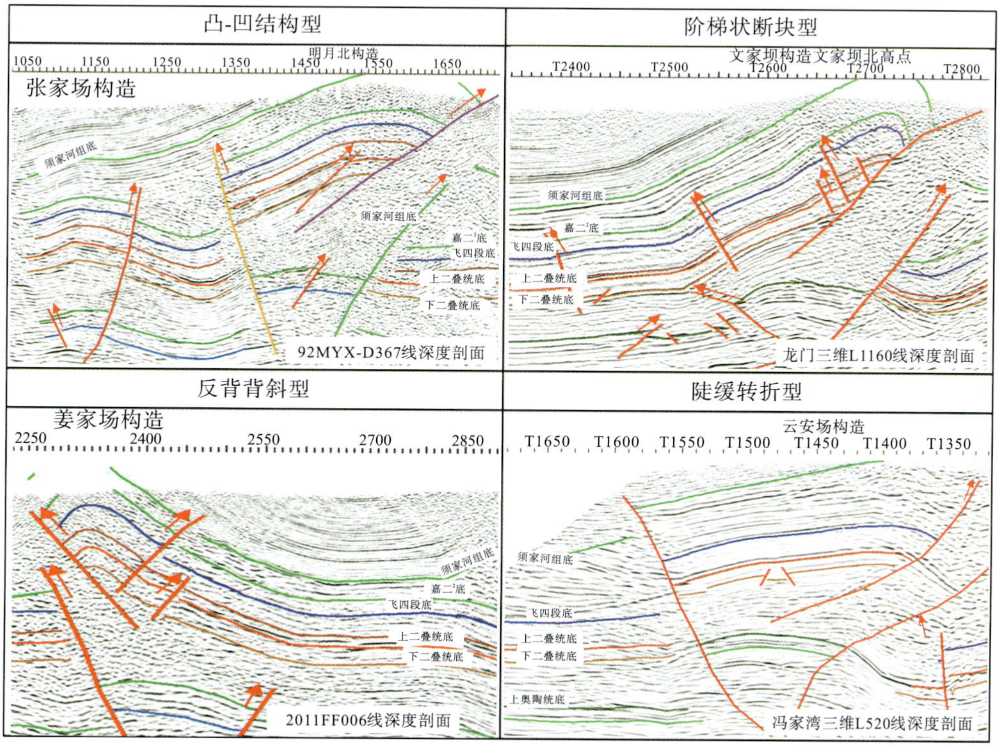

图 1-8　川东高陡构造缓前带构造模式一

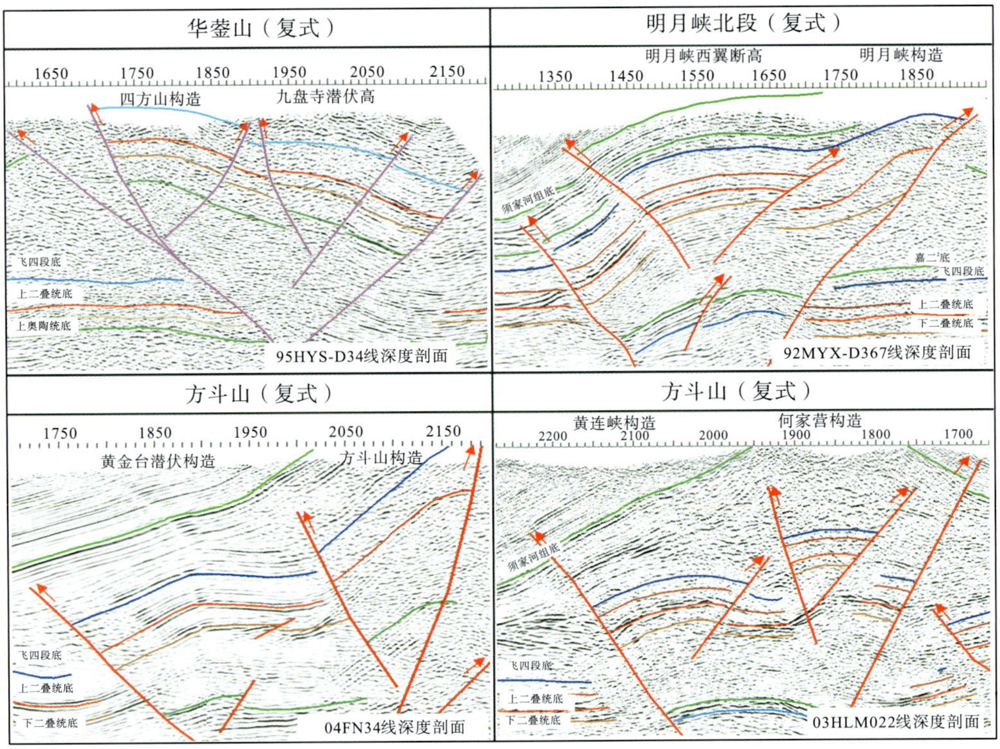

图 1-9　川东高陡构造缓前带构造模式二

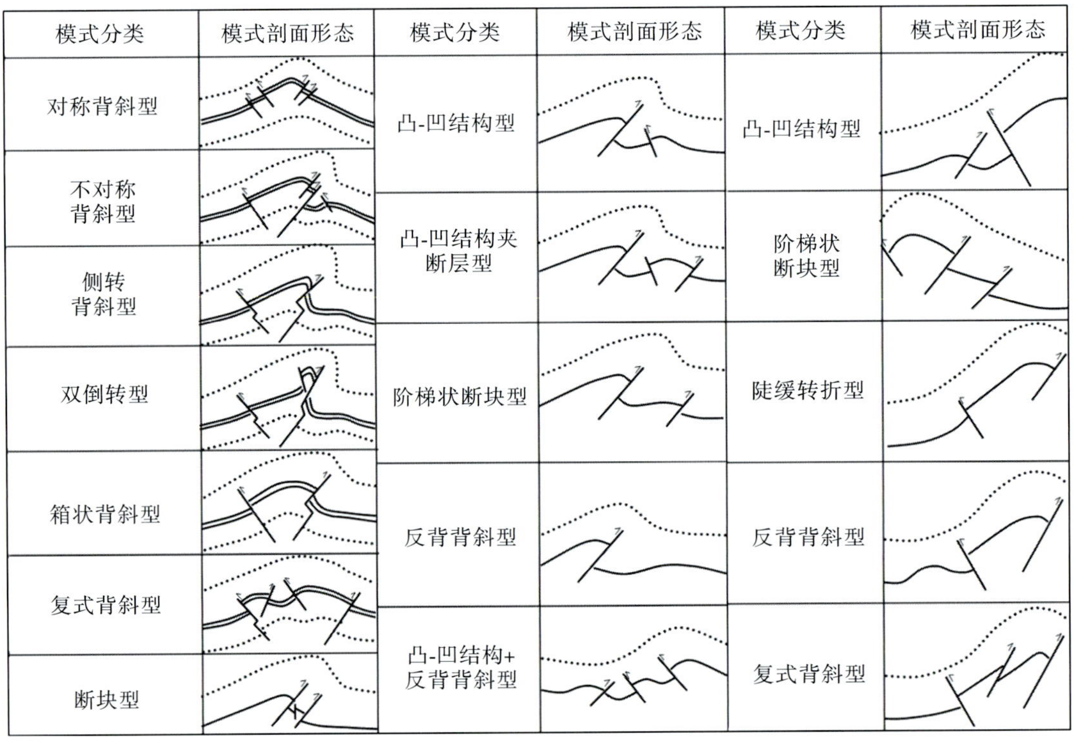

图 1-10　川东高陡构造不同部位构造模式图（邓瑛等，2016）

四、川东构造演化分析

平衡剖面法显示川东地区(图 1-11)在桐湾Ⅰ期之前,下古生界—震旦系川东古隆起已经形成，是有利的油气运移指向区域。桐湾Ⅰ期，灯一段—灯二段古隆起由翼部向核部逐渐减薄。桐湾Ⅱ期，古隆起隆起幅度降低，灯三段—灯四段由翼部向核部区域逐渐减薄，厚度变化较桐湾Ⅰ期地层厚度变化小。古隆起核部及周缘区域即水体能量大的地区，为由于溶蚀作用形成的灯影组丘滩相储层有利发育区域，是下古生界—震旦系有利勘探区域。

加里东早期Ⅰ，川中古隆起开始形成雏形，该时期此区域受川中古隆起的影响，寒武系地层厚度呈现由东向西逐渐减薄的特征。加里东早期Ⅱ，川中古隆起持续发育，龙王庙底—奥陶系底地层厚度同样呈现由东向西逐渐减薄的特征。加里东晚期，由于川中古隆起继续发育，川东古隆起高点往西偏移，奥陶系地层由东向西逐渐减薄，川东古隆起逐渐消亡。

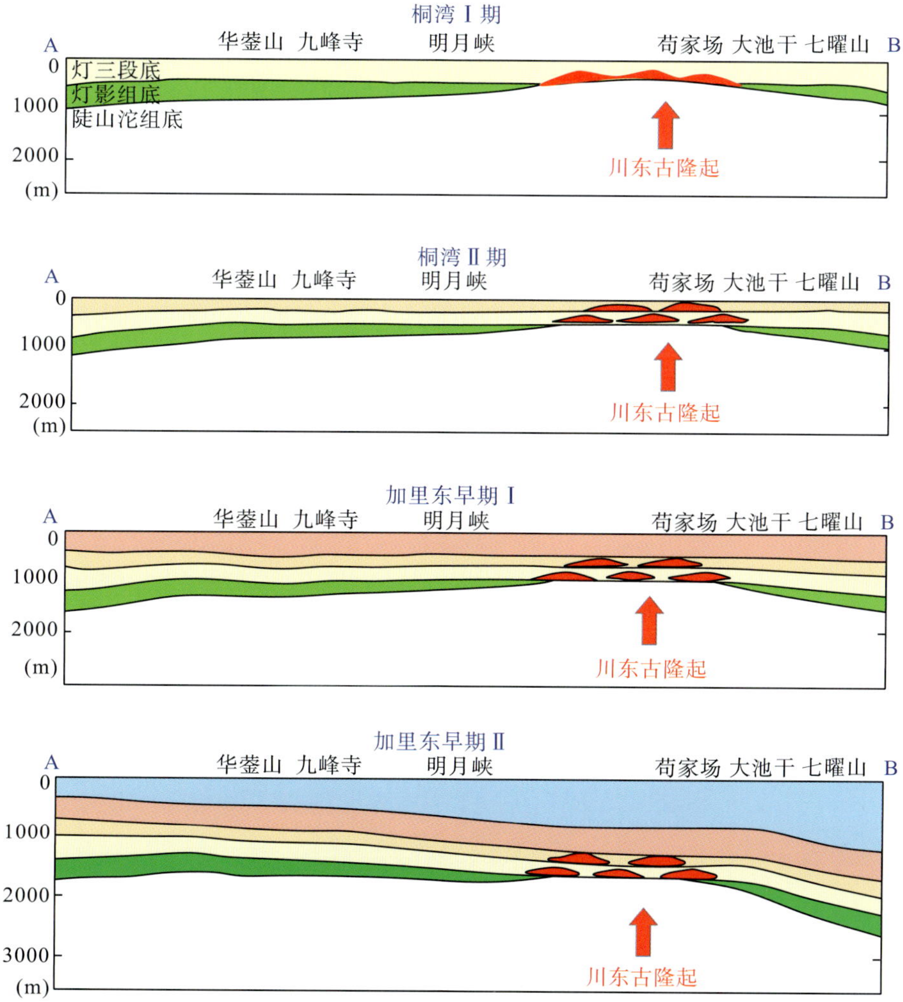

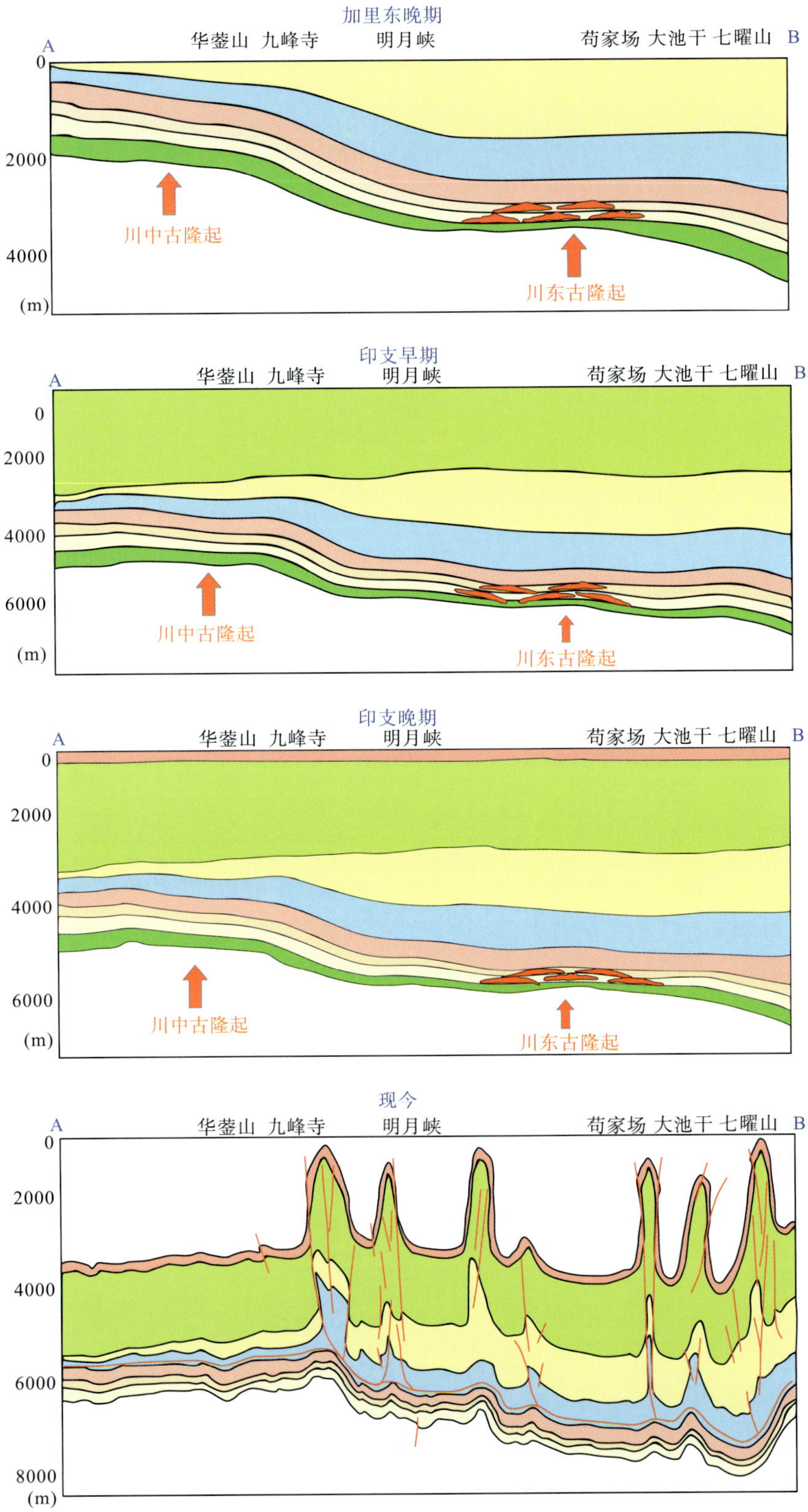

图 1-11 川东地区构造演化剖面(邓瑛等，2016)

印支早期，泸州—开江古隆起形成，由于泸州—开江古隆起的形成，川东地区抬升。印支晚期基本保持了印支早期的构造格局，须家河组地层厚度由西向东减薄。印支期石炭-二叠系等地层形成大型圈闭，有利于油气聚集成藏，但大型断裂对油气藏可能存在不同程度的破坏作用，需要落实各局部地区的盖层封闭性。在燕山—喜马拉雅运动的改造下，川东地区强烈挤压褶皱成山，形成大型断裂，卷入褶皱的最新地层为上侏罗统，显示褶皱变形发生在侏罗纪以后，部分大型断裂错断至寒武系，滑脱至寒武系内的膏岩中。盐上构造后期形成的局部圈闭，是二叠系的有利勘探区域(邓瑛等，2016)。

五、开江—梁平海槽的形成与演化

露头及钻探资料揭示，四川盆地二叠系—三叠系海相礁滩地层主要发育于上二叠统—下三叠统，主要包括吴家坪组碳酸盐岩缓坡生屑滩、长兴组台地边缘生物礁滩、飞仙关组台地边缘鲕粒滩坝及叠置迁移薄层鲕粒滩，而平面上主要分布在开江—梁平陆棚的东西两侧。礁滩体的纵横向展布受断层及古地貌控制，呈现较强规律性，与开江—梁平陆棚的形成演化密切相关(图 1-12)。

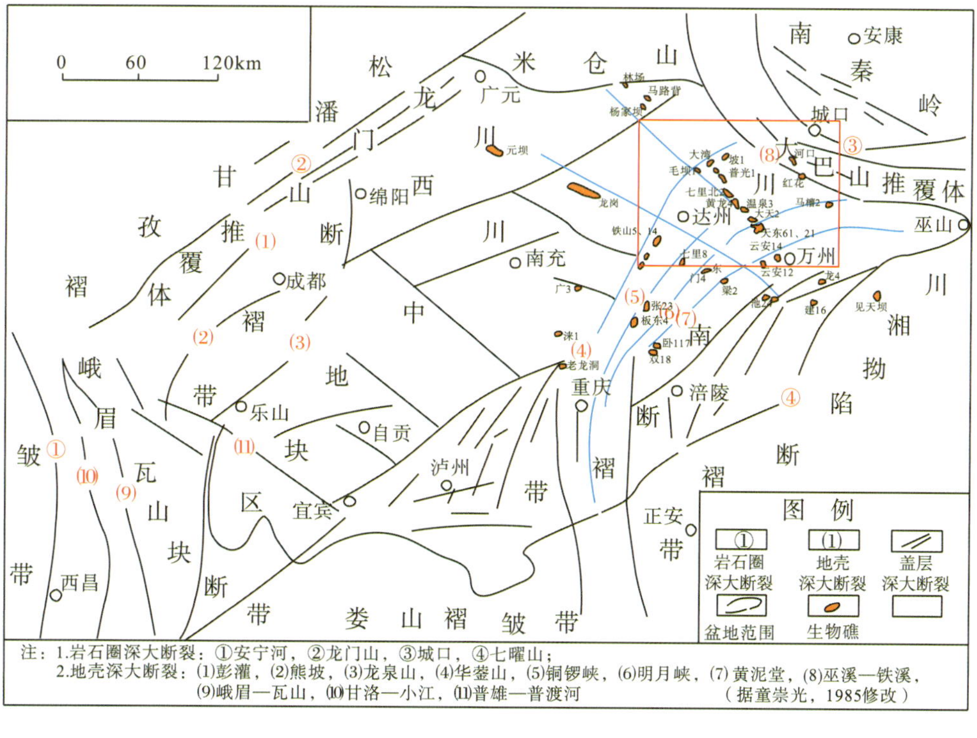

图 1-12　四川盆地深大断裂分布示意图(刘宏等，2017)

开江—梁平陆棚的形成与“峨眉地裂”运动有关，主要发育于晚二叠世长兴期—早三叠世飞仙关期，从而影响了长兴组生物礁和飞仙关组鲕粒滩的分布。中-晚二叠世，中上扬子区发生了一次大规模的峨眉山地幔柱事件，依次经历了岩浆初始活动、穹窿、断陷盆地及平行不整合面形成、火山喷发及基底下沉等多个阶段，该事件对二叠系、三叠系礁滩的形成演化产生了重大影响。

中二叠世茅口期，中上扬子区为开阔台地沉积环境，海底地形虽有起伏但总体平坦。茅口初期，岩浆已经开始在深部活动，岩浆活动使地表沉积环境动荡不定。茅口组整体为一套动荡环境沉积，层面不平直，波状起伏。茅口末期，火山即将喷出地表，隆升作用达到顶峰，中上扬子区整体隆升到海平面以上，全区演变为喀斯特环境，形成了中-上二叠统之间的不整合面。

吴家坪期，峨眉山玄武岩喷出地表，在川西地区堆积了厚度巨大的峨眉山玄武岩。西部火山爆发的同时，为弥补岩浆房的空间，中上扬子区除康滇地轴外，其余广大地区基底逐渐下沉。地幔柱晚期基底下沉过程中，由于差异沉降作用，形成了“开江—梁平陆棚”雏形。另外，由于基底沉降方式的不同，有些通过褶皱方式挠曲下沉，形成缓坡沉积；有些沿着断裂发生差异下沉，形成镶边台地沉积。

长兴期，中上扬子大部分地区火山活动基本结束，进入地幔柱演化的最后阶段，差异下沉作用进一步加剧，台地—斜坡—陆棚沉积相分异更为明显。

早三叠世飞仙关期，中上扬子区不再有峨眉山玄武岩喷发，沉积物不再受火山活动的任何影响。飞一段—飞二段沉积时，川东大部分地区沿袭长兴组格局，开江—梁平陆棚犹存；但受沉积充填作用影响，陆棚逐渐萎缩，至飞三段沉积时期逐渐被填平。近年来，随着地质认识转变、地震勘探技术发展，在川东地区围绕开江—梁平海槽逐渐发现了多个礁滩储层有利勘探区，包括铁山南、双家坝、高峰场、大猫坪和五百梯等区块(图 1-13)。

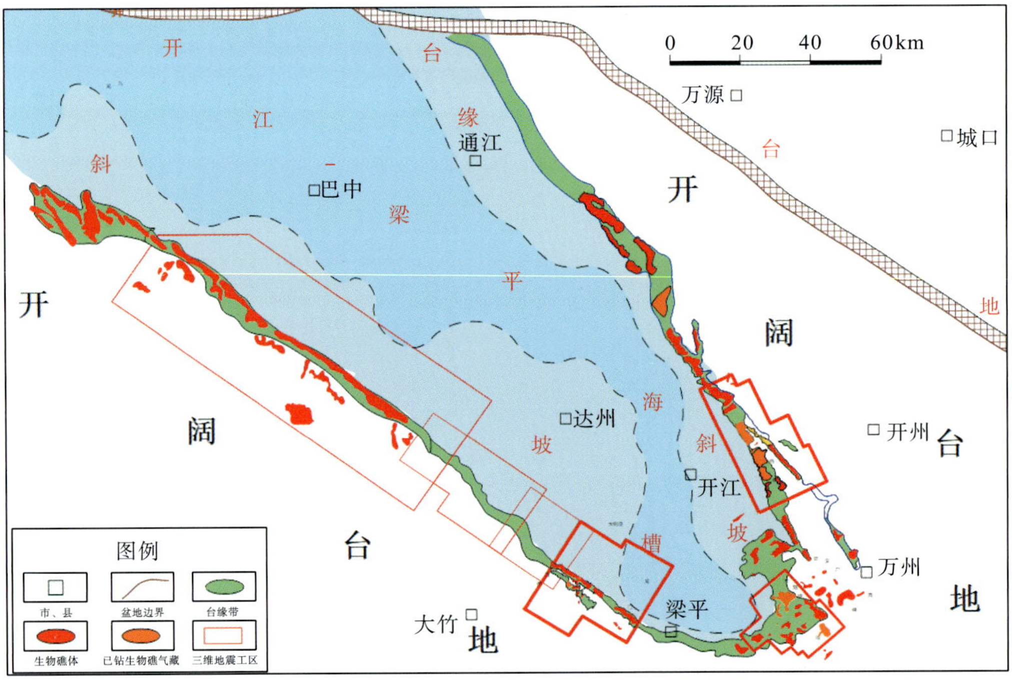

图 1-13 川东地区礁滩勘探有利区带分布图

第三节 礁滩储层勘探存在的问题及现状

半个多世纪的勘探实践表明，四川盆地油气资源丰富，勘探潜力巨大，是我国天然气勘探的重要区域，且四川盆地的大中型气田主要集中分布在二叠系、三叠系和震旦系等，其中在川东地区的二叠系、三叠系气藏整体发育较好，具备良好的勘探潜力。近年来，川东地区上二叠统长兴组—下三叠统飞仙关组天然气勘探取得了一系列重大突破，但随着勘探进程的不断推进，研究重点已经从储层的成因分析、类型识别、沉积相带划分等问题逐渐转变成生物礁发育的主控因素、分布范围、含油气性转变等一系列问题，因此，亟须不断深化对生物礁储层勘探、储层预测等方面的研究，以应对不断变化且愈加复杂的勘探形势。

目前，川东地区生物礁储层勘探仍然存在难点。由于川东地区地表情况起伏多变，构造特征复杂，使得地震资料采集过程中激发和接收受到较大限制。同时，由于二叠系埋深较深，目的层地震信号由于衰减变得较弱，从而导致获得的地震资料信噪比较低，且长兴组生物礁储层单层厚度较薄，在地震资料上不易识别。而且随着古沉积环境的变迁，生物礁储层在地质运动的影响下使得其在纵横方向上变化较快，非均质性较强，从而导致预测生物礁储层的难度加大。同时，对于薄储层预测精度不够，需要进一步提升预测精度以满足勘探需求。

晚二叠世末，四川盆地呈现“三隆三凹”的古地貌格局，呈现出隆凹相间的分布特征，这样的分布格局自长兴早中期至飞仙关早-中期继承性存在。同时，这样的地貌格局对礁滩的分布起到重要的控制作用。长兴组和飞仙关组的礁滩储层分布不仅受到古地貌格局的影响，同时受到拉张作用的控制。文龙等(2012)认为基底断裂拉张所形成的同沉积作用控制着开江—梁平海槽地貌形态，使得在海槽中部至西北部东西两侧拉张沉降基本一致，形态基本对称。而在海槽的东南部，则存在非对称拉张现象，且由于海槽西侧靠近拉张断陷带，在同沉积拉张沉陷作用下，使海槽西侧具有比海槽东侧更陡的断陷沉积地貌(沈平等，2007；何骁等，2017；曾汇川等，2017)。长兴早期便在离断陷中心较近的台缘发育了陡缘型台地边缘生物礁，随着生物礁的生长，台缘障壁逐渐形成，为后期的生物礁生长发育进一步创造条件。

除了上述因素外，礁滩分布还受到地层沉积演化的控制。根据长兴组沉积时期的水动力条件以及沉积环境，可将其沉积相分为碳酸盐缓坡相、开阔台地相、台地边缘相和海槽相，其中主要发育碳酸盐岩缓坡相和开阔台地相(邱健和杨智仁，2002；马永生等，2010；张水昌等，2017)。长兴早期，斜坡坡折带继承发育，形成相对相貌高地，在此期间水体较深，仅在高地边缘的部分区域发育了一些规模较小的生物礁。随着时间推移，基地断裂活动加剧地貌差异，进一步促使开江—梁平海槽形成，在部分台地边缘开始发育生物礁，且生物礁规模相对长兴早期的更大。随着碳酸盐台地逐渐发育成熟，沉积、构造共同控制长二末期的古地貌，使得该区台缘带、台内高地分别成为台缘生物礁、台内礁和台内滩发育的有利区域。随着海平面上升速率的进一步降低和碳酸盐岩的自然生长，长三期时台地上的可容空间无法继续增加，台地进入以补偿沉积和追逐可容空间生长为主的阶段。在此期间，主要针对台地地貌差异进行填平补齐，台缘带生物礁相对长二末期生物礁有向海槽方向追逐可容空间生长的趋势，在长兴期主要表现为由深水陆棚向台缘斜坡—台地边缘演化的特点（胡东风等，2021）。

在长兴组地层沉积过程中，主要发育礁灰（云）岩、颗粒灰岩、晶粒白云岩等岩石类型，使长兴组整体上呈现低孔低渗的特征，但礁滩发育区的物性明显好于非礁滩发育区。同时，长兴组储集空间以次生孔隙、溶洞为主，且裂缝在连接孔、洞及改善储层渗透率方面发挥重要作用。

川东北地区长兴组台缘礁滩带受多期构造运动影响，成岩作用也具有多期次和多类型的特点，其中白云石化、溶蚀、破裂及重结晶等是该区主要的成岩作用类型，且白云石化作用与溶蚀作用为孔隙发育的主要因素。并且，长兴组生物礁气藏具有岩性圈闭的特征，气藏的储层主要是与礁、滩发育有关的各种颗粒岩、泥粒岩或鲕粒岩，它们被周围致密岩体包围、封堵及上覆含泥质、膏质岩层封盖以及受古隆起影响而形成圈闭。并且后期构造运动的影响，使得川东北长兴组地层发生强度不等的破裂，更有利于溶蚀作用的发生，从而在更大范围、更大程度地对储层进行改造，更容易形成优质气藏（贾承造等，2007）。

沉积环境控制着礁、滩的分布以及其储层的分布，在已经阐明礁滩气藏的储集类型、主控因素等的基础上，对储层的预测、勘探则是后期工作的重中之重。生物礁是一种特殊的碳酸盐岩沉积体，在经历了特殊的沉积作用和成岩作用后，使得生物礁具有一些特有的反射特征，通过分析其地震反射特征的变化，进而识别生物礁范围、规模等（曾伟等，2006；何治亮等，2019）。研究初期，发现孔隙性白云岩储层的声速与致密灰岩的声速存在差异，在地震剖面上储层表现为在一定层位的弱反射背景出现的一段连续的强振幅反射。因此，认为礁滩气藏的勘探可遵循“占边缘、找亮点、套构造”的思路进行综合预测勘探（陈更生等，2005），即通过沉积相和地震相的研究，确定有利相带；从而对研究区域内储层的地震剖面进行研究，判断其是否具有“亮点”特征，同时对存疑情况进行进一步的针对性处理，以提高储层预测的准确性。而后，再通过地震剖面确定储层的厚度、连续性等情况，进而预测储层的分布范围，同时对储层与构造关系进行研究，从而确定圈闭类型，并选择钻探目标与井位。

随着时代的飞速发展，对于天然气的需求量逐步攀升，因此，对于川东地区长兴组礁滩气藏的科技攻关、技术革新和科技试验力度也不断加大。目前，生物礁沉积模式、生物礁识别模式、礁滩圈闭成藏演化模式等油气地质方面取得较大进步。在勘探技术方面，针对性地优化地震观测系统设计，形成了复杂山地三维地震高效采集技术；发展完善了地震层序分析、古地貌恢复、模型正演的礁滩储层地震预测技术；集成了基于叠后吸收衰减、叠前振幅随偏移距变化（amplitude variation with offset，AVO）模型正演、叠前AVO属性分析、岩石物理参数分析及叠前弹性波阻抗、叠前同时反演的礁滩气藏烃类地震检测技术；配套了礁滩储层岩性定量解释、储层参数定量计算、储层有效性评价和气水判别的礁滩气藏储层测井流体性质识别技术，提出了基于地面地质—钻井—测井—地震—综合评价的研究模式的“相控三步法”礁滩相储层综合预测技术（贾承造等，2008；金之钧，2005），这一系列勘探技术的突破和发展，将不断助力四川盆地礁滩气藏勘探进程不断向前。然而礁滩储层埋深大，地震主频低，储层厚度小，基本小于地震调谐厚度，非均质性极强，纵横向相变化大，使得礁滩储层地震勘探尤其困难，主要表现为以下难题：礁滩地震准确识别难、礁滩储层精细刻画难、礁滩储层流体检测难等。

1. 礁滩地震准确识别难

由于二叠系长兴组地层埋深较大，目的层地震信号衰减快，能量较弱，地震资料信噪比较低，同时礁滩储层单层厚度较薄，地震响应特征表现为空白发射、杂乱发射、长顶的同相轴上超、厚度增大，因此一直以来礁型气藏的勘探遵循“占边缘、找亮点、套构造”的思路，但随着勘探不断深入，礁滩这种反射模式也产生了很多失败井，因此，如何准确识别不同生物礁相带间的地震特征，如何准确建立礁滩薄储层的反射特征识别模式是研究难点。

2. 礁滩储层精细刻画难

礁滩储层由于其非均质性较强、储层横向变化大、厚度薄且分布不均，因此储层精细刻画一直是难点问题。目前对储层的精细刻画一般从地震反演入手，主流地震反演技术包括稀疏脉冲反演、地质统计学反演和波形反演，稀疏脉冲反演是一种忠于地震数据的反演技术，但该技术难以得到高分辨率的反演结果，不适用于礁滩薄储层的精细刻画。地质统计学反演技术虽然可以得到较高分辨率的反演结果，但该技术需要大量均匀分布的井数据才能够建立合理的变差函数，而川东地区二叠系、三叠系钻井分布不均匀，显然难以建立合适的变差函数，这些因素导致储层反演预测结果存在较大的不确定性，难以满足礁滩储层精细刻画的需求。

3. 礁滩储层流体检测难

由于川东地区构造复杂，演化具有多期性以及成藏规律复杂、礁滩储层气水关系复杂等特点，预测难度较大，2015～2016 年曾在五百梯区、大猫坪区钻 5 口生物礁专层井，但钻遇气层的成功率仅为 40%，较往期明显下降。因此研究如何准确预测礁滩储层中流体性质，如何准确建立生物礁储集层不同物性和不同含气性条件下的地震响应模式，优选气水检测方法，提高礁滩储层的气水识别精度，对扩大开江—梁平海槽地区礁滩气藏勘探成果具有重要意义。

第二章　长兴组礁滩储层地质特征

第一节　长兴组地层特征

四川盆地的沉积盖层是在前震旦系变质岩系基础上发展演化的，十亿年前的晋宁运动导致了前震旦纪地槽褶皱回返，开始了南方扬子地台的发展历史。从最古老的沉积盖层震旦系至今，经历了加里东、海西、印支、燕山、喜山期多次构造运动，导致沉积格局和地层接触关系的演变。早二叠世晚期的东吴运动使四川盆地及邻区露出水面，普遍遭受剥蚀。进入晚二叠世之后，康滇古陆活动加剧，对沉积环境和岩相分布起了重要控制作用。邻近古陆前缘地势较高，多为陆相碎屑岩沉积，并有比较发育的火山喷发岩(峨眉山玄武岩)。由此向东、向北，随着沉积基地逐渐下倾和晚二叠世海侵规模的扩大，使上扬子地区再次接受海相碳酸盐沉积，海相碳酸盐沉积一直持续至中三叠世末期。

由于西部陆源碎屑以及海平面升降的影响，上扬子地台区上二叠统长兴组自西向东存在着明显的岩相变化，由西部以陆源碎屑为主的沉积向东逐渐演变为以碳酸盐类为主的沉积，其中，上二叠统长兴组可划分为大隆组相区和长兴组相区(图2-1)，沉积着一套厚200～500m 的海相碳酸盐岩。

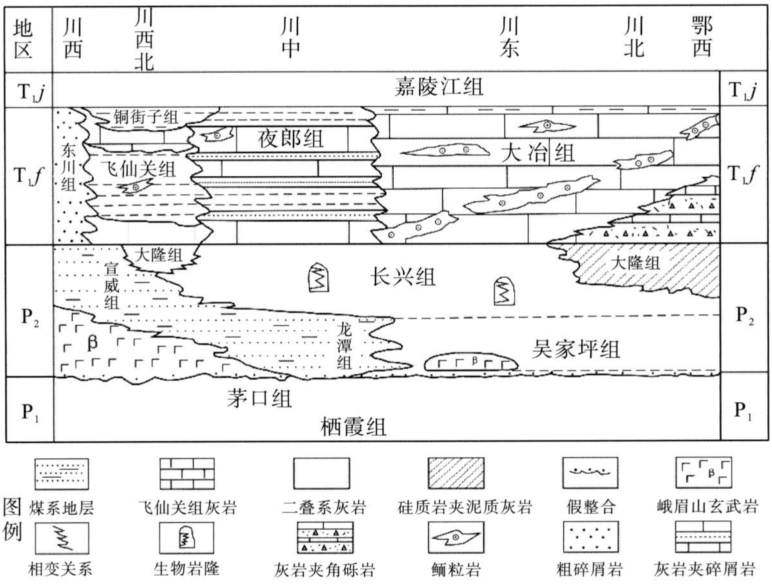

图 2-1　四川盆地上二叠统—下三叠统地层发育分布特征

四川盆地中部、东部及东北部上二叠统主要是海陆交互相区及海相区沉积，在华蓥山地区主要根据岩性将上二叠统划分为龙潭组(P_2l)和长兴组(P_2ch)，龙潭组为夹 2 到 3 套海相生物灰岩的含煤砂泥岩组合，受海侵过程的影响，P_2l 自西向东由以陆源岩为主的龙潭相区过渡为以海相灰岩为主的吴家坪相区。

川东地区长兴组以浅海碳酸盐台地-台地边缘相的灰色、深灰色泥晶灰岩、生屑灰岩、泥晶白云岩、生物礁灰(云)岩等岩性为主。对于斜坡-海槽相，与台地相区、台缘相区所沉积的长兴组同期异相地层为大隆组，主要由黑色薄层硅质灰岩、放射虫硅质岩、钙质泥岩组成，前人研究认为产浮游类菊石 *Pseudotirolites*，川东地区长兴组生物礁滩体发育，目前是一套重要的油气勘探目标层系。

(一)长兴组与飞仙关组界限划分

长兴组与上覆飞仙关组地层在大的区域范围上为连续沉积的整合接触，二者之间没有明显的沉积间断，但是受海平面升降和沉积演化差异的影响，在局部区域长兴组与飞仙关组也存在着沉积间断，甚至存在一定的风化剥蚀，导致长兴组与飞仙关组之间为平行不整合接触。当然在岩性特征和所含生物化石组合上长兴组与飞仙关组之间也具有明显差异。

在台地区，飞仙关组底部为薄层状钙质泥岩或泥灰岩，与长兴组顶部深灰色灰岩、泥晶灰岩或礁灰岩(白云岩)为界，二者在野外较易区分(图 2-2)。测井曲线上飞仙关组底部与长兴组相比，明显具有高自然伽马(GR)值、低电阻率(RT)的特征(图 2-3)。但有时因飞仙关组底部或长兴组顶部岩性发生变化，二者的分界在常规电测曲线上变得不明显。一种情况是飞仙关组底部因泥灰岩相变为泥晶灰岩，其电阻率增高、自然伽马值降低，使之与长兴组分界在电测曲线上不易划分。另一种情况见于长兴组上部发育生物礁的钻井剖面，此时长兴组顶部为礁盖的潮坪泥晶白云岩，其电测反应为电阻率低、自然伽马值增高，使得飞仙关组底界线在电测曲线上也变得不明显。因此在划分飞仙关组底界时，除了研究电测曲线进行井间对比外，需结合钻录井资料综合判断。

图 2-2　天池洞水沟剖面长兴组与飞仙关组分界面(开阔台地相带内剖面)

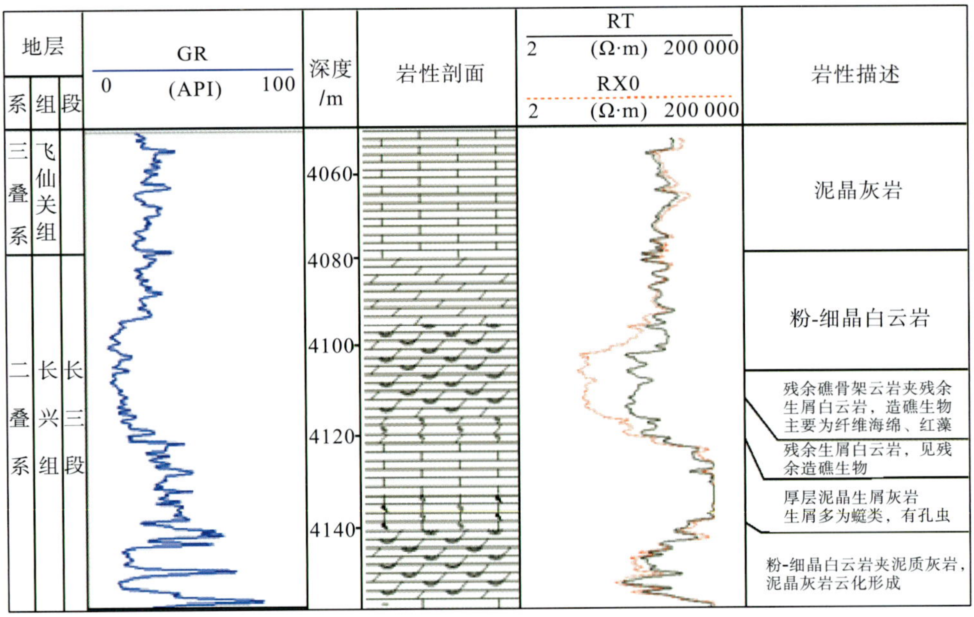

图 2-3　台地区飞仙关组/长兴组界限划分（B001-1 井）

在台地边缘区，长兴组顶部灰岩、白云质灰岩或白云岩与上覆飞仙关组底部灰岩、含泥（泥质）灰岩、灰质泥岩整合接触，岩性界面清晰。电测曲线上，飞仙关组底部泥岩或含泥（泥质）灰岩，具有自然伽马值明显急剧增大、电阻率值显著降低的特征，而长兴组顶部灰岩或白云岩具有自然伽马值低、电阻率较高的特征（图 2-4）。

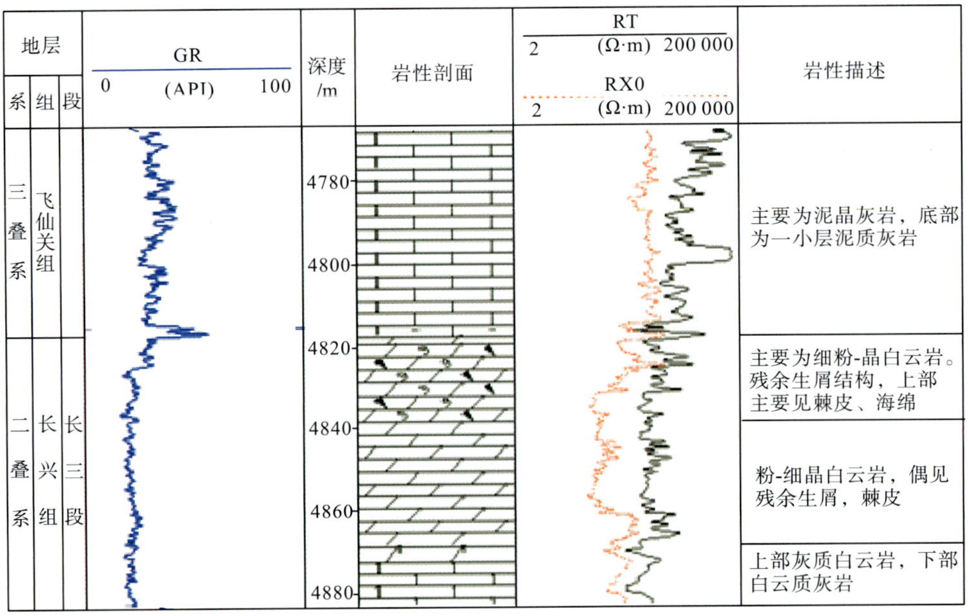

图 2-4　台缘区飞仙关组/长兴组界限划分（YA012-6 井）

在海槽相区中，上二叠统大隆组以暗色薄层状硅质页岩、硅质灰岩、钙质泥页岩为主，缺乏浅水沉积物，主要是钙球、骨针、放射虫等深水生物组合，并多硅化；上覆飞一段以球粒泥晶灰岩为主，生物极不发育，以隐藻为主，两层呈突变接触，较易区分。测井曲线上，飞仙关组底部具有明显的自然伽马值低、电阻率较高的特征，而长兴组顶部灰岩具有高自然伽马值、低电阻率的特征(图 2-5)。

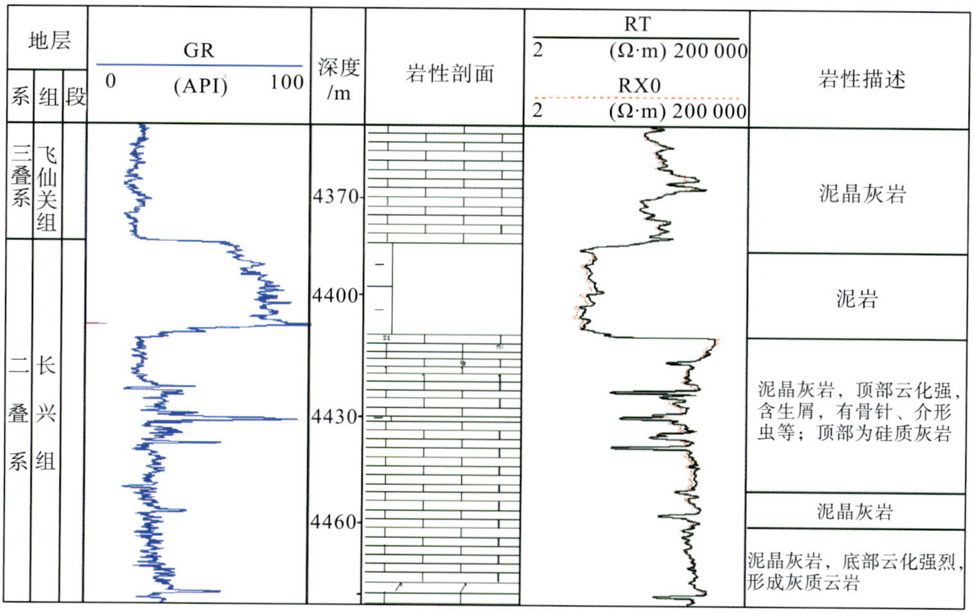

图 2-5 海槽-斜坡区飞仙关组/长兴组界限划分(YA8 井)

(二)长兴组与龙潭组界限划分

早二叠世末，东吴运动导致四川盆地整体抬升并遭受剥蚀，海水基本退出川东地区，在茅口组顶部形成一套褐灰色铝土质泥岩、玄武质砂岩等风化残积层，厚度零至数米。晚二叠世龙潭初期，发生间歇性海侵，形成了一套以灰黑色碳质泥岩、煤层夹灰色泥晶灰岩为主的滨岸—含煤沼泽—碳酸盐浅缓坡沉积。其中最下部的灰岩层在区内东部和北东部直接覆盖于风化残积层之上，代表初始海侵面，并且由东、北东至西、西南方向，灰岩夹层数减少、厚度变薄，表明龙潭期的海侵由东、北东向西、西南方向推进。

在台地区，长兴组是覆盖于龙潭组之上的一次迅速海侵沉积，其底部泥质含量较高，以深灰色泥灰岩、泥岩、泥晶灰岩为主，为退积型沉积，与龙潭组顶部浅灰色薄-中层硅质泥晶灰岩、含燧石条带灰岩等存在明显不同。测井曲线上，长兴组底部自然伽马值高于龙潭组顶部，而电阻率低于后者。垂直剖面上表现为底部具退积结构的高自然伽马值的正向漂移与下伏龙潭组分界(图 2-6)。

海槽区，长兴组以深灰色硅泥质灰岩夹黑色硅质泥岩、泥页岩为主，局部有黄铁矿颗粒分布，与龙潭组顶部碳质泥岩差异大，测井曲线上，长兴组以高自然伽马值和低电阻率与龙潭组区别。

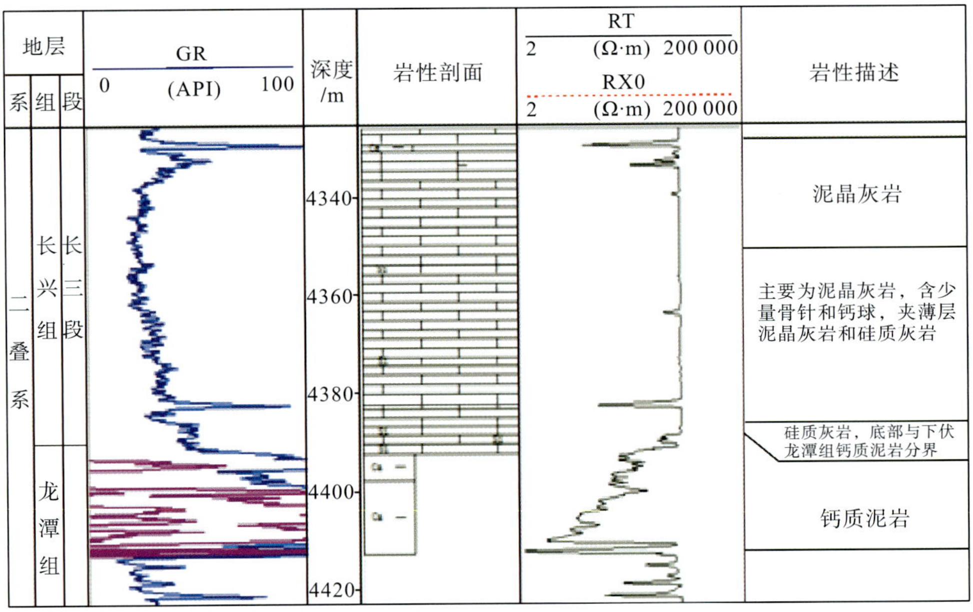

图 2-6　长兴组/龙潭组界限划分（B2 井）

（三）长兴组地层内部划分

区域背景分析认为，晚二叠世长兴期区内经历了三次三级海平面升降变化旋回，沉积期的海平面升降变化使长兴组岩性、电性等具有响应的旋回性沉积特征。据此，将长兴组划分为长一段（P_2ch^1）、长二段（P_2ch^2）和长三段（P_2ch^3），地层特征如下。

1. 长一段

长一段下部沉积了一套浅灰色、灰色厚层块状泥灰岩、泥晶灰岩等，局部的地貌高地沉积了薄层的泥晶生屑灰岩；中上部以生屑灰岩、具藻黏结结构的生物灰岩、含砾屑生物灰岩等为主，局部地区长一段顶部局部发生云化，发育泥粉晶云岩、生屑云岩和礁云岩等，钻厚 25～138m 不等，生物主要为海绵、腕足、瓣鳃、蜓、海百合等。

长一段底部层序界面对应于长兴组与龙潭组之间的整合面，为Ⅱ类层序界面，从成因角度上讲为水下间断不整合层序界面。剖面上长兴组与龙潭组之间为整合接触，缺少陆上暴露，这是因为该区二叠纪时期海平面处于主体上升期，短周期的海平面下降被长周期的海平面上升掩盖，所以在海平面下降时没有造成陆上暴露，只形成一些水下成岩间断并叠加沉积间断。

长一段岩性由下部的泥灰岩、泥晶灰岩向上逐渐发育生屑灰岩、偶见礁灰岩，部分地区顶部出现云化，总体呈现出海侵-海退沉积的特征，与长兴期第一次海平面升降旋回特征相对应。

2. 长二段

长二段底部为深灰色、灰色泥晶灰岩，含生屑泥晶灰岩和薄层生屑灰岩等；中上部为灰色、浅灰色生屑泥晶灰（云）岩、具藻黏结结构的生物灰（云）岩、礁灰（云）岩、粒屑灰（云）岩及泥晶云（灰）岩等，钻厚 20～145m 不等，生物主要为海绵、水螅、腕足、海百合等。

长二段岩性旋回局部地区表现为由下部的泥晶灰岩夹薄层生屑灰岩向上逐渐变为生屑灰(云)岩和礁灰(云)岩互层，或为泥晶灰岩夹薄层生屑灰岩。长二段岩心上可见局部云化，推测这与长二中后期的海平面下降有关。生屑灰(云)岩和礁灰(云)岩较长一段发育，可以看出该层段生物礁已初具规模，研究区规模较大的生物礁一般都起始发育于长二段。

3. 长三段

长三段底部为深灰色、灰色泥晶灰岩含硅质团块，含生屑泥晶灰岩和薄层生屑灰岩等；中上部为灰色、浅灰色生屑泥晶灰(云)岩、具藻黏结结构的生物灰(云)岩、礁灰(云)岩、粒屑灰(云)岩及泥晶云(灰)岩等，钻厚 10～110m 不等，生物主要为海绵、水螅、腕足、海百合等。

长三段岩性旋回局部地区表现为由下部的泥晶灰岩夹薄层生屑灰岩向上渐变为生屑灰(云)岩和礁灰(云)岩互层，顶部发育泥晶云岩，或为泥晶灰岩夹薄层生屑灰岩。生屑灰(云)岩和礁灰(云)岩较长二段发育，长三段发育了一套以生屑灰(云)岩、礁灰(云)岩等为主的规模较大的生物礁沉积，为生物礁的主要发育期，生物礁与生屑滩呈多期叠置，推测这与长三中后期的区域海平面升降有关。

4. 地层横向对比

为了客观、真实地展示环开江—梁平海槽地区长兴组地层纵横向变化特征，在单井地层划分的基础上，挑选了测井系列完备、钻孔资料丰富且能覆盖整个研究区的多口钻井，所选井最大限度地涵盖整个研究区的各个构造和圈闭(图 2-7)，建立了北东—南西向的骨架剖面 2 条(图 2-8、图 2-9)和近南东向的骨架剖面 2 条(图 2-10、图 2-11)。

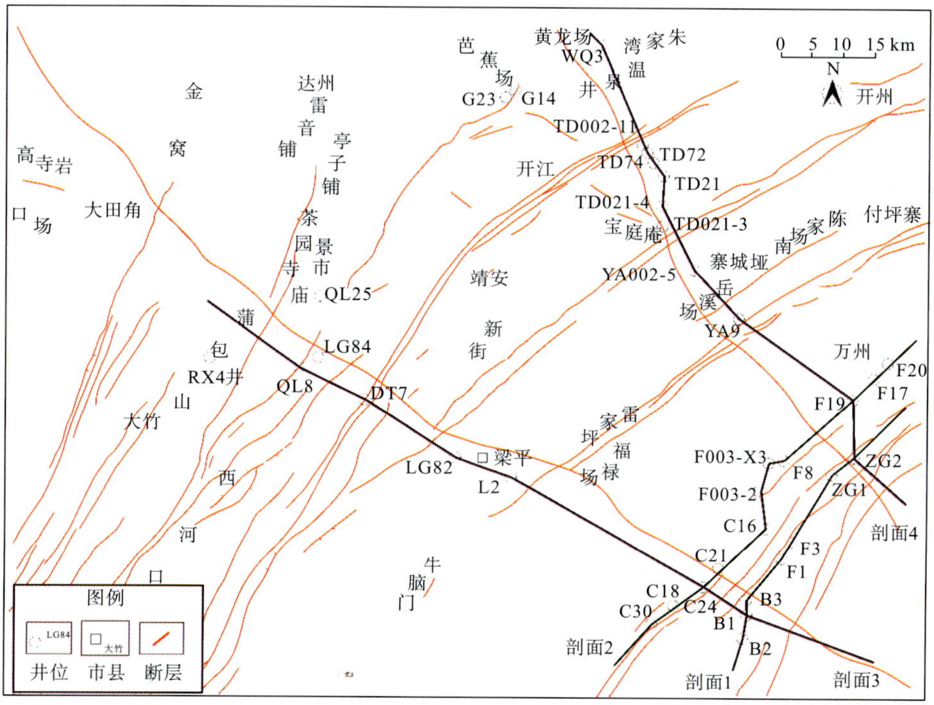

图 2-7　研究区骨架剖面分布图

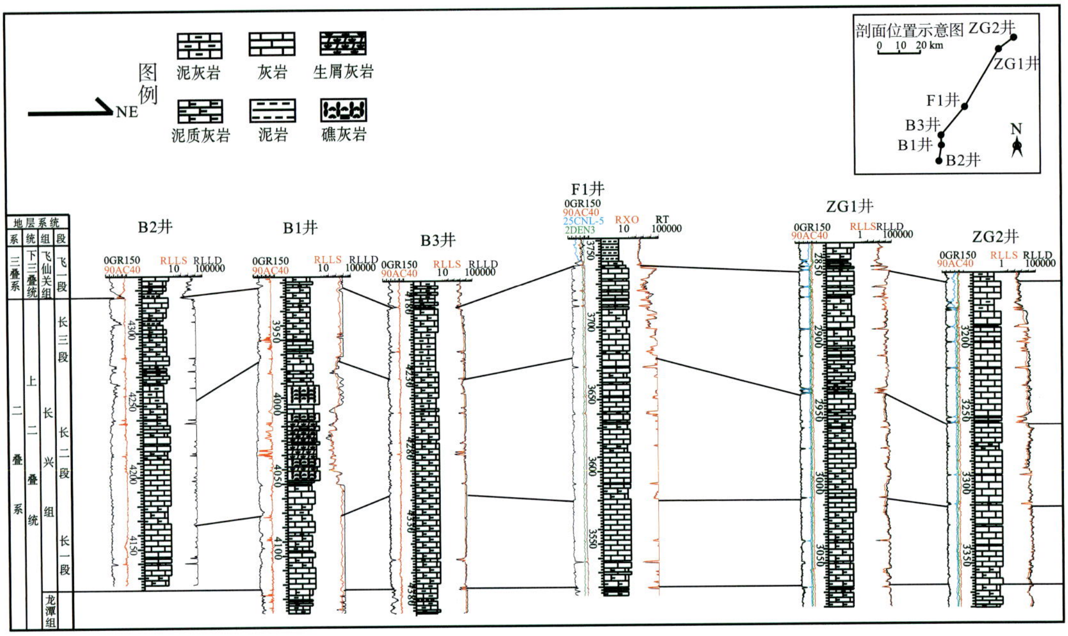

图 2-8　骨架剖面 1 长兴组地层对比图

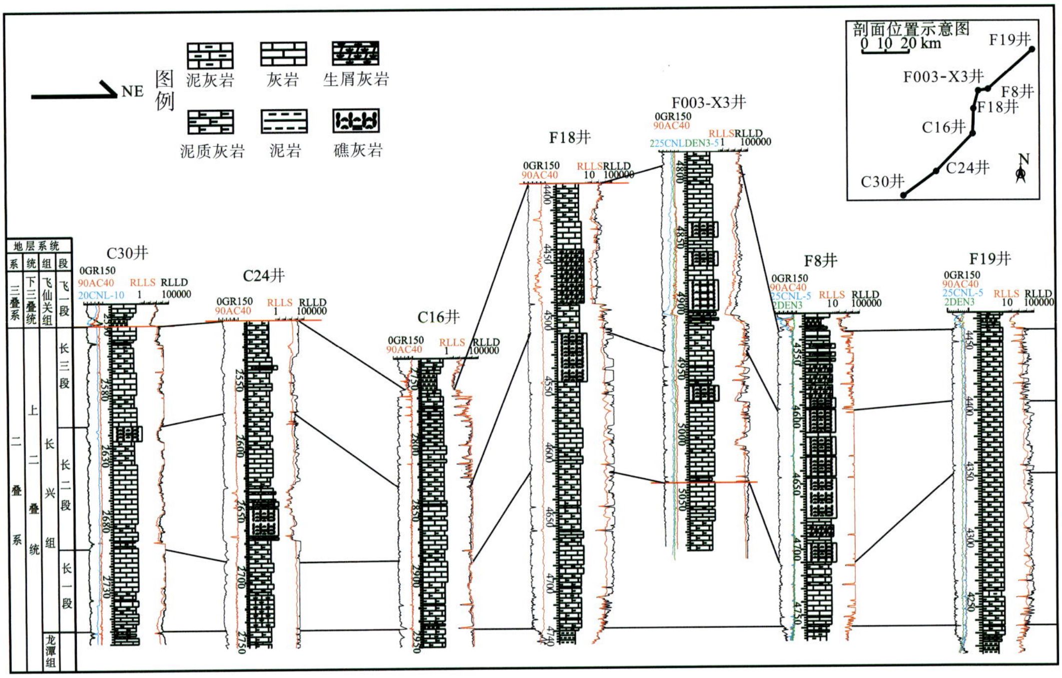

图 2-9　骨架剖面 2 长兴组地层对比图

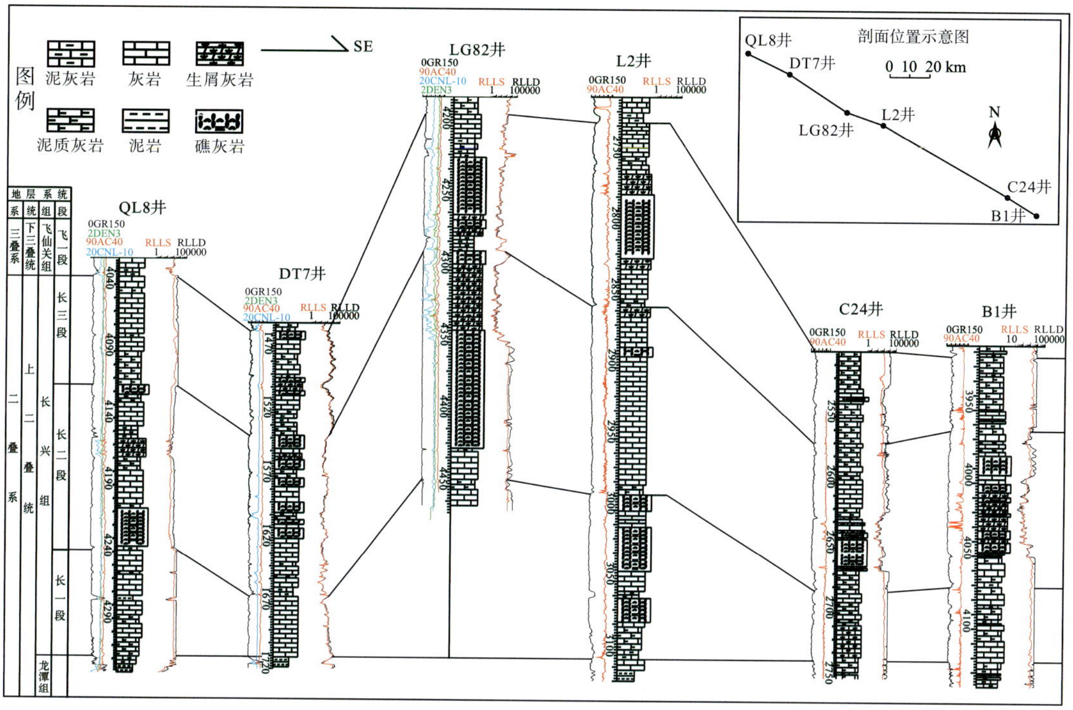

图 2-10　骨架剖面 3 长兴组地层对比图

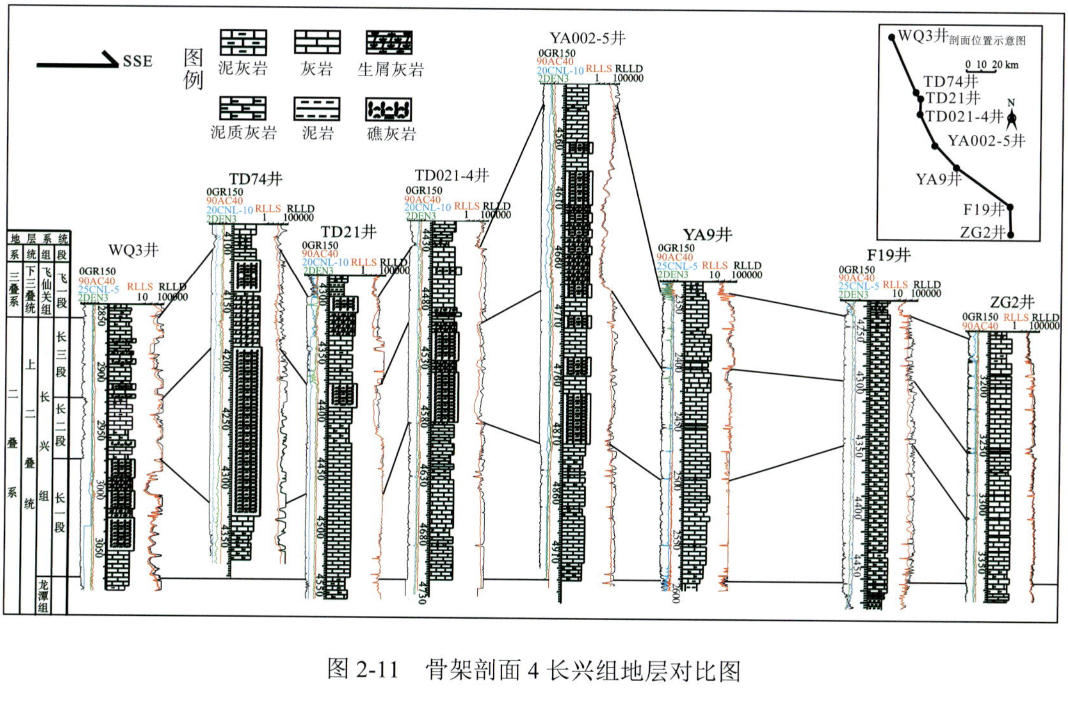

图 2-11　骨架剖面 4 长兴组地层对比图

通过地层对比，对环开江—梁平海槽地区长兴组地层的横向变化有以下认识。

(1)环开江—梁平海槽地区长兴组地层发育齐全，横向可连续追踪对比；与下伏龙潭组地层为整合接触关系，与上覆飞仙关组地层在大区域也为连续沉积的整合接触，两者之间没有明显的沉积间断，但是受海平面升降和沉积演化差异的影响，在局部区域长兴组与飞仙关组也存在着沉积间断，甚至存在一定的风化剥蚀，导致长兴组与飞仙关组之间为平行不整合接触。

(2)区内长兴组地层厚度差异较大，在生物礁发育的地方，存在显著的正地貌地形，地层厚度明显增加，这种现象与沉积期构造演化及海平面升降等古地理背景密切相关。

(3)长兴组生屑颗粒云岩及生物礁灰岩纵向主要发育在长兴组中、上部长二段和长三段，形成于海退的中、后期，横向上，生屑颗粒云岩及生物礁灰岩受古地理环境控制，多分布于环开江—梁平海槽台地边缘相带内。

第二节　长兴组沉积特征

一、礁、滩沉积背景

(一)沉积演化史

四川盆地在二叠世期间属于华南上扬子地台的一部分，二叠纪开始，地壳全面下降，除北侧大巴山古陆、西北侧龙门山古陆，西侧康滇古陆和东侧江南古陆呈岛链或孤岛露出水面以外，上扬子古陆全部被淹没，广泛的海侵使下二叠统覆盖在石炭系等不同的地层之上。

早二叠世末，受东吴运动影响，该区再度露出水面遭受剥蚀，造成上二叠统、下二叠统间的沉积间断。晚二叠世末，开江—梁平海槽发育，它对晚二叠世早期的海盆面貌对沉积相分布起了重要的控制作用，除川西南外，以长兴组为代表的浅海碳酸盐岩广泛分布，并且沿龙门山、大巴山和江南古陆前缘，还有半深海相的硅泥质沉积。

晚二叠世的沉积相带自西南向东北，由陆相—海陆过渡相—浅海相—半深海相变化比较明显(图2-12)。宝兴、峨眉山、雷波一带玄武岩非常发育，其上为一套紫红、灰色砂岩、泥岩、砾岩和碳质页岩的陆相沉积。向东至成都、重庆一线属海陆过渡相，为黄灰、紫、黑色泥岩、凝灰质砂岩、碳质页岩、煤层及生屑泥晶灰岩，微细斜层理、水平层理发育，含陆生植物及海生动物。至江油、达州一带是开阔海台地相，为灰、深灰色中层至块状泥粉晶生物灰岩，含有孔虫、绿藻、珊瑚、棘皮等生物化石，在梁平、万州等地有生物滩及生物礁成群成带出现。广元、恩施等地已过渡到广海陆棚相，为深灰、黑色页岩、碳质页岩、硅质岩及泥灰岩、粉砂岩等，含菊石、放射虫等生物化石。

早三叠世的海盆面貌基本上继承了晚二叠世的特点，早三叠世初期沉积的飞仙关组，沿康滇古陆东侧边缘、雷波一带属陆相平原河流沉积(图2-13)，为紫红、暗紫色中至细粒岩屑砂岩夹细砾岩，具交错层及波痕，未见生物。江油、宜宾一带属海陆过渡相，为紫红、灰色泥页岩、粉砂岩夹鲕粒灰岩，具交错层理、冲刷面、虫迹、波痕等，含瓣鳃、腹足、有孔虫、蓝绿藻及介形虫等生物化石。绵阳、内江一带属局限海台地相，为暗紫、深灰色局部灰绿色泥页岩夹砂质泥岩、鲕粒灰岩，含瓣鳃、腹足、有孔虫、蓝绿藻等生物化石。至重庆万州后进入开阔海台地相，为灰紫、紫红、灰色页岩及石灰岩，此外在华蓥山至方斗山间出现有比较发育的浅滩鲕粒灰岩，含菊石、瓣鳃、棘皮、腹足等生物化石。继续向东至恩施等地，过渡到广海陆棚沉积，为黄灰、浅灰色(局部黑灰色)薄板状泥纹灰岩、含泥质条带灰岩，底部有页岩，含菊石、棘皮、瓣鳃、腹足等生物化石。

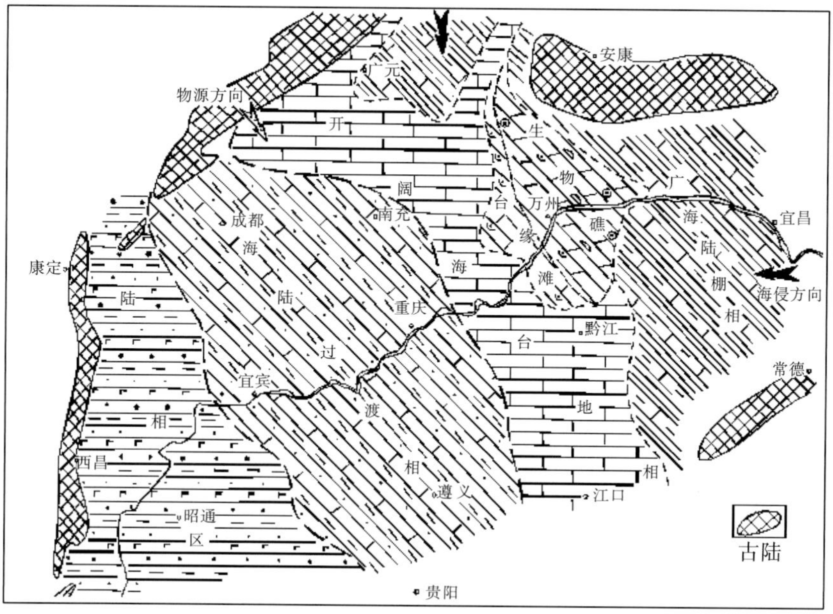

图 2-12　四川盆地晚二叠世长兴期沉积相图

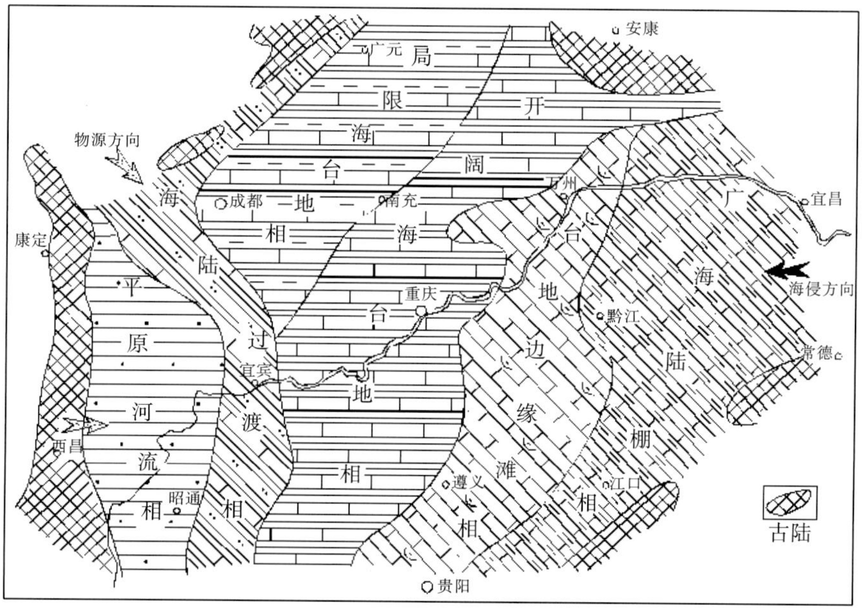

图 2-13　四川盆地早三叠世飞仙关期沉积相图

（二）沉积底型分析

“开江—梁平海槽”从发现至今已有十余年的勘探历程，还一直未出现过“海槽”内部水下孤立台地、点礁或孤岛发现的报道，普遍认为“海槽”内部地形起伏不大、海底地形地势差异并不明显。

但“海槽”作为一个蓄水沉积盆地，其深度却一直存在争议（马永生等，2006a）。深水论者以大隆组瘤状结核、放射虫硅质岩等为依据认为“海槽”为半深海—深海环境（金若谷等，1986；王一刚等，2006）。浅水论者以生物种属不单调、底栖生物的存在、地震剖面上不见陡峭的台缘坡折等为由认为“海槽”是浅海陆棚环境（马永生等，2006a，2006b；马永生，2007）。“海槽”到底有多深？从大隆组地层性质来看，大隆组厚度较薄平均40～50m、厚度稳定、分布也相对广泛，岩性以泥质灰质硅质岩为主，是一套典型的欠补偿沉积。相对于同期的长兴组，大隆组的沉积环境显然更深。但是全区飞仙关组底部却普遍含有瓣鳃、腹足一类的浅水生物，这说明“海槽”深度也不会太深。因为假如长兴期、大隆组沉积环境是平均水深近千米的半深海—深海，那么要使得飞仙关期“海槽”成为平均水深小于200m的浅水环境，海平面下降的幅度将达到数百米。这样的情况下，飞仙关组初期地层将难以覆盖在长兴组之上。所以推断长兴—飞仙关期“海槽”可能只是水体相对较深的台盆环境，深度与外陆棚相当，多在200m以内。无论是“开江—梁平海槽”还是“台棚”，在长兴组沉积时期，开江—梁平一带都存在一个深水沉积区，这一观点已经得到学者的广泛认同。前人在对整个四川盆地的研究中发现，“开江—梁平海槽”长兴组沉积物反映出来的水体深度明显不如“城口—鄂西海槽”水体深，并且“开江—梁平海槽”向东南延伸在万州—利川一带开口与“城口—鄂西海槽”连通，至此，长兴期四川盆地发育两个台地：西南的连陆台地（元坝—龙岗一侧），东北的孤立台地（普光—黄龙场一侧）。

（三）海域环境分析

从区内岩相展布特征来看，晚二叠世长兴期地层存在长兴组和大隆组的岩相分异，但是两者岩性组成仍以灰质组分占优。其中，长兴组岩性为灰色、深灰色中薄层状介藻屑灰岩、含燧石结核泥晶灰岩与层块状生物礁灰岩，生物群以营底栖生物和钙藻繁衍为特征，其种类有䗴、非䗴有孔虫、介形虫、腹足类、腕足类、棘皮类、苔藓虫、珊瑚、钙球和绿藻等（金若谷，1989）。说明长兴期水体性质清洁，气候温暖，是一套典型的台地浅水沉积。环海槽的边缘长兴组生物礁体非常发育，说明海域较为开阔，水体循环充分，生物礁生长的营养物质富集。

（四）沉积相划分

综合地层充填格架、区域沉积背景、野外剖面、岩心的精细观察和描述及录井、测井、地震等资料的综合分析表明，晚二叠世长兴期—早三叠世飞仙关期四川盆地属于连陆台地沉积体系，环开江—梁平海槽地区沉积环境为毗邻较深水台盆的开阔海清水碳酸盐台地，沉积环境水深分异明显，但海域整体环境温暖、清洁、开阔，水体循环良好，盐度基本正常，水体深度几米至几十米，生物分异度和数量都比较丰富，底栖、浮游、游泳生物均大量繁育。沉积岩以类质纯碳酸盐岩为主，少有陆源碎屑。长兴组可划分为开阔台地、台地边缘、台缘斜坡及海槽等相(表 2-1)。

表 2-1 研究区长兴组沉积相类型划分及特征

相	亚相	微相	主要岩性特征
开阔台地	开阔潮下	静水泥	泥晶灰岩、泥页岩等
	台内洼地		深灰色泥灰岩、泥质灰岩、泥晶灰岩等
	台内礁(滩)	生屑滩、礁核、礁盖、礁基	生屑灰岩、残余颗粒云岩等
台地边缘	礁(滩)间海		泥晶灰岩、泥晶云岩等
	台缘礁(滩)	粒屑滩、礁核、礁盖、礁基	礁灰岩、礁云岩、砂砾屑灰岩、残余颗粒云岩等
台缘斜坡	缓斜坡		泥晶灰岩、泥质灰岩等，重力流沉积
	陡斜坡		泥页岩，重力流沉积
海槽			泥页岩

1. 开阔台地相

开阔台地相为台地边缘之后的广大浅水区域，海域广阔，无障壁遮挡，水体循环良好，盐度基本正常，水体深度几米至几十米。生物分异度和数量都比较丰富，根据不同沉积特征可进一步划分为开阔潮下、台内洼地、台内礁(滩)亚相。其长顶反射表现为连续或较连续弱—中弱振幅具平行反射层等特征，层间时差较大且相对稳定。

1) 开阔潮下亚相

开阔潮下亚相是指开阔台地内部除台内凹陷亚相及台凹边缘亚相之外的广阔的区域，处于正常浪基面之下，水深较深，但一般不超过 50m，能量较低的环境。该沉积环境内，受台地边缘礁滩及台凹边缘礁滩的阻挡，水体相对安静，地势相对平缓，沉积物以细粒、色暗为特征，生物含量少，主要发育含生物泥晶灰岩、泥晶灰岩、泥质灰岩，局部见云化斑块，总体较致密(图 2-14)，地震剖面上，开阔潮下亚相为平行—亚平行席状中弱连续反射。

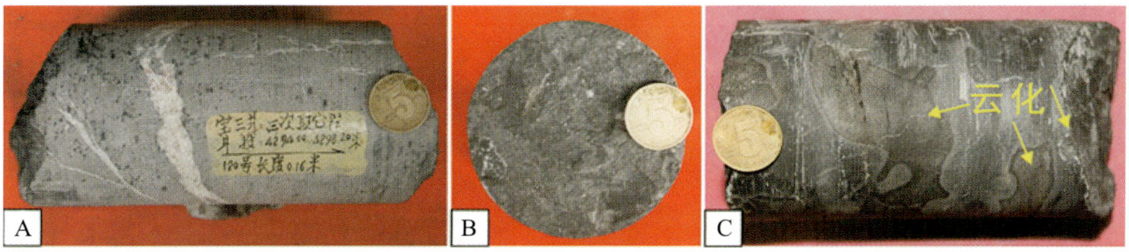

图 2-14 开阔潮下亚相岩心照片

A：泥晶灰岩，晚期构造缝方解石全充填，120 块，B3 井；B：泥晶灰岩，111 块，B3 井；
C：泥晶灰岩，局部云化，云化后粒度变粗，313 块，C24 井

2）台内洼地亚相

台内洼地亚相为开阔台地内部最为低洼地区，毗邻台内缓坡，其水体循环较差，温度正常偏低，生物含量极少，偶见到腕足、有孔虫等生物碎片，生物扰动较弱。沉积岩性泥质含量较高，主要为深灰色泥灰岩、泥质灰岩、泥晶灰岩等。测井曲线中，相应的自然伽马曲线整体高值，幅度变化较大，电阻率曲线整体表现低值，整段幅度变化较大。台内洼地亚相一般厚度相对稳定，呈大面积分布，其横向范围比地层厚度大得多，地震上常表现为平行的席状分布，是以垂向加积作用为主所形成的产物，总体表现为席状平行中强振幅反射。

3）台内礁（滩）亚相

台内礁（滩）亚相位于开阔台地的地形高处，受波浪和水流作用影响，沉积水体能量高—中，岩性以薄层状浅灰色、褐灰色泥-亮晶颗粒灰岩、生物灰岩为主，颗粒多为次圆状，分选中等，亮-泥晶方解石填隙。在受风暴和风暴流的影响下，能量增高，可形成亮晶豆粒灰岩、砂砾屑灰岩等，显出逆粒序层理，该亚相在长兴组发育较少。

2. 台地边缘相

台地边缘相位于开阔台地与台缘斜坡相带之间，呈条带状或链状断续分布，形成“台地镶边”。水体相对较浅，是受波浪和潮汐作用改造强烈的高能地带，水动力较强，生物礁、生屑滩发育良好，颗粒类型和生物化石十分丰富，泥质含量相对较少，其自然伽马值相对较低。根据岩性特征以及是否形成障壁格架，划分为台缘礁（滩）亚相以及礁（滩）间海亚相，且具多套礁滩复合沉积特征，地震剖面上表现为中低频弱—中强变振幅断续反射地震相，发育丘状、波状等礁滩相的局部地震异常。

1）礁（滩）间海亚相

礁（滩）间海亚相一般存在于台地边缘的礁滩体围限的低洼水域，一般位于平均低潮面之下，水体相对较深，由于礁滩体对水体能量的耗散，海底能量通常很低，沉积物以层薄、粒细、色暗和泥质含量相对较高为特征，具有较强的封堵性能，可以作为生物礁或者生物碎屑滩油气藏的盖层。岩性主要为深灰、灰色泥晶灰岩、含生屑泥晶灰岩、生屑泥晶灰岩，生物碎屑细小破碎，可见有孔虫、蜓、棘皮、腕足、海绵等，可受到部分白云石化的改造，局部层段可完全白云石化，云化后可发育少量孤立溶孔洞（图 2-15，图 2-16）。地震剖面上由于透镜状滩体的阻隔，滩间海相常具有亚平行中弱振幅断续—连续反射特征。

2）台缘礁（滩）亚相

台缘礁（滩）亚相紧靠台地边缘生长，地形常呈线型高地，向广海方向有陡坡，为浅水较纯碳酸盐台地向深水含放射虫、骨针等化石的台槽（盆）的过渡地带碳酸盐岩建造。台地边缘礁岩性为灰色障积海绵礁灰岩、障积海绵礁云岩、骨架海绵礁灰岩、骨架海绵礁云岩等。可根据构成台地边缘礁的岩石类型划分为相应的岩石微相，或者根据礁的发育部分划分为礁核和礁翼微相。

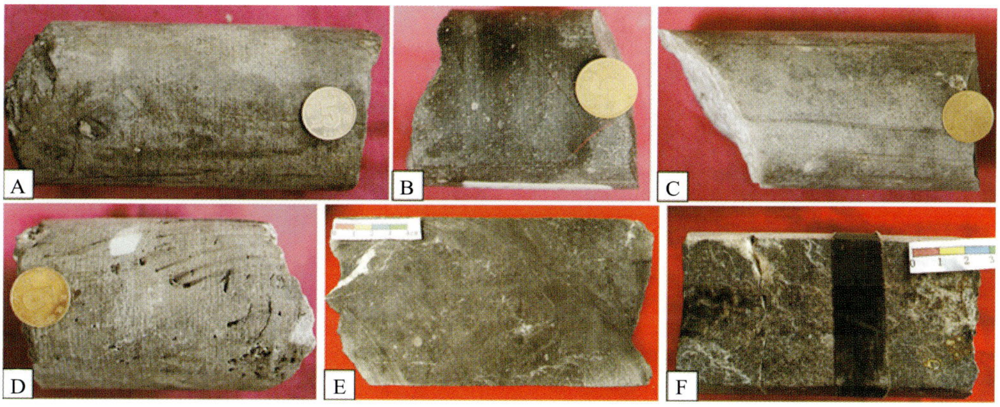

图 2-15　礁间海亚相岩心照片

A：含生屑粉晶云岩，4852.05～4852.18m，F003-X3 井；B：(致密)生屑泥晶云岩，4151.27～4151.59m，TD74 井；C：泥晶云岩，4139.42～4139.52m，TD74 井；D：泥晶生屑云岩，见孤立铸模孔，4539.00～4539.09m，TD021-4 井；E：深灰色生屑灰质泥晶云岩，4225.66～4225.85m，LG82 井；F：灰黑色生屑泥晶灰岩，裂缝为方解石全充填，166 块，QL8 井

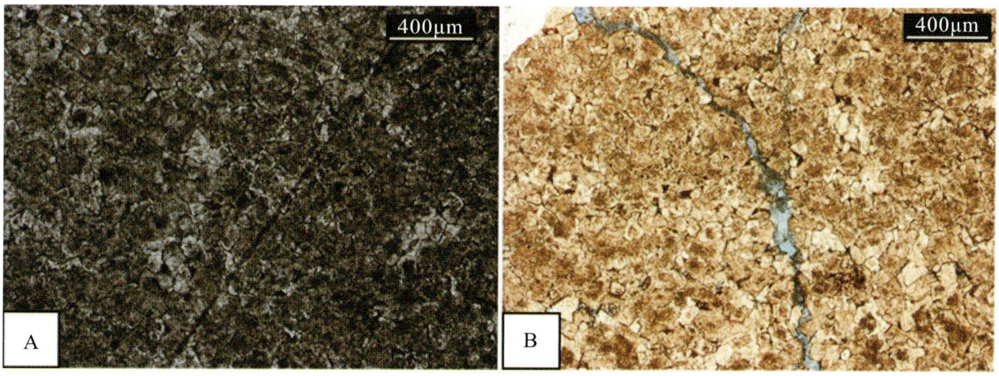

图 2-16　礁间海亚相镜下薄片

A：雾心亮边泥-粉晶白云石，致密无孔，4540.28～4541.50m，铸体薄片，TD021-4 井；B：雾心亮边泥-粉晶白云石，裂缝扩溶，4540.28～4541.50m，铸体薄片，TD021-4 井

3. 台缘斜坡相

台缘斜坡位于台地边缘与深水盆地之间，处于正常浪基面与平均风暴浪基面之间，氧化界面附近，水体较深，一般为几十米至 200m 左右。水动力条件不强，水体循环受到限制，常处于停滞状态，温度低，透光性差，多为还原环境，底栖生物较少。自然伽马(GR)值较高，沉积物以正常沉积的含泥灰岩、泥晶灰岩、燧石结核或条带灰岩及硅质灰岩、碳质页岩为主(图 2-17)，夹重力流沉积的灰-深灰色厚层状巨-粗砾屑灰岩。沿台地外缘普遍发育斜坡亚相，沉积构造以水平层理为主，局部发育冲刷面、正粒序层、块状层理、平行层理、滑动变形、错动断开等构造，生物群落单调而贫乏。地震剖面上表现为低角度斜交强振幅连续反射。前缘斜坡地震反射特征整体呈朝海槽方向的前积反射结构，向海槽方向下超。长兴组斜坡相可进一步分为陡斜坡与缓斜坡亚相，陡斜坡常与断层伴生，主要分布在开江—梁平海槽西南侧台地边缘，缓斜坡主要分布在开江—梁平海槽东侧和西北部。

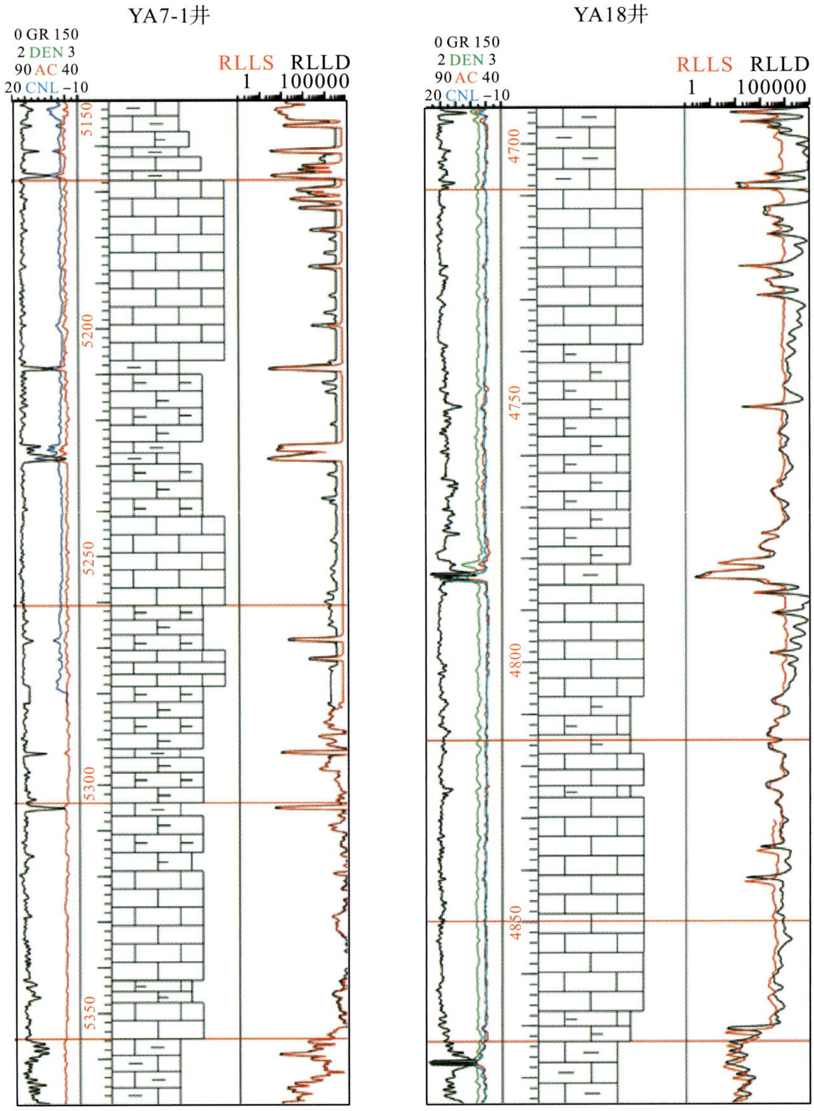

图 2-17 台缘斜坡相测井解释岩性柱状图

二、生物礁特征

(一) 生物礁的形成条件

对现代生物礁的研究结果表明，生物礁只生长发育在清洁、温暖、高能的热带和亚热带海洋中，根据“将今论古”的原则，认为这样的环境条件对古代生物礁也是同样重要的。

1. 气候条件

四川盆地川东地区长兴组灰岩地层中含有大量的钙质生物化石，如蜓、有孔虫、钙藻、海绵、水螅、珊瑚、海百合、海胆、腕足、腹足、瓣鳃等，无疑是温暖海水的反映。龙潭组中的含煤沉积也说明当时是处于湿热环境。

2. 海水清洁度

长兴期，由于海侵和基底断块下陷的影响，川东地区水体加深，海岸远离该区，海水逐渐变得清洁起来，为生物礁的生长发育创造了条件。

3. 地形地貌

在高能的环境里，海水中含有充足的氧气和丰富的营养成分，为生物礁的生长发育提供了良好的生长条件，这些高能的环境往往是处于海底地形发生变化使海流方向发生改变或者易于形成波浪的地方。如台地边缘、正断活动断垒带及其他原因造成的地形隆起，都有利于生物礁的发育。

4. 适合的水深

当海平面相对于礁生长基底下降时，生物礁终将暴露干死；当海平面相对于礁生长基底上升过快时，可能引起生物礁失去生长必需的阳光和营养而淹死。只有当生物礁生长基底较长时间保持在一定水深条件之中，才有可能发育大规模生物礁建造。

（二）礁生物类型

1. 造架生物

造架生物保持原地生长状态，具有骨架支撑结构和骨架孔洞构造，海绵是主要的造架生物，另外苔藓虫等也有部分参与(图 2-18，图 2-19)，它们呈丛聚状、枝状、皮壳状及块状生长，是构成礁骨架的主要分子。

图 2-18 造架生物岩心照片

A：海绵，4845.50～4845.63m，F003-X3 井；B：房室海绵，172 块，C24 井；C：房室海绵，94 块，C24 井；D：串管海绵，4224.25～4224.43m，LG82 井；E：串管海绵，123 块，QL8 井；F：串管海绵，4797.77～4797.87m，YA012-2 井；G：苔藓虫，4844.45～4844.53m，F003-X3 井

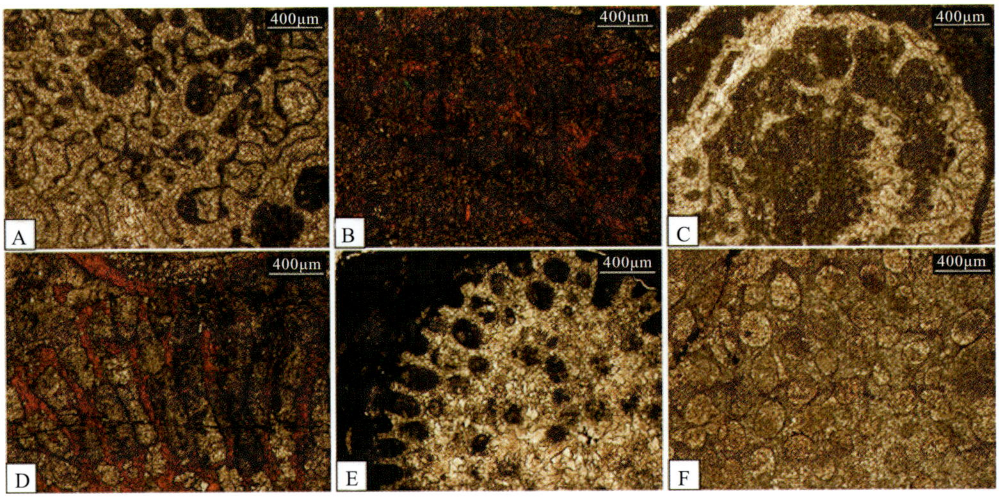

图 2-19 造架生物镜下照片

A: 海绵碎片，4522.70～4522.79m，TD021-4 井；B: 囊状(脑纹)海绵，4460.02～4460.11m，TD021-4 井；C: 囊状海绵，4522.70～4522.79m，TD021-4 井；D：海绵体腔内水道，4778.31～4778.40m，YA012-2 井；E：苔藓虫，4845.50～4845.63m，F003-X3 井；F：苔藓虫，4460.02～4460.11m，TD021-4 井

2. 障积-黏结生物

生物礁的形成，障积-黏结生物藻类起了很大的作用。障积-黏结生物以蓝绿藻居多，含有少量古石孔藻、管壳石(图 2-20)。障积-黏结生物包绕造礁生物生长，对造礁起重要的黏结和固定作用，进一步增强了礁体的稳定性和抗浪能力。

图 2-20 障积-黏结生物镜下照片

A：藻黏结，4146.53～4146.64m，TD74 井；B：藻黏结，4146.53～4146.64m，TD74 井；C：藻黏结，4226.72～4226.99m，LG82 井

3. 附礁生物

长兴组生物礁的附礁生物种类繁多，常见的有海百合、腕足、有孔虫(蜓)、介形虫、腹足、海胆、腕足、苔藓虫、瓣鳃和钙藻等(图 2-21)。它们虽然不参加造礁，但其遗骸却是礁灰岩中沉积物的主要来源之一。

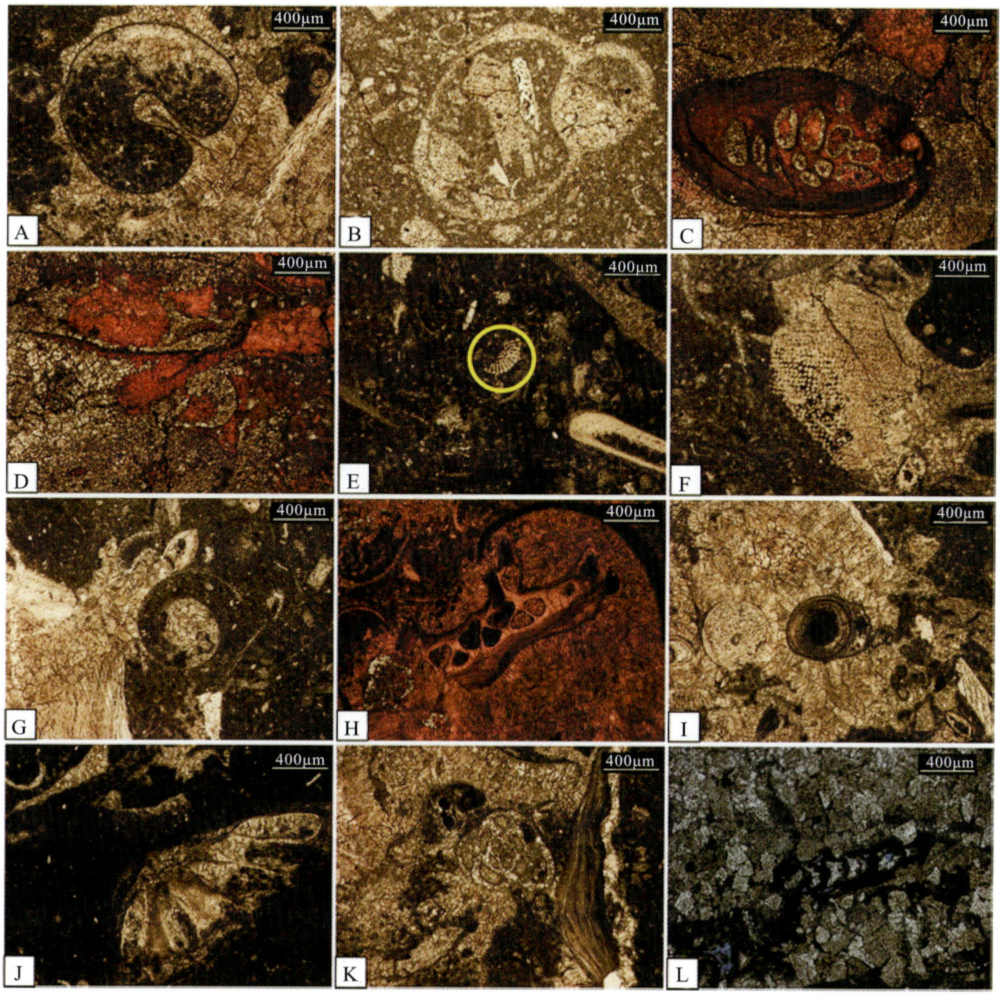

图 2-21　附礁生物镜下照片

A：腹足，见示顶底构造，4522.70～4522.79m，TD021-4 井；B：腹足，4460.02～4460.11m，TD021-4 井；C：介形虫，4460.02～4460.11m，TD021-4 井；D：双壳，4460.02～4460.11m，TD021-4 井；E：海胆，4522.70～4522.79m，TD021-4 井；F：棘屑，4522.70～4522.79m，TD021-4 井；G：菊石，4522.70～4522.79m，TD021-4 井；H：腕足，4522.70～4522.79m，TD021-4 井；I：腕足刺，4522.70～4522.79m，TD021-4 井；J：腕足喙，4522.70～4522.79m，TD021-4 井；K：有孔虫，腕足，4522.70～4522.79m，TD021-4 井；L：有孔虫，4146.53～4146.64m，TD74 井

（三）生物礁岩石类型

长兴组生物礁岩石类型主要为障积-黏结礁灰（云）岩和少量骨架岩（图 2-22）。

1. 障积-黏结礁灰（云）岩

岩石呈深灰色—灰黑色，厚层至巨厚层，具块状构造，与骨架岩不同，障积岩缺乏珊瑚、柱状海绵组成的骨架主体。造礁生物如囊状海绵等多数无固定生长方向，在地层中杂乱生长，仅有少数个体较大者垂直于层面生长，很少能形成骨架。且造礁生物含量低，仅30%左右，以骨架岩为核心，或脱离骨架岩，在礁骨架孔洞、礁间处富集发育，阻碍、黏结灰泥、附礁生物或生屑、礁角砾等，形成障积-黏结岩。障积作用与黏结作用联系紧密，障积岩和黏结岩更不易区分，这里统一称之为障积-黏结岩。障积-黏结岩总体反映了较低能的水体环境，生物礁生屑颗粒间多为细粒富泥沉积物，少有亮晶胶结物。现代沉积研究表明，障积-黏结岩才是构成生物礁岩的主体。骨架礁虽然不是组成生物礁的主体，但仍是礁体具备一定规模的必要条件，是礁体的核心。

图 2-22 障积-黏结礁(礁核微相)岩心照片

A：障积礁灰岩，246 块，C24 井；B：障积-黏结礁灰岩，227 块，C24 井；C：障积-黏结礁云岩，海绵体腔内溶孔十分发育，40 块，C24 井；D：障积-黏结礁云岩，4846.8～4846.92m，F033-X3 井；E：骨架礁云岩，格架孔强烈溶蚀，并被晚期方解石半充填，4845.5～4845.63m，F003-X3 井；F：障积-黏结礁云岩，局部见生物体腔孔，4244.19～4244.37m，LG82 井；G：障积-黏结礁云岩，生物体腔孔、格架孔和裂缝发育，4239.72～4239.94m，LG82 井；H：障积-黏结礁云岩，4224.25～4224.43m，LG82 井；I：障积-黏结礁云岩，后期被强烈改造，3964.07～3964.27m，TD002-8 井；J：障积-黏结礁云岩，4515.30～4515.42m，LG84 井；K：障积-黏结礁灰岩，84 块，QL8 井；L：障积-黏结礁灰岩，4525.13～4525.17m，TD021-4 井；M：障积-黏结礁云岩，生物体腔孔发育，71 块，TD21 井；N：障积-黏结礁云岩，海绵体腔孔发育，4145.70～4145.84m，TD74 井；O：障积-黏结礁灰岩，4797.77～4797.87m，YA012-2

2. 骨架岩

造礁生物含量较高，以串珠状、块状或柱状海绵和藻为主，充填物以生屑、砂屑为主，颗粒间多世代胶结作用形成的栉壳结构非常发育，反映形成于水动力条件很强的沉积环境，水循环性好，抗浪性强；在后期成岩过程中易于白云石化，往往保存有较多的生物体腔孔和骨架孔(图 2-22E)，因此孔隙结构很好、储集空间非常发育，为最有利于储层发育的微相。

环开江—梁平海槽地区长兴组生物礁主要发育障积-黏结礁灰岩(图 2-22)，真正意义上的礁骨架岩罕见，骨架孔少见，且为障积-黏结骨架，生物间以障积-黏结灰泥为主体，且向南生物礁发育时的能量愈来愈低，推测其可能受较快的构造沉降速率及海域能量变低共同控制。由于海水相对变深，导致波浪扰动强度减弱，生物礁发育对地貌要求更高，形成了区内以障积-黏结为特征的泥晶生物岩类，生物散布于泥晶中形成“花斑”特征的构造，取心中礁核部位以这种岩类为主体，说明生物礁的建造始终处于这种环境，生物礁的建造速率不足以形成等效海退，也反映同沉降速率与建造速率大致相当，为较典型的未成熟生物礁类型，仅在海平面下降中晚期，礁体开始处于浪基面之上的高能带而破碎形成生屑滩。

(四) 生物礁成因类型与微相划分

根据岩性特征及生物礁的发育生长规律，可将生物礁亚相纵向上由下至上划分为礁基微相、礁核微相、礁盖微相(图 2-23)。

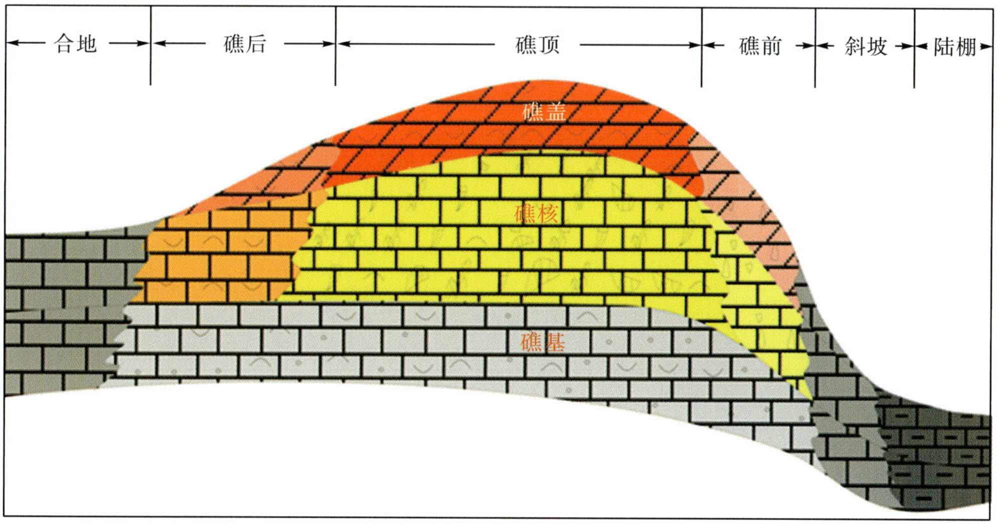

图 2-23 生物礁单礁体纵横向微相划分图

1. 礁核微相

礁核微相位于礁体的中心部位(图 2-23)，是礁体的主要组成单元，礁体中能够抵抗波浪作用的部分。区内多为低能的囊状海绵、苔藓虫、水螅、藻类等生物共同作用形成的障积-黏结礁，总体较致密(图 2-22)，当礁核发生白云石化时，局部见孤立的格架孔和生物体腔孔，且发育早期海底胶结物[图 2-22(G、M、N)，图 2-24]。北部(五百梯、七里峡、铁山等)比南部(云安场、大池干、石宝寨、高峰场等)的礁核云化程度更大。

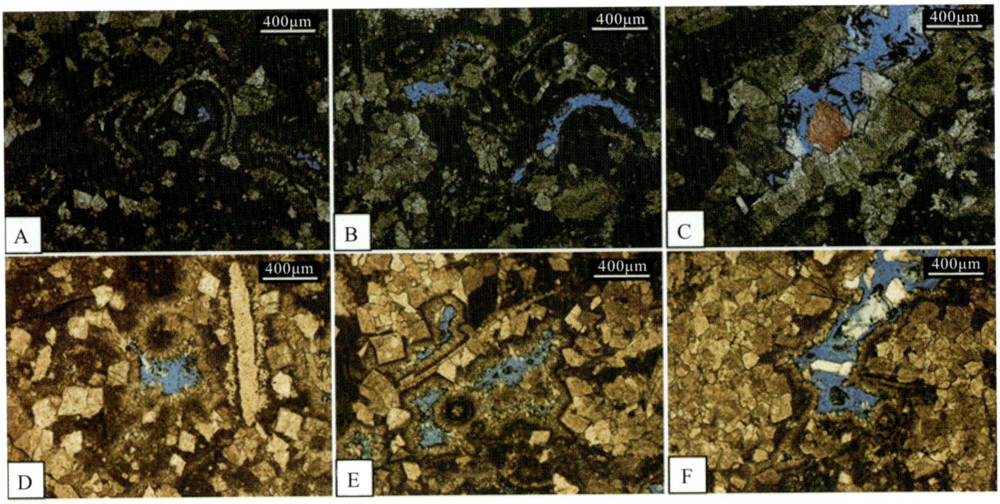

图 2-24 障积-黏结礁云岩格架孔和体腔孔镜下特征

A～F：均来自 TD74 井，4146.53～4146.64m

2. 礁基、礁盖微相

环开江—梁平海槽地区长兴组礁基主要由生屑滩组成(图 2-25)，垂向上多期生物礁叠置时，下部早期生物礁的礁盖亦是上部晚期生物礁的礁基。生屑滩为浪基面以上(5～10m深至高出海面)的浅水高能的碳酸盐沉积环境，波浪作用强烈，海水循环良好，盐度正常，氧气充足，由于波浪、潮汐及岸流经常簸选，很少有原地底栖生物，可见多种异地的生物碎屑，形成清洁的碳酸盐颗粒堆积，无或少灰泥，具有向上变粗的粒序特征。发育多种交错层理、底冲刷等构造，岩石原生孔隙发育，有利于流体流动，易受大气淡水的影响，白云石化作用、溶蚀作用均十分发育，常是油气的良好储集层。

区内礁基、礁盖几乎全部发生了较彻底的白云化作用，多为亮晶(残余)生屑云岩，生屑以棘屑为主，此外还有腕足、有孔虫、蜓、海绵碎片等，含量 50%～85%；由于白云石化作用的影响，大部分生屑颗粒模糊，但仍具有颗粒的幻影[图 2-26(A～C)]。粒间识别出两—三期次胶结物半充填或全充填，胶结物含量 18%～25%，第一期为早期海底纤状或栉壳状环边胶结，常发生白云石化而成粒状，第二期为浅埋藏期的粒状胶结物，第三期为深埋期块状—连晶方解石胶结物[图 2-26(D、E)]。由于滩体的垂向加积以及海平面上升的影响，滩体较易暴露，一旦发生白云石化及暴露溶蚀作用，将对这类滩相储层的储集性能大大改善，粒间胶结物及生屑颗粒内部多发生溶蚀，保存了较多的残余粒间孔、粒间溶孔、粒内溶孔，较大溶孔洞充填的自形白云石间常形成较多的晶间孔和晶间溶孔[图 2-26(A、B、C、F～L)]，有的孔隙可被准同生期渗流粉砂充填，但剩下的孔隙常成为良好的储集层，孔隙中常见沥青浸染(图 2-26L)，是油气储集的最有力证据。

图 2-25 礁基、礁盖微相岩心照片

A：残余生屑云岩，发育孤立溶蚀孔洞，82 块，C24 井；B：残余生屑粉-细晶云岩，发育孤立溶孔洞，4849.34～4849.46m，F003-X3 井；C：生屑粉晶云岩，溶孔洞大量发育，4245.52～4245.62m，LG82 井；D：生屑云岩，发育溶孔洞和微裂缝，4237.25～4237.43m，LG82 井；E：生屑云岩，发育溶孔洞和微裂缝，4223.93～4224.11m，LG82 井；F：生屑云岩，发育溶孔洞和微裂缝，4221.65～4221.91m，LG82 井；G：残余生屑云岩，溶孔洞和裂缝非常发育，4512.15～4512.24m，LG84 井；H：残余生屑云岩，溶孔洞和裂缝非常发育，4512.77～4512.98m，LG84 井；I：生屑粉-细晶云岩，溶孔洞大量发育，71 块，QL8 井；J：生屑粉-细晶云岩，溶孔洞大量发育，187 块，TD21 井；K：J 横断面特征；L：生屑云岩，溶孔洞发育，4125.08～4125.19m，TD74 井

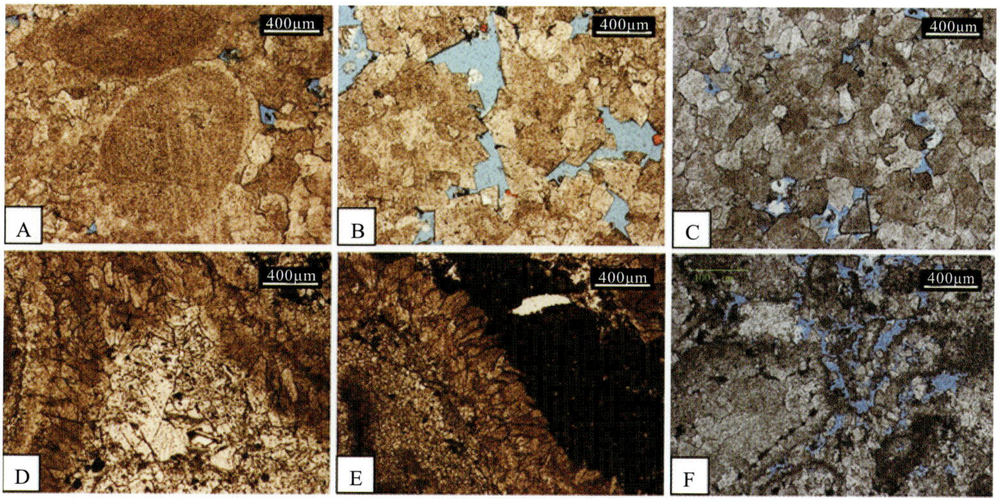

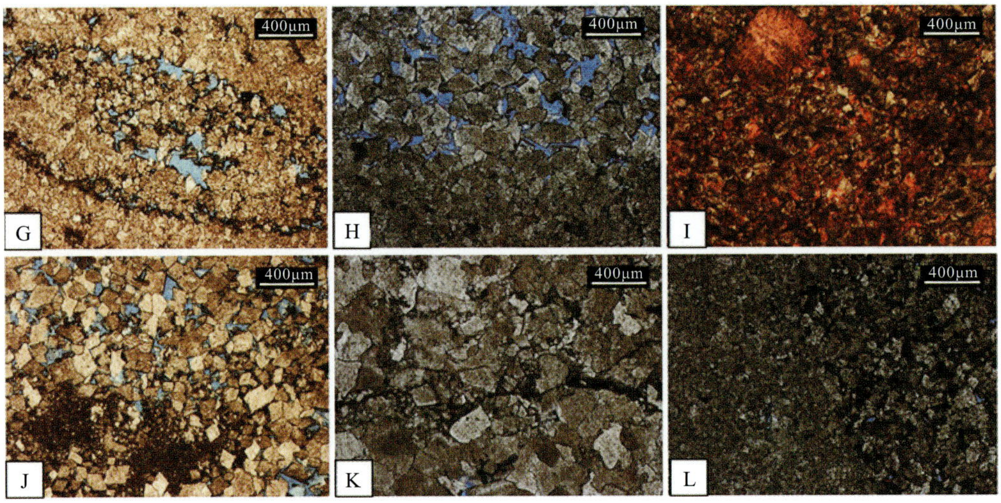

图 2-26 礁基、礁盖镜下照片

A：棘屑云岩，发育次生加大边，见残余粒间孔，4221.65～4221.91m，LG82 井；B：残余棘屑云岩，内部白云石他形，孔洞边缘的白云石半自形-自形，残余粒间孔发育，4237.69～4237.90m，LG82 井；C：残余棘屑云岩，4226.72～4226.99m，LG82 井；D：粒间 3 期胶结物，4778.31～4778.40m，YA012-2 井；E：马牙状胶结物环边和细粒碳酸盐岩砂充填残余孔隙，4778.31～4778.40m，YA012-2 井；F：粒间孔和粒内溶孔，4783.09～4783.21m，YA012-2 井；G：生屑粒内溶孔，4237.69～4237.90m，LG82 井；H：他形泥-粉晶云岩基质和溶洞中自形的白云石，166 块，C24 井；I：溶洞中自形的白云石具有雾心亮边特征，被连晶方解石全充填，4226.72～4226.99m，LG82 井；J：溶洞中自形的白云石和细粒的渗流粉砂，106 块，C24 井；K：4231.04～4231.22m，溶缝中充填渗流粉砂，LG82 井；L：溶洞中的孔隙被沥青半充填，183 块，TD21 井

（五）生物礁的发育形成阶段性

James 和 Ginsburg（1979）将生物礁成礁过程分为四期，即定殖期、拓殖期、泛殖期和统殖期（衰亡期）。环开江—梁平海槽地区发育多期生物礁，各期生物礁特征不同，部分礁体发育阶段不齐全（图 2-27）。各阶段特征如下。

1. 定殖期

定殖期为后期生物礁形成打基础，环开江—梁平海槽地区长兴生物礁的定殖期由下向上的沉积序列为滩间泥晶灰岩→浅滩相生物碎屑灰岩等，具有向上变浅趋势。推测发生了相对海平面下降事件，使早期较深水环境演变至浪基面附近，能量高，隆起的地貌导致水体变浅，温暖、透光、养分充足等条件促进了长兴期生物生长，它们消亡后原地堆积，并被藻黏结固定形成稳定的基座，经过该期的沉积，无论在水深、水能方面，还是在地形、地貌等方面，都为生物礁形成创造了条件，台缘丘礁和大部分台缘点礁的定殖期基本都发育于长二期，台内礁一般发育于长一期。

2. 拓殖期

经过定殖期以后，地形地貌、水能、阳光及营养等方面都适宜生物生长，各种生物大量繁殖，以海绵为主体的造礁生物茁壮成长。拓殖期造礁生物尚未出现明显数量上的优势，以囊状海绵、串珠状海绵、蓝绿藻等为主要造礁生物，呈分枝状、丛状生长，附礁生物以腹足、棘皮为主，海绵对灰泥、生屑等起障积作用，部分海绵被藻类包覆共同生长，组成抗浪格局，为造礁生物进一步繁盛创造了条件，由于此时水动能仍较小，礁体规模也比较小。

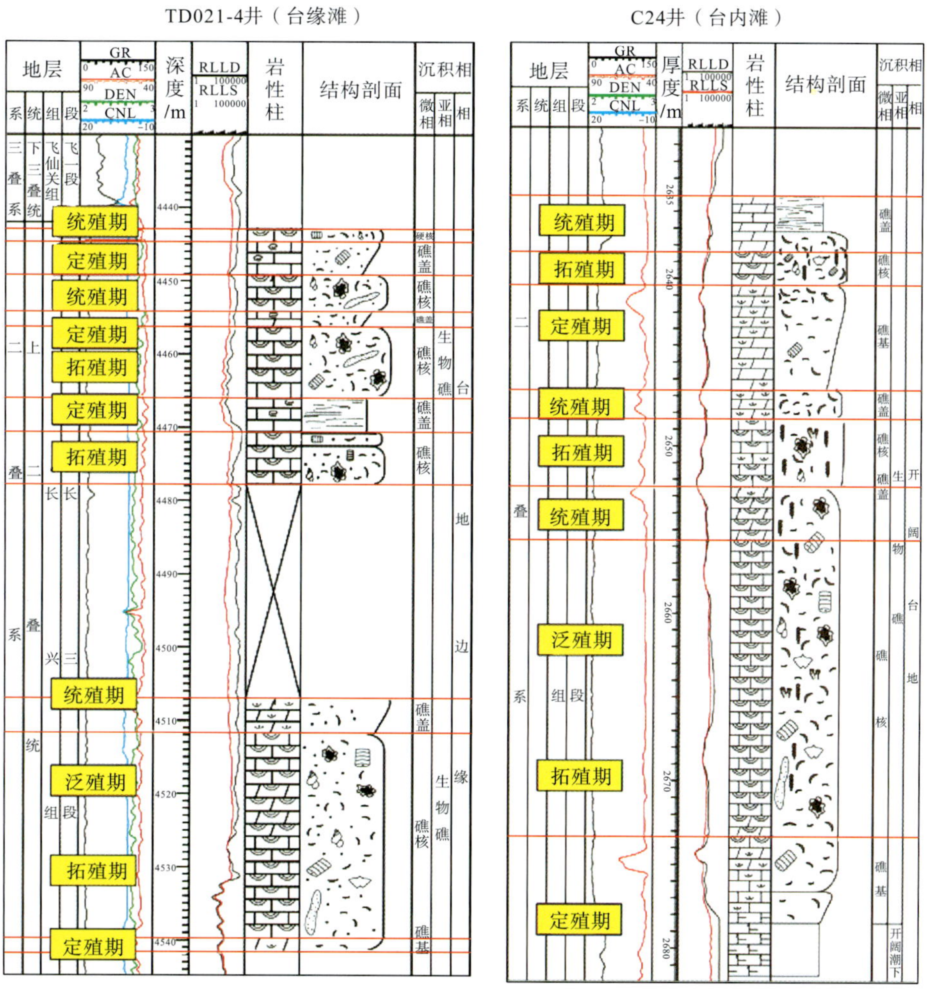

图 2-27　生物礁演化阶段示意图(刘宏等，2017)

3. 泛殖期

随着拓殖期生物礁体的向上加积，水动能增强，礁体生长的各种条件也随之变好，造礁生物如海绵、水螅及苔藓虫等大量快速生长，泛殖阶段是台缘丘礁和台缘堤礁形成的重要阶段，其主要特征是海绵等造礁生物得以迅速发展，除囊状海绵、串珠状海绵等造架生物外，黏结生物、柱状海绵也急剧增多，海绵、水螅及苔藓虫等造礁生物群居在一起形成骨架。礁体具有明显的抗浪能力，当生物礁进一步向海平面生长，接近浪基面附近时，强烈的风浪作用将礁体部分打碎，形成礁角砾岩，并随波浪回流堆积在礁体前缘斜坡上，形成礁前塌积岩。该段岩性由于后期成岩作用，白云石化、溶蚀作用强烈，形成大量溶蚀孔洞，部分充填大量碳化沥青或方解石，是非常有利的储层岩石类型。

4. 统殖期(衰亡期)

统殖期生物种类急剧减少，生物礁趋向衰亡，当海平面相对于礁生长基底下降时，礁最终会逐步干死，生物礁停止发育，由生物礁相向滩相转变；当海平面相对于礁生长基底上升过快时，可能引起生物礁失去生长必需的阳光和营养而死亡。

(六)生物礁分布规律

通过横跨开江—梁平海槽的沉积相井-震结合对比(图 2-28)明确了海槽两侧地层厚度变化特征明显，海槽厚度较薄，台缘厚度最厚，台地内地层厚度稳定。长兴期古地貌继承了龙潭期沉积期的古地貌格局，海槽西侧生物礁古地貌高，坡度较陡，东侧斜坡相有古地貌高带，坡度较缓，同时从海槽北至南，生物礁坡度越来越缓。

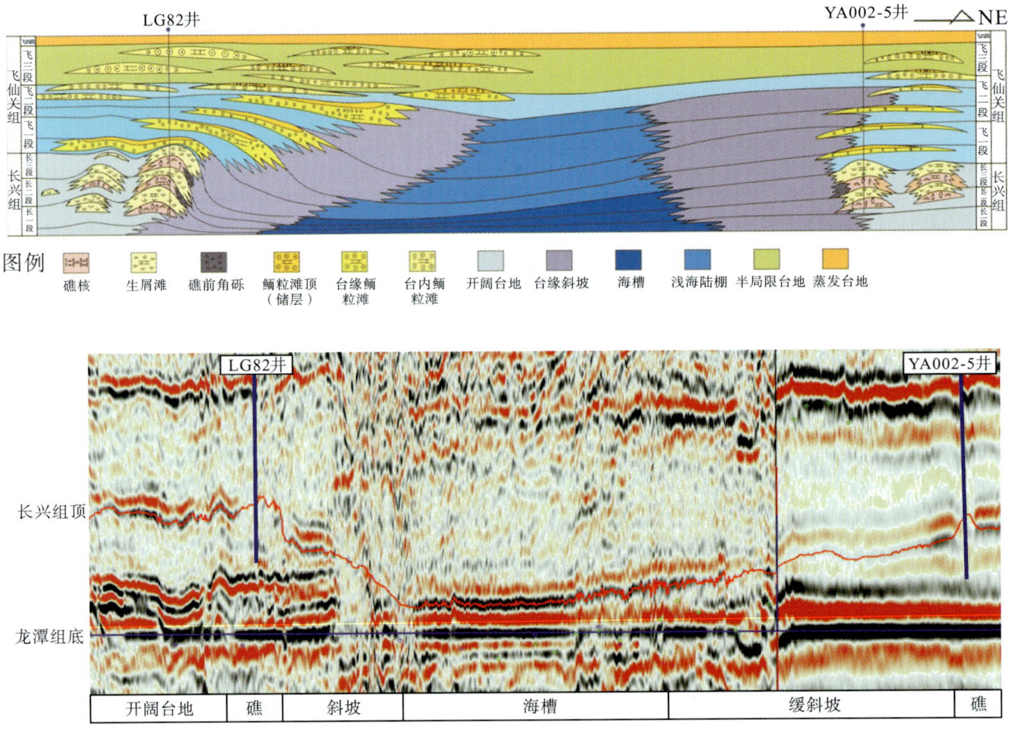

图 2-28 海槽两侧生物礁形态图(刘宏等，2017)

基于以上认识，建立了川东地区长兴组沉积模式图(图 2-29)。晚二叠世，峨眉山地幔柱上拱，使得区内处于拉张环境，发育不同方向的正断裂，并切割基底。由于差异沉降作用，形成了“开江—梁平陆棚”雏形。到晚二叠世长兴期，这些基底断裂拉张作用达到最大，在这些基底断裂的控制下，开江—梁平断块逐步下陷，形成“开江—梁平”海槽。此时，海槽两侧台地边缘处于的高能带，水体能量强、循环好，营养物质充足，有利于生物生长，是长兴期礁、滩体发育的有利区。台地边缘远离海槽一侧为开阔台地环境，局部海底高地发育的台内礁、滩的发育规模较台缘礁、滩差。长兴期礁、滩相主要发育于台地边缘相带，礁、滩体的展布受北东—南西向基底断裂上升盘断阶高地貌的控制，呈北东—南西向带状展布，北西—南东向与非礁、滩相间互成排。

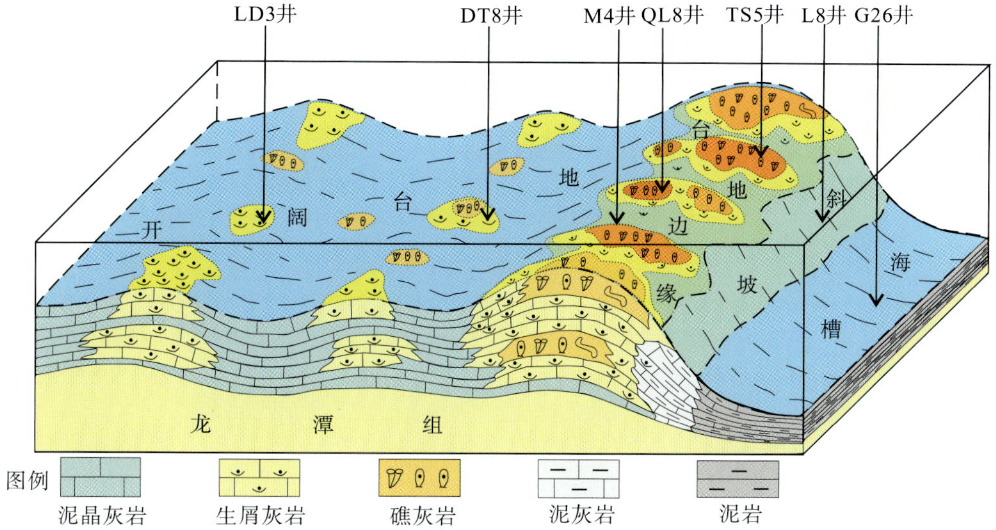

图 2-29　川东地区长兴组沉积模式图

第三章　长兴组生物礁储层特征及识别

第一节　长兴组生物礁储层特征

一、储集岩类型

通过对岩心的宏观及镜下薄片观察，长兴组地层由于遭受暴露表生岩溶作用的影响，其储集岩种类较多，储层岩石学特征较为复杂。为更好地表征长兴组地层中各种岩石类型的储层特征，按是否受到岩溶改造将其分为原始沉积岩类和岩溶改造岩类。

区内长兴组地层以原始沉积岩类占主体，原始沉积岩类总体表现出受岩溶作用影响小，储层储集性能较差等特征，以发育少量骨架孔、残余粒间孔及粒内溶孔的生物礁灰岩及生屑灰岩为主。研究发现，区内长兴组高产井产层段多与岩溶改造作用有关，岩溶改造岩类应为区内主要储集岩类型，根据岩性及所处沉积微相的不同，进一步划分出生物礁灰岩、亮晶生屑灰岩、礁核生物礁云岩(包括受岩溶改造的障积-黏结礁云岩和海绵骨架礁云岩)、礁基/礁盖生屑滩生屑云岩四类。

(一)生物礁灰岩

根据生物礁生长时所处的相带不同，将其分为台缘礁和台内礁两大类。通过岩心观察、单井综合解释、地层对比及地震综合解释等发现，台缘礁无论是在发育规模、发育厚度及横向展布等方面均优于台内礁。

1. 台内礁灰岩

台内礁灰岩礁体呈近似圆形或不规则状，是在台内较小隆起上形成的孤立小礁体，环开江—梁平海槽南端的石宝寨、大池干、凉水井及高峰场等生物礁具此类礁体特征。该类型的礁体主要由障积-黏结礁灰岩组成(图 3-1A)，见少量海绵骨架礁灰岩(图 3-1B)，多呈斑点状成群产出，发育时期主要为长一时期(大天池生物礁)或长二时期，部分生物礁发育于长二—长三早中期(表 3-1)。

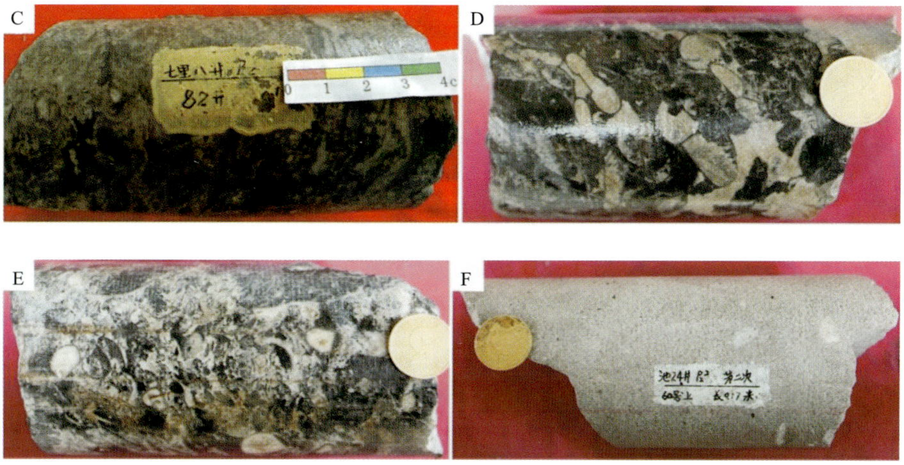

图 3-1 原始沉积生物礁灰岩储层岩心照片

A：障积-黏结礁灰岩，不发育孔洞，C24 井，227 块；B：海绵骨架礁灰岩，不发育孔洞，钙质海绵间为亮晶胶结，C24 井，94 块；C：障积-黏结礁灰岩，孔洞不发育，QL8 井，82 块；D：障积-黏结礁灰岩，TD021-4 井，4444.27～4444.40m；E：海绵骨架礁灰岩，钙质海绵间为亮晶胶结，TD021-4 井，4525.13～4525.17m；F：亮晶生屑灰岩，发育少量残余粒间孔，C24 井，60 块

表 3-1 川东地区长兴组礁滩体纵向发育层位对比表

生物礁类型	构造	井位	发育层位（P_2ch^1、P_2ch^2、P_2ch^3）
台地边缘礁	五百梯	大天7	109 —48— 38 —20— 24
		天东8	7 —60— 32 —12— 40 —16— 62
		天东21	150 —20— 42 —34—
		天东021-4	130 —109— 27 —7— 18
		天东74	52 —220— 12
	七里峡	七里8	81 —26— 60 —18— 82
	高峰场	峰003-X3	150 —12— 49 —52— 89
		峰8	48 —122— 9
	黄泥塘	梁2	51 —58— 124 —12— 26 —66— 40
	云安场	云安012-2	150 —12— 26 —126— 18
		云安002-5	78 —58— 52 —118— 56
		云安3	106 —98— 44
	温泉井	温泉003-X2	51 —10— 20 —30— 15 —43— 20
		温泉3	23 —80— 50 —17— 51
	龙岗东	龙岗82	79 —142— 10 —54— 30
台内礁	凉水井	凉东6	130 —26— 54 —10— 142
	大天池	天东29	28 —8— 26 —4— 26 —4— 42 —10— 122
		天东30	37 —12— 32 —38— 38 —22— 77
	高峰场	峰18	182 —36— 23 —41— 52
	大池干	池24	68 —39— 90 —4— 50
		池30	147 —10— 77
	石宝寨	宝1	75 —66— 81

注：表中数字表示钻井厚度(m)；横线标示层段为礁滩体发育位置。

2. 台缘礁灰岩

台缘礁礁体近似丘状，是在环海槽边缘海底水体较干净的环境，且相对较大隆起上形成的线状礁体，环开江—梁平海槽的中端—北端的五百梯、七里峡、黄泥塘、高峰场、云安场、温泉井、龙岗东等生物礁具有此类礁体的典型特征。该类型的礁体规模相对较大，呈点状或线状分布，礁体主要由障积-黏结礁灰岩组成[图 3-1(C、D)]，其次为海绵骨架礁灰岩(图 3-1E)等。发育时期主要为长一—长二(五百梯、七里峡、黄泥塘生物礁)或长二—长三时期(高峰场、云安场、温泉井、龙岗东生物礁)(表 3-1)。

总体而言，无论是台缘抑或是台内，障积-黏结礁灰岩中钙质海绵间均多以藻黏结和泥晶充填为主，孔隙不发育，储集性能极差，海绵骨架礁灰岩主体由直径数毫米至数厘米的钙质海绵构成，海绵间为亮晶胶结，周围则为藻类缠绕黏结形成抗浪骨架，极少数发育并保存骨架孔，孔径不大，且相互孤立。长兴组原始沉积的生物礁灰岩占比较低且储集性能较差，若无后期岩溶及白云石化作用对其进行优化调整将难以形成有利储层。

(二)亮晶生屑灰岩

生物礁快速加积到浪基面之上后，易受到潮汐、波浪、风暴等强水动力作用的影响，其中的钙质海绵、钙藻以及双壳、腕足、腹足等附礁生物碎裂，加之颗粒间灰泥成分在强水动力条件下被淘洗干净，最终形成亮晶生屑灰岩(图 3-1F)。生屑滩与生物礁在纵向上呈礁滩叠置的关系，滩体较易暴露(台缘尤为普遍)，一旦发生早期暴露溶解作用及白云石化，将大大改善这类滩相储层的储集性能，形成良好的储集层。亮晶生屑灰岩的储集性能高于生物礁灰岩，但其孔隙仍不太发育，岩心及镜下见少量孔隙，且以铸模孔和残余粒间孔为主。

(三)礁核生物礁云岩

礁核生物礁云岩是区内重要的储集岩类之一，通过岩心及镜下观察发现，无论是障积-黏结礁还是海绵骨架礁均在不同程度上受表生岩溶影响，主要发育一些溶蚀孔洞、骨架孔洞。与原始沉积的生物礁灰岩不同的是，这些得益于岩溶改造形成的孔洞为后期白云石化流体提供了通道，经后期白云石化作用的生物礁云岩抗压实压溶能力增强，使得大量孔隙及残余孔洞得以保存。

(四)礁基/礁盖生屑滩生屑云岩

礁基/礁盖生屑滩生屑云岩同样是重要的储集岩类，相对于礁核生物礁灰岩，受表生岩溶影响更为强烈，岩溶体系表现出典型的“花斑状”特征(图 3-2)。其中花斑岩溶灰白色部分为基质岩，灰黑色部分为岩溶系统。基岩内颗粒云化呈点-线接触，以发育残余粒间孔、粒内溶孔为主，见少量生物体腔孔，偶见孔隙为云化的渗流粉砂半充填形成示顶底构造。岩溶系统内生屑颗粒由于白云石化作用强烈，其内部结构难以辨别，边缘发育自形程度较高的细-粉晶白云石。岩溶系统内白云石晶间孔大量发育并可见大直径溶蚀孔洞，部分孔隙为渗流粉砂半充填形成示顶底构造，孔壁内多发育沥青衬边。生屑滩生屑云岩储集性能良好，对储层的贡献最大。此外，由于岩溶系统孔隙相对发育，后期液烃充注后，随着热演化的进行，其孔隙中更易富集沥青，在孔壁上形成大量沥青衬边，因此岩心上岩溶系统呈灰黑色，同时，基岩中亮晶胶结物未被大量淋溶而保存较好，也就造成岩心上基岩部分呈灰白色。

图 3-2　岩溶改造礁基/礁盖生屑滩生屑云岩储层岩心照片

A：“花斑状”生屑云岩，浅色基岩见隐约生物痕迹，F003-X3 井，4842.14～4842.24m；B：“花斑状”生屑云岩，见部分溶蚀孔洞，TD74 井，4158.53～4158.64m；C：“花斑状”生屑云岩，LG84 井，4511.93～4512.01m；D、E：“花斑状”生屑云岩，TD74 井，4117.52～4117.65m；F：“花斑状”生屑云岩，溶孔洞及扩溶缝发育，TD74 井，4149.10～4149.17m；G：“花斑状”生屑云岩，见大量孔洞，TD74 井，4140.33～4140.45m；H：“花斑状”生屑云岩，见溶蚀孔洞，TD74 井，4157.93～4158.02m；I：“花斑状”生屑云岩，见为泥质及方解石全充填的溶洞，网状缝发育，LG82 井，4221.65～4221.91m；J：“花斑状”生屑云岩，深色岩溶系统内溶孔洞发育，LG82 井，4220.11～4220.32m；K：生屑云岩(左：基岩为主，右：岩溶系统)，TD21 井，145 块；L：生屑云岩，基岩为主，LG82 井，4223.18～4223.35m

二、储集空间及物性

由于碳酸盐岩具有较强的化学活泼性，在其沉积以及埋藏历史过程中，极易受到包括溶蚀作用和白云石化作用在内的多种成岩作用改造，使得碳酸盐岩储集层往往具有岩性变化大、孔隙类型多、物性变化无规律等特点，既有受组构控制的粒间溶孔、粒内溶孔、铸模孔、晶间溶孔等，又有不受组构控制的溶洞、溶缝和构造缝。通过对长兴组岩心和薄片的详细观察，以 Choquette 和 Pray (1970) 的碳酸盐岩孔隙分类标准为基础，根据其成因、形态、大小及分布位置，将长兴组储渗空间划分为以下几种：孔隙(包括残余粒间孔、粒内溶孔、晶间孔及晶间溶孔、格架孔)、溶洞和裂缝。孔隙直径通常小于 2mm，区内长兴组孔隙多数发育于礁基/礁盖生屑滩生屑云岩中，是长兴组最重要的储集空间类型。

(一)孔隙

1. 残余粒间孔

长兴组生屑或生物之间相互支撑而形成的原生孔隙，在经历了压实、胶结充填、溶蚀等成岩作用改造后残余下来的孔隙称为残余粒间孔(图 3-3)。多发育于礁基/礁盖生屑滩生屑云岩中，其形态各异，孔径 0.1～1.5mm 不等。在礁基/礁盖生屑滩生屑云岩的基岩中，残余粒间孔孔壁可见沥青衬边，孔隙内部大多无多余的充填物。而在生屑滩生屑云岩的岩溶系统中，由于岩溶水的溶蚀改造，单个残余粒间孔孔径相对较大。后期的压实作用常导致部分孔隙塌缩，且加之岩溶改造时充填的渗流粉砂，使得残余粒间孔中常充填许多白云石晶粒，残余粒间孔是区内重要的孔隙类型。

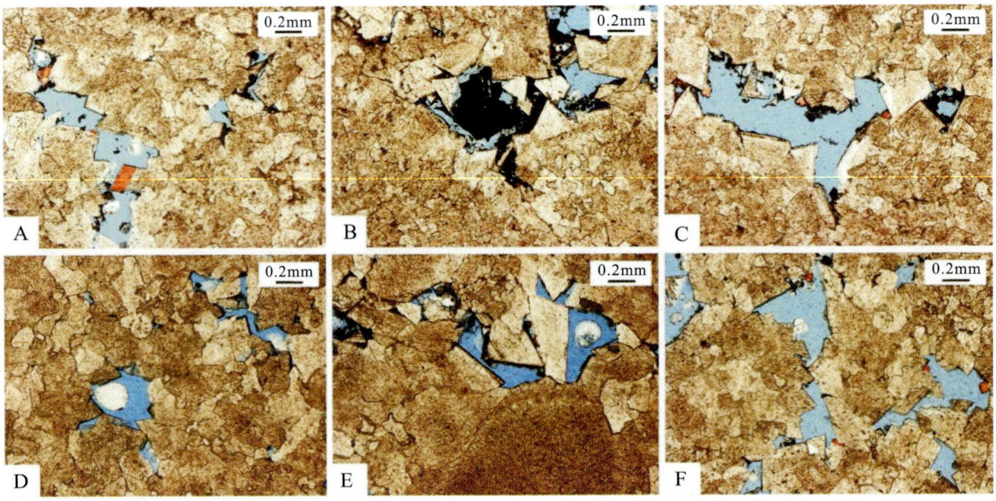

图 3-3 残余粒间孔镜下照片

A：残余粒间孔，去白云石化现象，LG82 井，4235.62～4235.68m；B、C：残余粒间孔，见沥青充填，LG82 井，4237.69～4237.90m；D、E：残余粒间孔，LG82 井，4221.65～4221.91m；F：残余粒间孔，LG82 井，4237.69～4237.90m

2. 粒内溶孔

原始沉积的碳酸盐岩多为文石质及高镁方解石质颗粒，同生期易受大气淡水淋溶发生碳酸盐岩稳定化，即文石及高镁方解石被淡水溶解淋失，在岩溶水高饱和时以低镁方解石的形成重新沉淀，形成颗粒边缘的刃状胶结物等。长兴组礁基/礁盖生屑滩生屑云岩、礁核骨架岩中均可见粒内溶孔(图 3-4)，受生屑颗粒大小及外形的控制孔径大小不一。粒内溶孔为一重要的储集空间类型，但粒内溶孔多为孤立孔隙，其与残余粒间孔之间也少有连通，但若受后期白云石化强改造或裂缝沟通，则可在一定程度上改善其渗透性能(图 3-4F)。

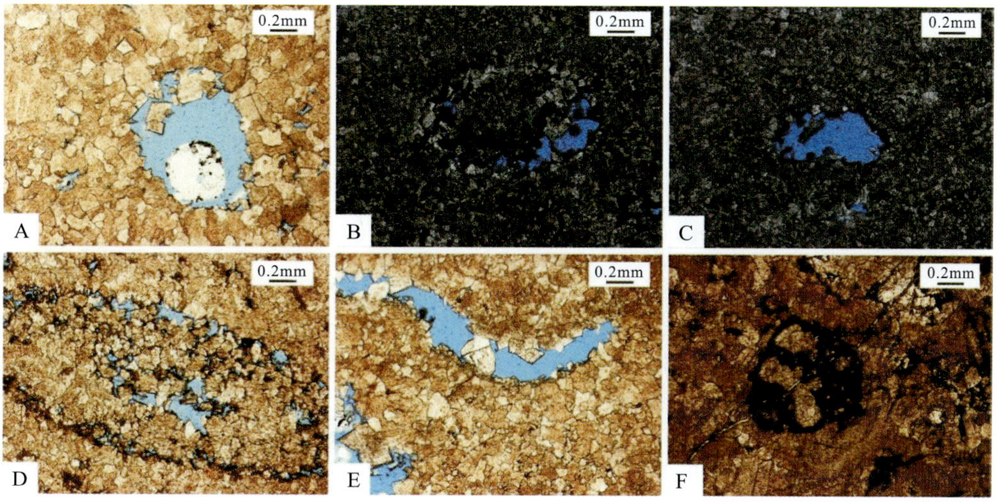

图 3-4　粒内溶孔镜下照片

A：粒内溶孔，LG82 井，4229.66～4229.86m；B、C：粒内溶孔，TD21 井，184 块；D：粒内溶孔，LG82 井，4237.69～4237.90m；E：铸模孔，TD021-4 井，4517.77～4517.97m；F：粒内溶孔被裂缝沟通，LG82 井，4221.91～4222.10m

3. 晶间孔及晶间溶孔

晶间(溶)孔在区内长兴组白云岩中均有发育，其中以礁基/礁盖生屑滩生屑云岩的岩溶系统及其他白云石化作用改造强烈的储渗体中最为发育(图 3-5)。镜下晶间孔呈不规则多边形，孔径 0.05～0.15mm 不等，若后期遭受溶蚀则形成具港湾状溶蚀边的晶间溶孔，晶间(溶)孔常为沥青及渗流粉砂部分充填。该类孔隙常发育于生屑云岩岩溶系统中，发生白云石化强改造、原始沉积结构难以识别的部分，该类孔隙类型常表现出中孔隙度中渗透率的特征，是最重要的储集空间类型。

4. 格架孔

格架孔是生物礁骨架间相互生长产生空间干涉后，骨架主体间形成遮蔽而成，为礁体骨架搭建过程中钙质海绵间形成的格架孔洞(图 3-6)，洞形状各异，洞径也大小不等，尽管格架孔均较粗大，但发育频率较低，不是主要储集空间类型。

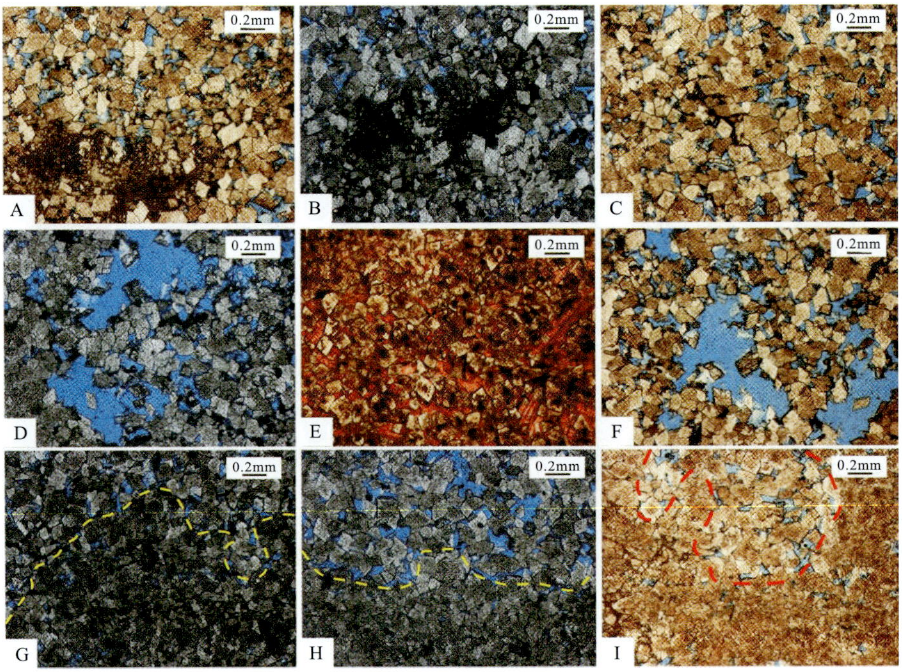

图 3-5 晶间(溶)孔镜下照片

A：岩溶系统中的晶间(溶)孔，渗流粉砂充填示顶底，C24 井；B：岩溶系统中的晶间(溶)孔，渗流粉砂充填示顶底，C24 井；C、F：岩溶系统中的晶间(溶)孔，孔壁见沥青浸染，C24 井；D：岩溶系统中的晶间溶孔，孔壁见沥青浸染，C24 井；E：岩溶系统中的晶间(溶)孔后期被方解石充填，LG82 井，4226.72～4226.99m；G、H：上部为岩溶系统，晶间(溶)孔发育，下部为基岩，C24 井；I：上部为岩溶系统，晶间(溶)孔发育，下部为基岩，QL7 井

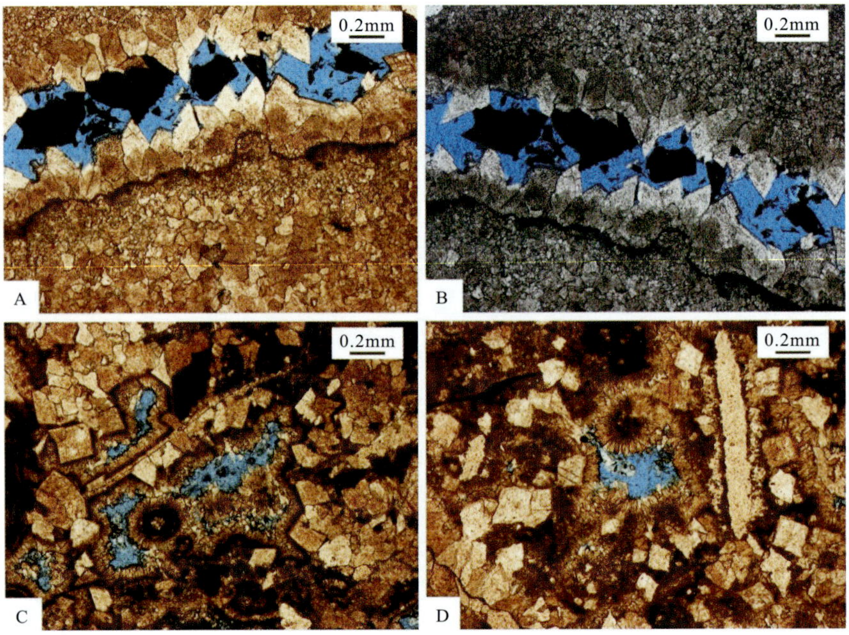

图 3-6 格架孔镜下照片

A：格架孔，YA012-2 井，4795.32～4795.44m；B：格架孔，YA012-2 井，4793.41～4793.54m；C、D：格架孔，TD74 井，4146.53～4146.64m

（二）溶洞

长兴组溶洞常发育于生屑滩生屑云岩和骨架礁云岩中（图 3-7），溶洞直径为 2～10mm，洞壁不平整且常有沥青衬边，孔壁上的白云石晶粒通常少有溶蚀，自形程度也较高。多数溶洞内见暴露岩溶成因的白云石碎屑构成的渗流粉砂沉淀于孔洞底部，从孔壁溶蚀程度来看，埋藏溶蚀并非其形成的主要动力，推测仍是暴露风化壳岩溶形成了溶洞雏形。岩心观察可见大量溶洞为裂缝沟通，这是长兴组储层中高孔高渗段的主要原因。

图 3-7 溶洞镜下及岩心照片

A：生屑云岩，溶洞洞壁见沥青浸染，LG82 井，4221.65～4221.91m；B：生屑云岩，溶洞为沥青半充填，LG82 井，4237.69～4237.90m；C：生屑云岩，溶洞内见沥青，LG82 井，4235.62～4235.68m；D：礁核生物礁云岩，残余溶洞，F003-X3 井，4845.50～4845.63m；E：生屑云岩，渗流粉砂充填的溶洞，TD21 井；F：生屑云岩，岩溶系统中的溶洞，TD74 井，4156.50～4156.60m；G：生屑云岩，渗流粉砂充填溶洞，TD21 井；H：受岩溶改造的生物礁云岩，见大量溶洞，DT002-8 井，3957.15～3957.31m；I：“花斑状”生屑云岩，见中小型溶洞，LG82 井，4239.72～4239.94m

（三）裂缝

裂缝作为一种特殊的孔隙类型，能同时发挥储集空间和渗滤通道两种作用。构造缝在后期液烃及气烃的充注时常常会遭到酸性地下水的溶蚀，形成溶蚀缝[图 3-8（A～D）]，裂缝主要发育于“花斑状”生屑云岩的基岩部分及礁核礁云岩多洞层段[图 3-8（E、F）]，镜下可见部分裂缝为沥青半-全充填。

以下以龙岗区块进行详细分析，首先对龙岗区块长兴组 2322 个岩心样品的孔渗数据进行分析处理，分别统计长兴组的孔隙度、渗透率发育频率，绘制了频率分布直方图、孔渗散点图，认为龙岗区块长兴组储层物性具备以下特征。

图 3-8 裂缝镜下及岩心照片

A、B：生屑云岩，溶蚀缝，TD021-4 井，4540.28～4541.50m；C：生屑云岩，溶蚀缝为沥青半充填，TD21 井，184 块；D：生屑云岩，溶蚀缝，TD021-4 井，4511.19～4511.32m；E：“花斑状”生屑云岩，见大量网状缝，LG82 井，4223.11～4223.93m；F：“花斑状”生屑云岩，网状缝发育，LG82 井，4226.99～4227.04m

(1) 区内长兴组储层物性总体较差，仅局部存在高孔高渗段，与区内储集岩类以礁基/礁盖生屑滩生屑云岩为主的认识相符。长兴组基质孔隙度分布在 0.02%～20.26%，平均值为 2.82%；随孔隙度的增大，分布频率呈逐渐减小的趋势。孔隙度小于 2%的样品占样品总数的 51.46%，孔隙度介于 2%～6%的样品占 38.80%，而孔隙度大于 6%的样品仅占 9.74%（图 3-9）。这表明长兴组储层主要为低孔储层，其中白云岩平均孔隙度为 3.3%，远高于灰岩。

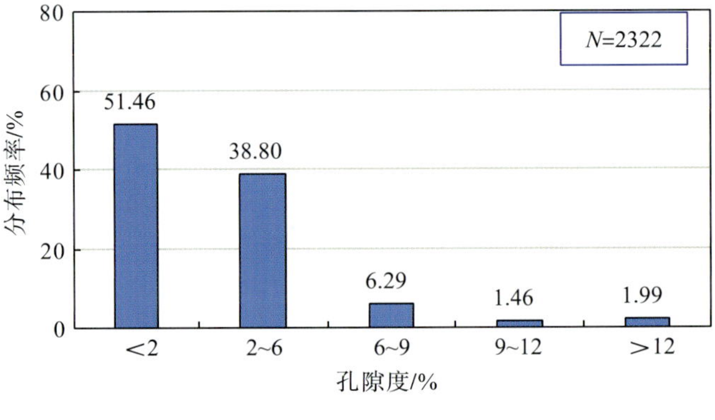

图 3-9 长兴组储层孔隙度频率分布直方图

(2) 长兴组储层渗透率以中低值段分布占优，次为特低值段，高值段仅局部发育，反映了云化改造形成的片状喉道对储层渗透性能的改善作用。长兴组的渗透率相对较差，一般介于 0.004～142mD①，渗透率小于 0.01mD 的样品占 10.97%，渗透率在 0.01～1mD 的样品占 59.05%，大于 1mD 的样品占总数的 29.98%，其中有 6.95%的样品的渗透率大于 10mD(图 3-10)，表明长兴组储层总体渗透性中等，为中渗透储层，物性统计反映长兴组为低孔、中渗储层。

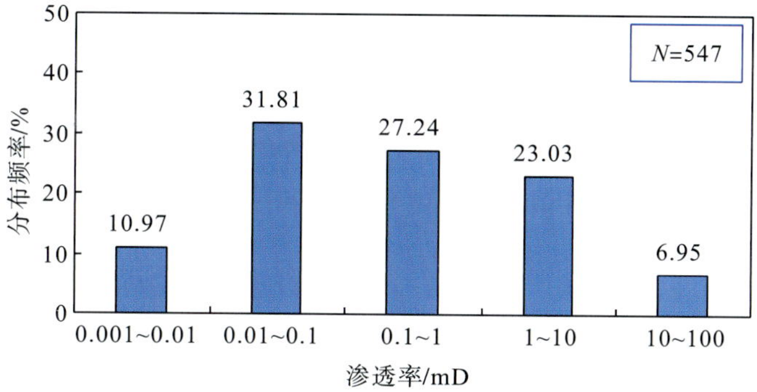

图 3-10 长兴组储层渗透率频率分布直方图(刘宏等，2017)

将龙岗区块长兴组 2322 个孔渗配套岩心样品的孔隙度和渗透率数据绘制散点图，发现长兴组孔渗数据点分布具有一定的规律，可以分为 A、B、C、D 四个区域(图 3-11)。同时，结合取样的岩心及薄片资料，发现这四个分布区域与区内主要的储集岩类分别对应较好。

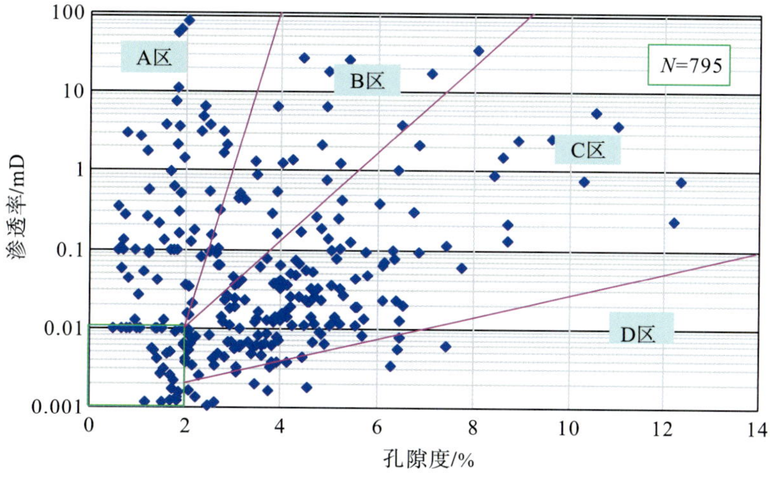

图 3-11 长兴组岩心孔隙度与渗透率散点图(刘宏等，2017)

对应于 A 区，样品点表现出为低孔高渗的特征，其主要代表储集岩类为受裂缝沟通的低孔生屑灰岩。

对应于 B、C 区，样品点主要表现出中孔中高渗特征，其代表性储集岩类为受岩溶改

① 1D=0.986923×$10^{-12}m^2$。

造的“花斑状”生屑滩生屑云岩及生物礁云岩，其中 B 区岩样有受裂缝沟通渗透率得到改善的现象。C 区孔渗线性相关性最好，随孔隙度和渗透率的增加，“花斑状”生屑滩生屑云岩中岩溶系统所占比例也随之增加。残余粒间孔、溶蚀孔洞及格架孔洞与缩颈喉道、片状喉道相配置，孔渗性能最优。

而 D 区可能为长兴组相对孤立的溶洞或礁格架孔，其主要代表储集岩为未受岩溶改造的生物礁灰岩及孔洞发育较孤立受岩溶改造不强烈的生物礁云岩。

综上可见长兴组孔渗关系主要为“低孔高渗”型和“中孔中高渗”型两种类型，长兴组储层的形成可能存在多种成因，这也暗示着储层类型复杂多样(刘宏等，2017)。

三、储层控制因素分析

由于沉积环境和成岩环境的多样性及构造运动的差异性，导致了上二叠统长兴组的成岩作用类型和成岩期次繁多、关系复杂。成岩作用对碳酸盐岩储层储渗性能的影响具有双重性，既有充填和破坏孔隙降低储渗性的一面，又有改善原有孔隙或形成新孔隙提高储渗性的充填作用等。主要建设性成岩作用有溶蚀作用、破裂作用及白云石化作用等(图 3-12)。

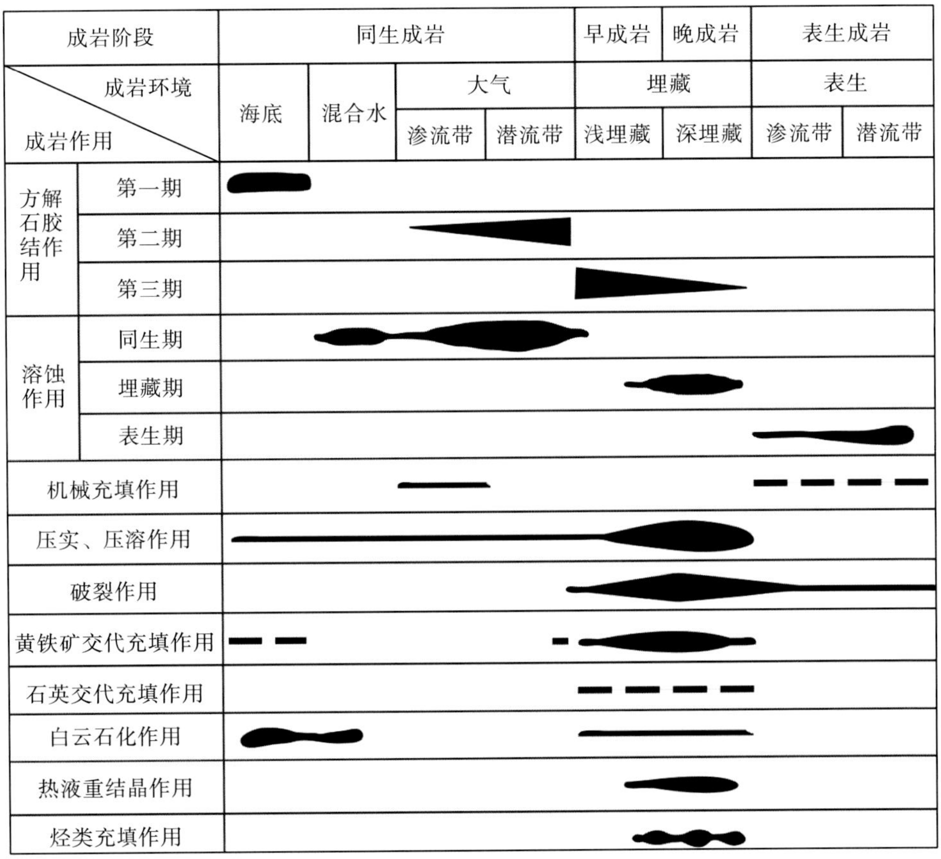

图 3-12 长兴组碳酸盐岩主要成岩作用类型及其与成岩环境的关系(张云峰等，2018)

（一）主要成岩作用类型及特征

1. 溶蚀作用

1）准同生期大气淡水溶蚀

准同生期大气淡水溶蚀主要发生在近地表环境，礁复合体由于受淡水影响，发生明显的选择性溶蚀作用[图 3-13（A～C）]，礁复合体中各种骨屑的溶蚀程度很不相同，溶蚀度序次与骨屑壳质原始成分密切相关。其中以海绵的溶蚀程度较强，普遍发育多孔状溶蚀孔洞，其次为螺类及少数蜓类，其中螺类多形成铸模孔。棘屑和其他骨屑基本上不受溶蚀的影响。造成选择性溶蚀的主要原因是大气淡水对岩石进行选择性溶蚀的结果。准同生期发生的大气淡水溶蚀作用发育于礁滩体地貌高部位，垂相上具有多期旋回性，期次受礁滩体旋回的控制，其单层规模一般几米，对孔隙度的贡献一般在 1%～4%。准同生期大气淡水溶蚀成透镜状分布，发育规模与地貌及暴露时间相关。平面分布上受礁滩体有利相带控制，主要发育在台地边缘带外带及台内局部地貌高点上。阴极发光显示，准同生期大气淡水溶蚀使得第一期纤状环边方解石胶结物被溶蚀，与第二期粒状方解石胶结物呈不连续接触（图 3-14）。

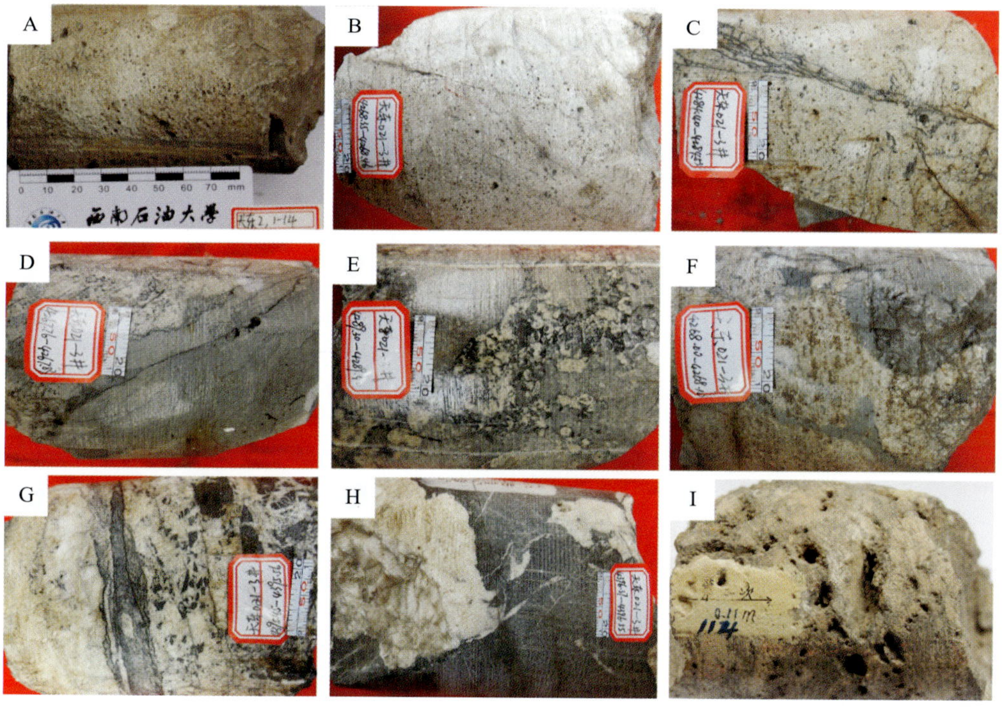

图 3-13　五百梯区块早期溶蚀作用图版

A：粒内溶孔、铸模孔，TD2 井，1-14；B：粒内溶孔、铸模孔，TD021-3 井，4268.35～4268.46m；C：粒内溶孔、铸模孔，TD021-3 井，4284.40～4284.55m；D：高角度溶蚀缝，泥质充填，TD021-3 井，4267.76～4267.83m；E：溶洞中角砾、方解石胶结充填，TD021-3 井，4289.30～4289.40m；F：溶洞中方解石胶结充填，TD021-3 井，4268.00～4268.10m；G：洞穴中充填方解石、热液矿物，TD021-3 井，4395.45～4395.56m；H：裂缝扩溶洞中充填巨晶方解石，TD021-3 井，4396.37～4396.55m；I：沿裂缝扩溶形成的串珠状溶孔，TD2 井，2-114

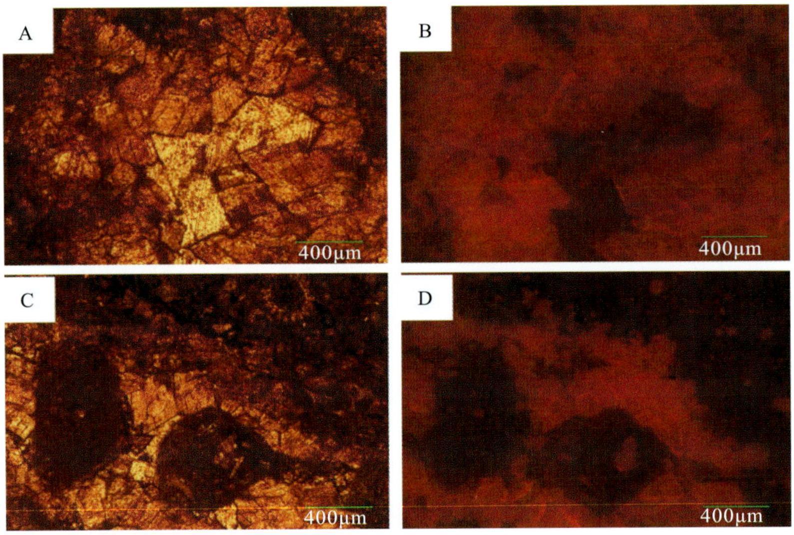

图 3-14 准同生期大气淡水溶蚀阴极发光特征

A：TD2 井，1-72；B：TD2 井，1-72 对应阴极发光照片；C：TD11 井，1-114；D：TD11 井，1-114 对应阴极发光照片

2）早成岩近地表岩溶

该时期沉积岩未经过中深埋藏抬升暴露，矿物未经过完全稳定化转变，岩溶水运动形式包括漫流和管流。原生及准同生期大气水溶蚀形成的孔隙作为重要的先期通道基础，故往往具有相控、层控的特征。形成的储集空间包括溶蚀孔洞、缝、小型洞穴等，充填物有碳酸盐岩砂、泥，呈花斑状、蜂窝状等特征，溶蚀作用不具有选择性，垂向上具有分带特征[图 3-13（D～F）]。发育模式上可分为海岸型（连陆陆棚边缘）和岛屿型（孤立台地）两种类型，四川盆地长兴组此类岩溶型储层主要发育在岩溶高地和岩溶台地上，若同时具有一定的优势相基础，将成为最有利的发育区，勘探上注重礁滩相的同时也应注重该期岩溶及二者叠合对储层的贡献（图 3-15）。

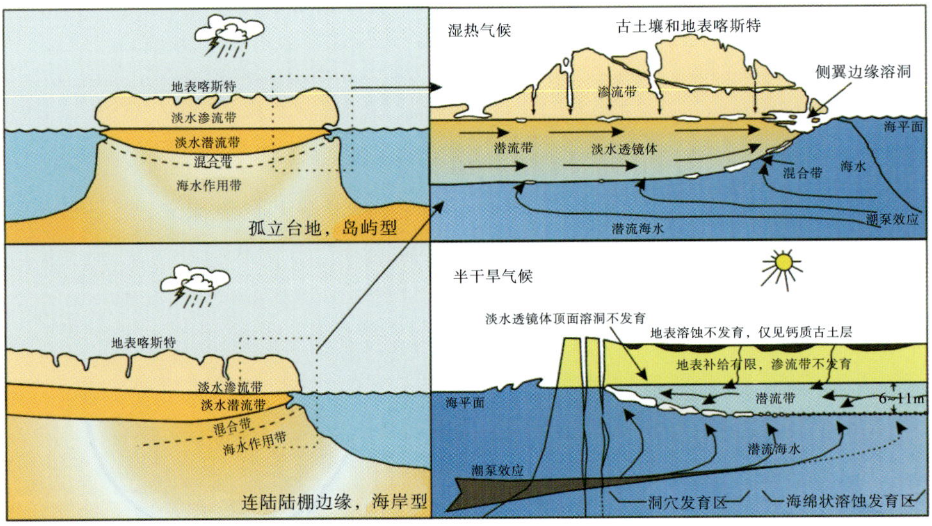

图 3-15 早成岩近地表岩溶模式

3）埋藏溶蚀作用

埋藏期溶蚀孔隙常沿缝合线、裂缝、层理缝及多孔岩分布，离开这些区域则孔隙明显减少。埋藏岩溶发育在地下深处一个相对封闭的环境中，早期缝合线是其重要的运移通道，在运移过程中流体必将对缝合线进行扩溶改造，同时也会形成一些粒间溶孔、串珠状溶孔等溶蚀微孔[图 3-13(G～I)]。根据裂缝中包裹体统计显示，某区块方解石均一温度多分布在 110～140℃(图 3-16)，该时期，下伏地层烃源岩热演化过程中形成的酸性流体及岩浆期后热液进入渗流通道，对台缘近断层孔洞层进行溶蚀，使得优质储层更加发育，远断层表现为胶结，总体未改变孔洞层的准层状特征，局部顺断层、裂缝的溶蚀具有穿层性(图 3-17)。

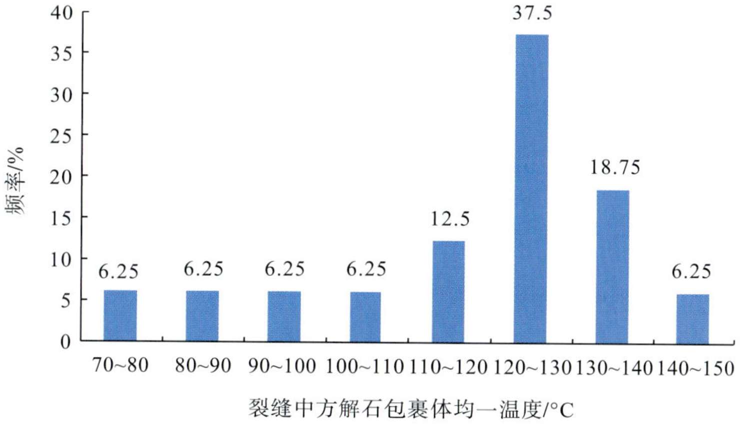

图 3-16　裂缝中包裹体均一温度统计图

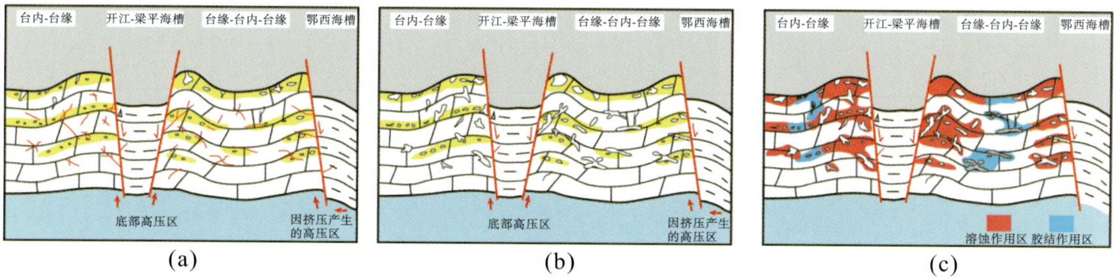

图 3-17　埋藏岩溶溶蚀充填模式

2. 白云石化作用

长兴组生物礁储层发育的岩石类型有泥-粉晶(亮晶)生屑海绵白云岩、生屑叠层藻白云岩、生屑泥晶白云岩、泥晶藻屑白云岩、残余生屑海绵粉晶白云岩、亮晶角砾白云岩、细晶白云岩、中-粗晶白云岩等(图 3-18)。从上述岩石类型可以看出，成岩期埋藏白云石化是形成长兴组碳酸盐岩储层最为普遍和最为重要的成岩作用。最新研究成果证明，长兴组成岩期埋藏白云石化流体来源于飞仙关组囚禁的海源孔隙卤水，而且具有多期次白云石化的特点，可划分为 5 个白云石化期次：①准同生白云岩，他形-半自形泥-微晶结构是准同生期白云岩的典型结构，常具泥质条带、鸟眼、石膏假晶等潮汐成因标志和钙结壳暴露成因标志。②早成岩阶段埋藏白云石化，该期次埋藏白云石化以原始沉积结构保存较完整和选择性溶解为主要特点，主要有 2 种岩石类型，即灰质粉-细晶礁白云岩，粉-细晶礁白云岩。③中成岩阶段埋藏白云石化，以重结晶为主，岩石类型主要为具不明显残余结构的粉-细晶礁白云岩，部分为细-中晶礁白云岩，广泛发育晶间孔、晶间溶孔与超大溶孔。④晚成岩阶段埋藏白云石化，以继续强烈重结晶作用为主，岩性主要为中晶和中-粗晶白云岩，常见晶面呈马鞍状的粗晶异形白云石，反映热液成因特征。⑤晚成岩阶段白云岩碎裂化作用，以发生构造碎裂化和局部重结晶作用为主，岩石被密集的网状裂缝分割成大小不均匀的碎块，沿裂缝广泛发育的溶蚀孔、洞、缝连通性非常好，内充填有自生石英和碳化沥青，局部硅化。

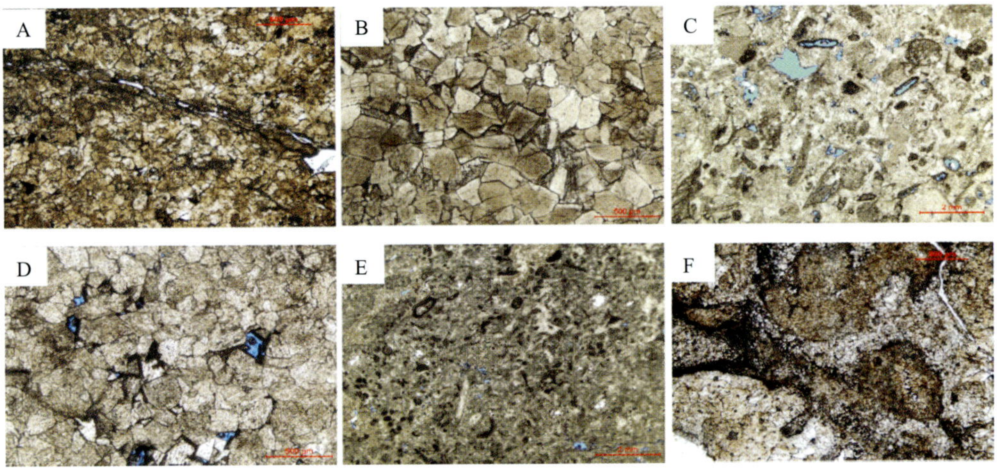

图 3-18 五百梯区块白云石化作用图版

A：细晶云岩，TD021-3 井，4268.7m；B：中晶云岩，TD2 井，5-552；C：生屑云岩，TD74 井，7-620；D：棘屑云岩，TD74 井，1-430；E：生物礁云岩，TD74 井，5-498；F：残余砂屑云岩，TD021-3 井，2-101

3. 储层演化模式

储层演化模式，选择五百梯区块加以分析，该区主要位于开江—梁平海槽东侧，包含台地边缘及开阔台地。相对海平面的差异使得台缘礁滩体规模及厚度明显优于台缘，随着海平面下降及礁滩体营建，地貌高处出露于海平面之后，受大气淡水溶蚀及混合水白云石化作用，形成礁滩体孔洞型、孔隙型储层。长兴组末期，长兴组顶部受早成岩近地表岩溶影响形成溶洞型、缝洞型储层，部分被泥质、方解石胶结物充填。埋藏期，地层水及来自地下深处的热液流体沿断层、裂缝及先期孔洞进入地层，进一步改善了储集性能(图 3-19)。

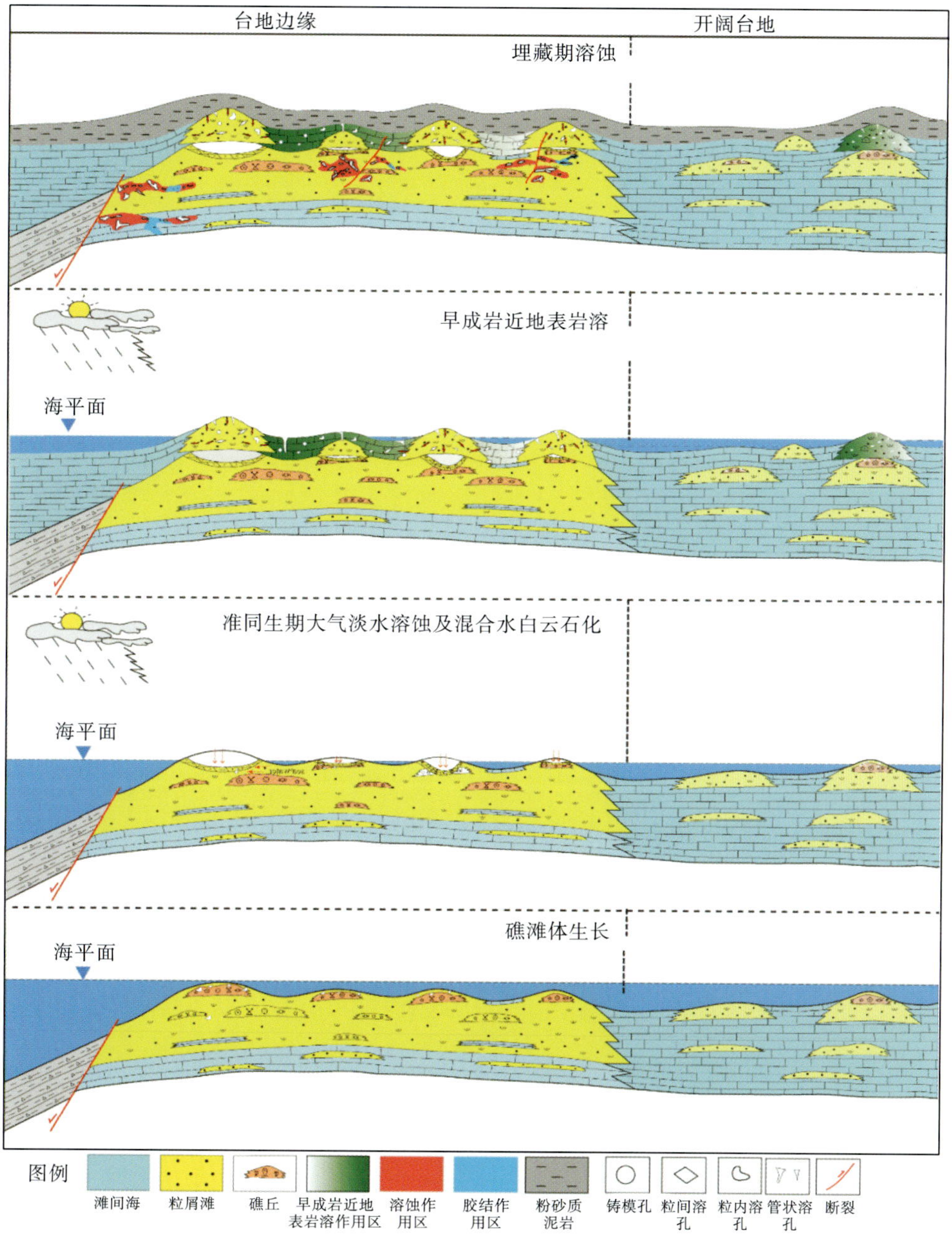

图 3-19　长兴组储层演化模式图

第二节　测井响应特征

对于礁滩发育的识别，可以利用多种测井参数来判断，其中自然伽马(GR)曲线主要用来判断地层中泥质含量的高低，声波时差、补偿中子、补偿密度曲线主要用来判断地层中孔隙发育情况，深、浅双侧向曲线主要判断地层中流体性质。生物礁生长发育在高能、清洁、透光性好的浅海环境中，因此，生物礁发育地陆源物质少，泥质含量极低，在自然伽马曲线上表现为低值，尤其礁核段表现为特低值，一般小于 15.0API，个别生物礁小到 5.0API，曲线平直，起伏小。井径曲线没有明显的变化，因为生物礁礁核固结成岩时间早，一般无井壁坍塌或缩径现象。礁核由于含泥量低，且整体骨架及充填物总体礁致密，溶蚀孔洞一般较小且较孤立，故岩石密度一般较大，密度(DEN)2.7～2.8g/cm^3，声波传播速度在密度大的岩石中快，声波时差(AC)一般小于 50μs/ft①；由于岩性多为较致密灰岩，一般无储层响应，补偿中子孔隙度(CNL)-1%～2%，电阻率较大，一般为 1000.0～10000.0Ω·m(图 3-20，图 3-21)。礁灰岩发育层段，GR、AC、CNL 值较低，而 DEN 及电阻率(RT)则较高。礁云岩发育层段，局部溶孔发育，电测曲线的响应特征为：RT 值明显下降，而 AC 和 CNL 值明显上升。

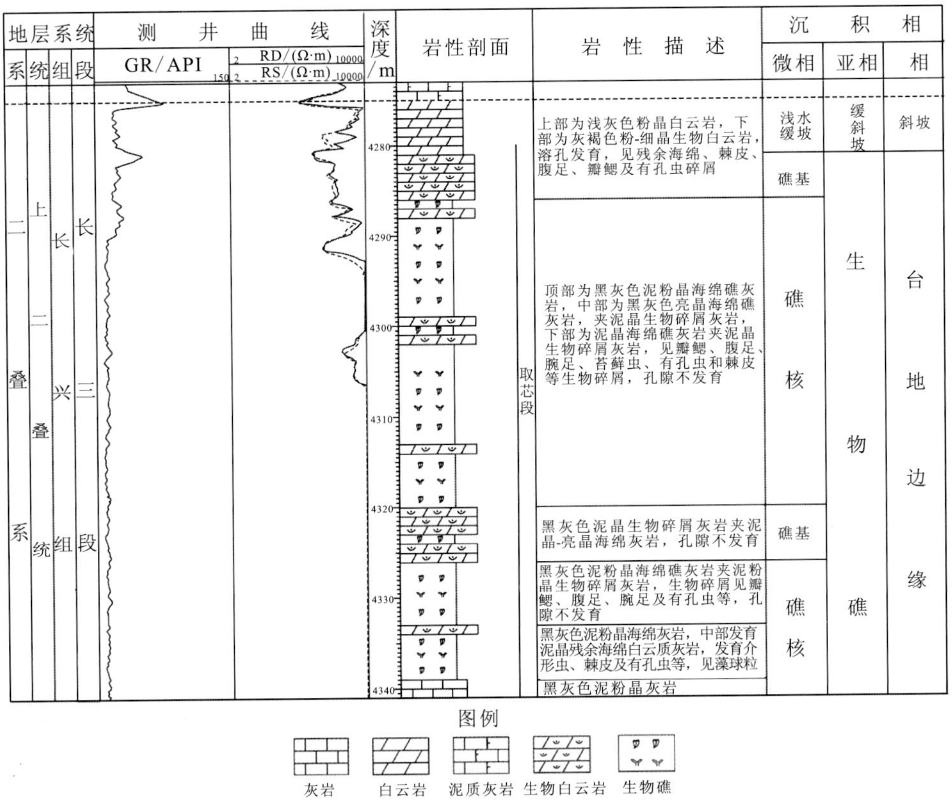

图 3-20 典型生物礁井测井曲线特征(TD53 井)

(一) 礁基/礁盖微相特征

礁基和礁盖处于高能环境，生屑颗粒受高能波浪颠选，少陆源泥质，岩性以(残余)生屑云岩为主，测井响应较好，而生屑灰岩段的测井响应较礁相地层而言要略差，仅在局部裂缝较发育的层位孔隙度较好。GR≤15API，礁基/礁盖 AC 和 GR 测井曲线组合常呈(倒)漏斗型，反映了泥质向上不断减少，且上部易受早期暴露溶蚀和晚期埋藏溶蚀进一步扩溶，

① 1ft=3.048×10^{-1}m。

形成大量孔洞，多具有储层响应，通常 AC＞50μs/ft，孔洞发育，油气水充注，密度降低，2.6～2.7g/cm^3，中子孔隙度变高(5%～11%或更高)，电阻率常发生明显降低，因此测井资料上指示生物礁储层特征相当明显，礁基和礁盖储层表现出典型的“三低两高”(低电阻、低伽马、低密度、高中子、高时差)特征。与饱含淡水的地层相比，地层含有天然气时，一部分孔隙空间的水被气代替，不仅含氢指数减小，而且还会造成岩石对快中子的减速能力减小，即天然气使孔隙度中含氢指数减小，对快中子的减速能力比淡水小，相当于挖掘了一定体积的骨架，生成了一个负的含氢指数附加值，从而出现中子孔隙度降低现象。

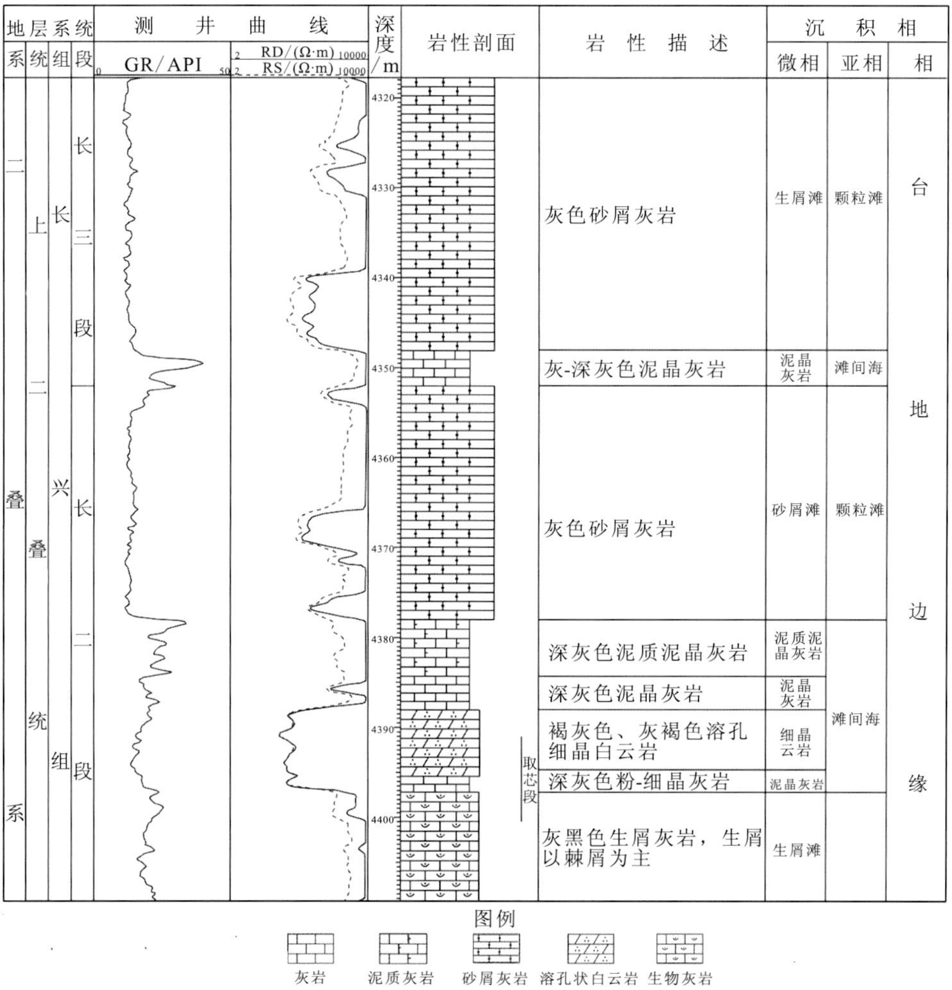

图 3-21　典型生物礁井测井曲线特征(TD021-3 井)

(二)礁滩储层识别方法

长兴组中上部云化作用和溶蚀作用较发育，反映高孔隙度、低伽马的测井响应特征，测井曲线上长兴组发育多套储层(TD110 井)，分布范围宽。总体看，长兴组储层纵横向变化较大，纵向上储层发育在长兴组中上部，表现极强的非均质性。长兴组储集类型多为裂缝-孔隙型和孔隙-裂缝型储层，受岩溶作用影响较大。结合储层的测井响应特征，总结出储层识别方法为碳酸盐岩储层“三低两高”的特征，特别结合基岩孔隙和裂缝的发育情况来识别储层(图 3-22)。用常规测井曲线对碳酸盐岩储层进行定性划分的原则是：①将几种特征极为明显的非渗透层段排除，如泥岩、致密层等；②在剩下的可疑储层段内寻找相对低电阻率的层段，分析低电阻率的原因，排除非储层段；③在剩下的层段中寻找孔隙度曲线异常的井段，主要是声波时差增大、补偿密度降低、补偿中子增大的地层。在定性划分储层段时要结合岩芯观察及薄片鉴定结果，对众多可疑层段进行分析，准确找出储层发育层段。

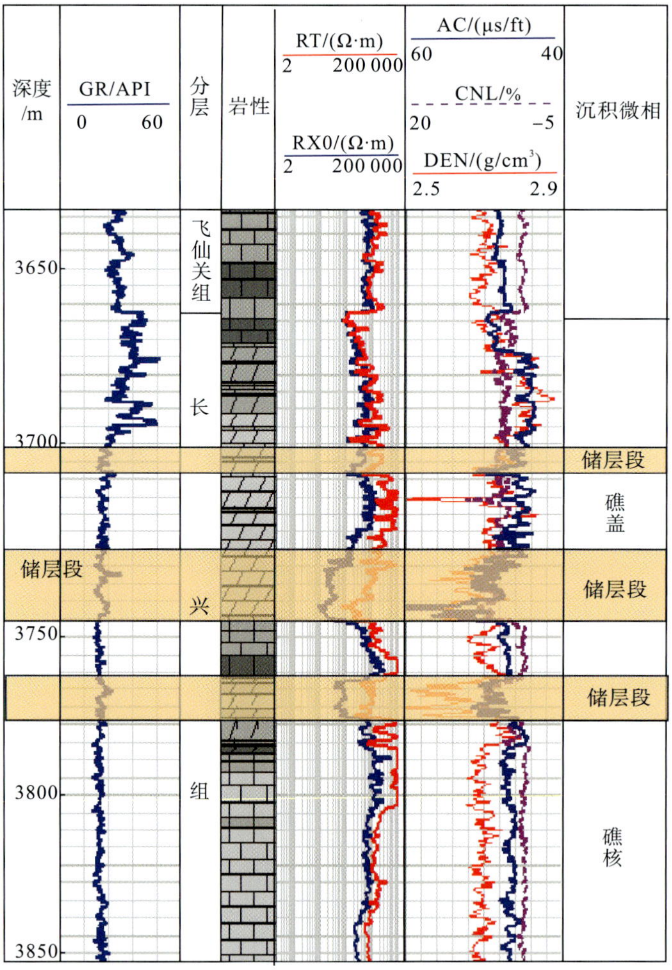

图 3-22 TD110 井储层段综合测井图

第三节 地震响应模式

前期勘探成果表明川东地区长兴组生物礁储层具有极大的勘探潜力，钻遇礁型气藏的井往往意味着高产，但在复杂的沉积构造背景下，礁滩型储层的预测难度较大，主要体现在资料品质、地震分辨率、地震剖面的多解性等多个方面。如何提高地震预测的精度是提高钻探成功率的关键，其中掌握礁、滩储层的地震响应特征是所有预测工作的基础，只有详细地掌握了礁滩储层的地震响应特征，才能够有针对性地选择地震预测方法。长兴组生物礁地震响应特征多变，特征复杂，主要表现为：①长兴组顶相位多变，不同相带具有不同特征，难以连续追踪；②长兴组生物礁储层非均质性强，储层厚度较薄，发育位置多变；③长兴组生物礁储层埋藏较深，地震资料主频较低。

一、基于合成地震记录的地震响应特征分析

单井层序的准确划分是进行井-震标定的基础，而井-震标定及地震剖面追踪又能从另一个角度检验单井层序划分的正确与否。由于不同相带长兴组顶部和飞仙关组底部岩性变化、长兴组生物礁储层电性和物性不同相带地震响应特征不同，以下分相带分别描述长兴组的响应特征。

（一）斜坡-海槽相

在斜坡-海槽相带内，上二叠统长兴组以深灰色泥晶灰岩夹薄层状硅质页岩、硅质灰岩、钙质泥页岩为主，缺乏浅水沉积物；上覆飞仙关组底部有一层泥质含量明显增加的泥岩或泥灰岩，具有明显的高自然伽马、高声波、低电阻率的特征。由于飞仙关组底部泥岩速度明显小于长兴组顶部泥灰岩，能够形成显著波阻抗差，从而形成连续强波峰反射，波形特征稳定（图 3-23）。具体结论如下。

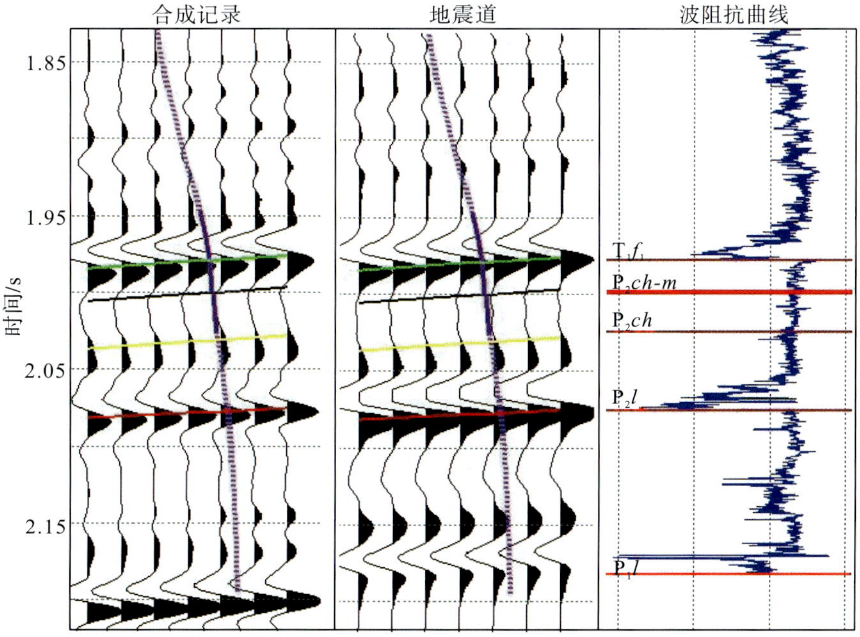

图 3-23 TD16 井合成地震记录

(1) 长兴组顶部为正相位中强连续反射同相轴，分布较为稳定。
(2) 长三底为负相位强反射同相轴，比较容易识别。
(3) 长兴组底为正负相间-复波上部正相位反射同相轴。
(4) 龙潭组底为正相位强反射同相轴。

(二) 台缘礁滩相

在台缘相带内，由于受到台缘带隆起的影响，台缘上飞仙关组古地貌位置较高，飞一底部的泥岩相对不发育，飞一底部与长兴组顶部无法形成强波峰振幅反射。但是由于长兴组生物礁储层发育时会形成波谷-零相位反射(图 3-24)。具体结论如下。

(1) 长兴组顶部为正相位向负相位转换，能量变弱，同相轴连续性变差。
(2) 长三底为正负相位之间，时间厚度一般。
(3) 长兴组底为正负相间-复波上部正相位反射同相轴。
(4) 龙潭组底为正相位强反射同相轴。

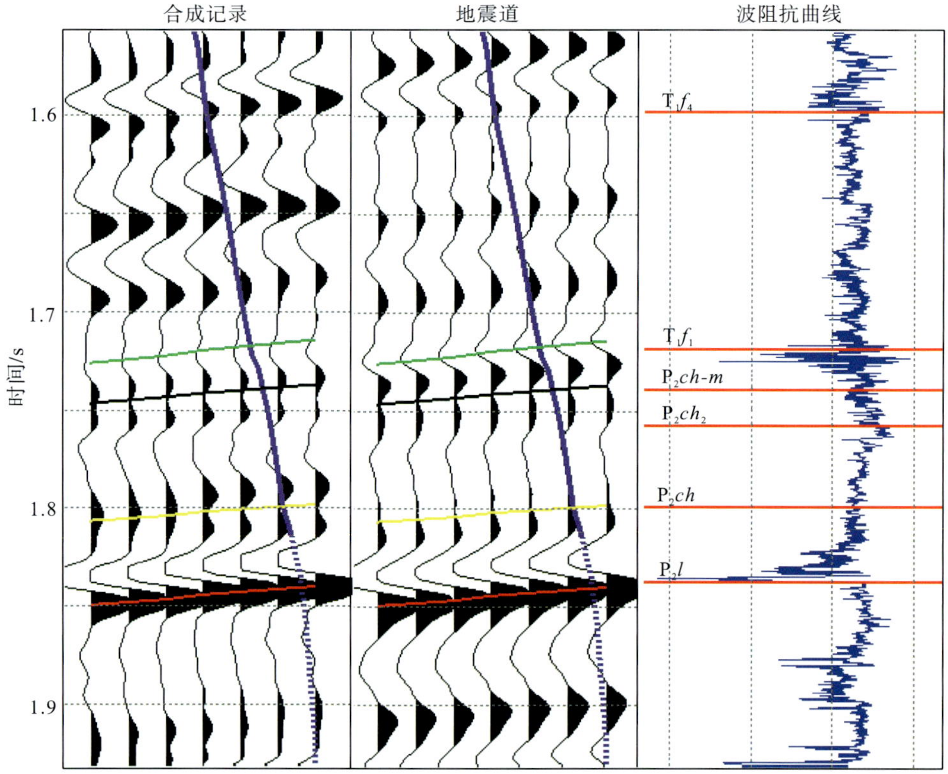

图 3-24　TD2 井合成地震记录

(三) 滩间海相

在该相带，局部古地貌位置较低，较深水沉积环境，泥质含量增加，与长兴组顶部形成相对较强波峰振幅反射(图 3-25)。具体结论如下：

(1) 长兴组顶部为正相位向负相位转换，能量较斜坡相弱，连续性稍强。

(2) 长三底为正相位，能量一般。

(3) 长兴组底为复波之间(靠上部)的负相位反射同相轴。

(4) 龙潭组底为正相位强反射同相轴。

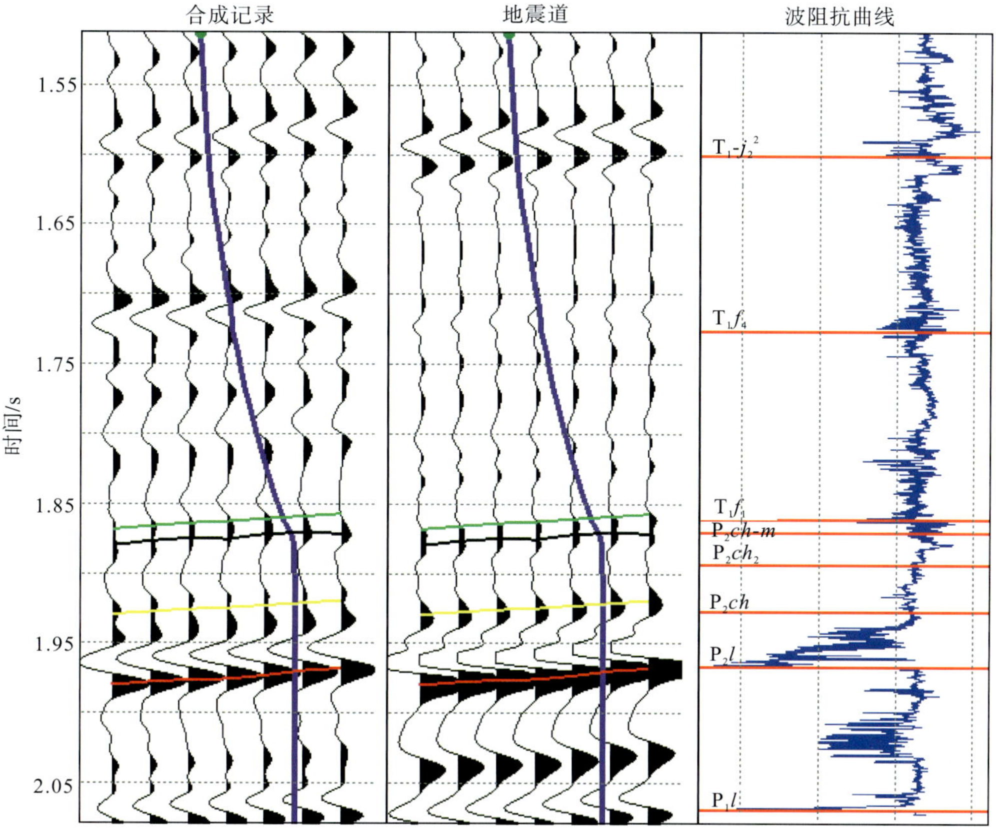

图 3-25　TD67 井合成地震记录

(四) 开阔台地相

在台地相带内，飞仙关组底部泥岩较发育，能与下伏长兴组顶部灰岩形成较强波阻抗差，其与海槽相反射特征相似，只是能量较海槽相稍低(图 3-26)。

在单井合成记录标定基础上，建立了地震-地质格架剖面(图 3-27)，井震结合对地震-地质层位进行连井标定。结合地震资料，并通过钻井厚度分析认为：斜坡-海槽相中长兴组地层厚度小，飞仙关组地层厚度大，呈填平补齐关系；台缘相中长兴组地层厚度逐渐增厚，飞仙关组厚度逐渐减薄；长兴组从台地到海槽厚度逐渐变薄，通常地层厚度变化最大的区域为台缘发育带。

经过多口井的分相带精细标定与连井剖面分析，明确了长兴组顶界的反射特征，其在海槽相及台地相带内波形连续，容易追踪，在台缘相时受长兴组顶岩性变化、飞仙关组底泥岩或泥质灰岩厚度的影响，反射特征多变，能量变化较大，受长兴组生物礁发育层位及厚度、储层发育位置及厚度等诸多地质因素控制。

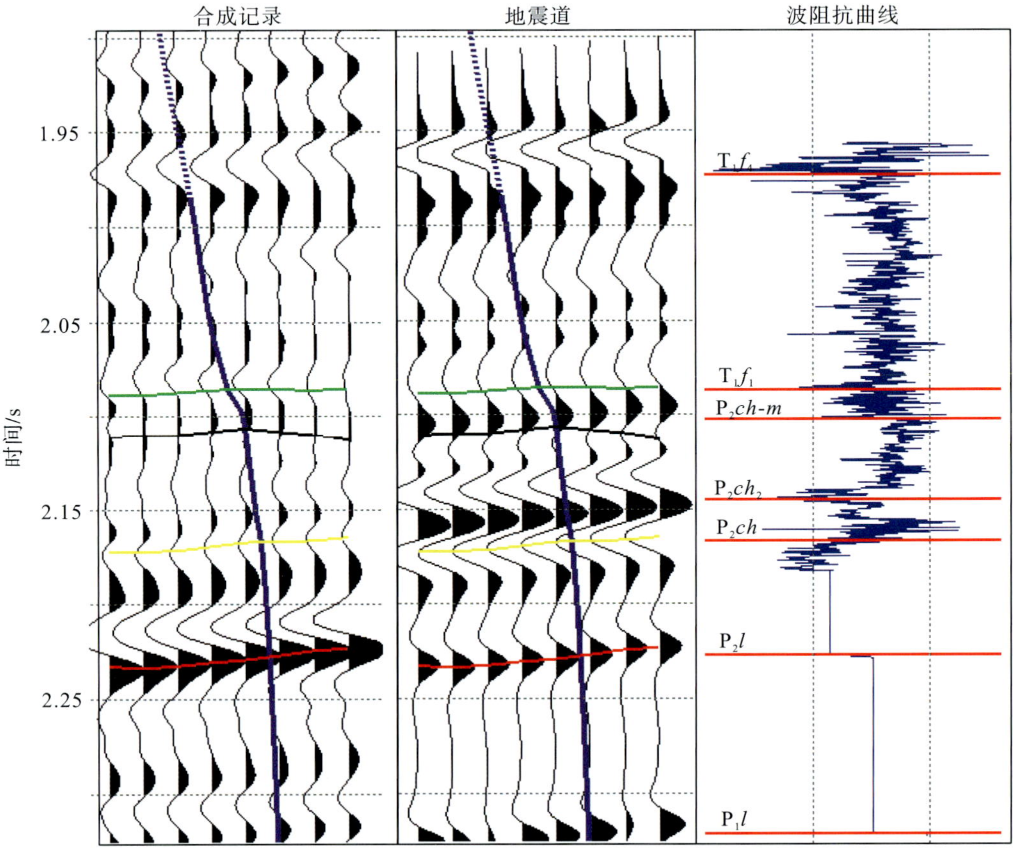

图 3-26 TD23 井合成地震记录

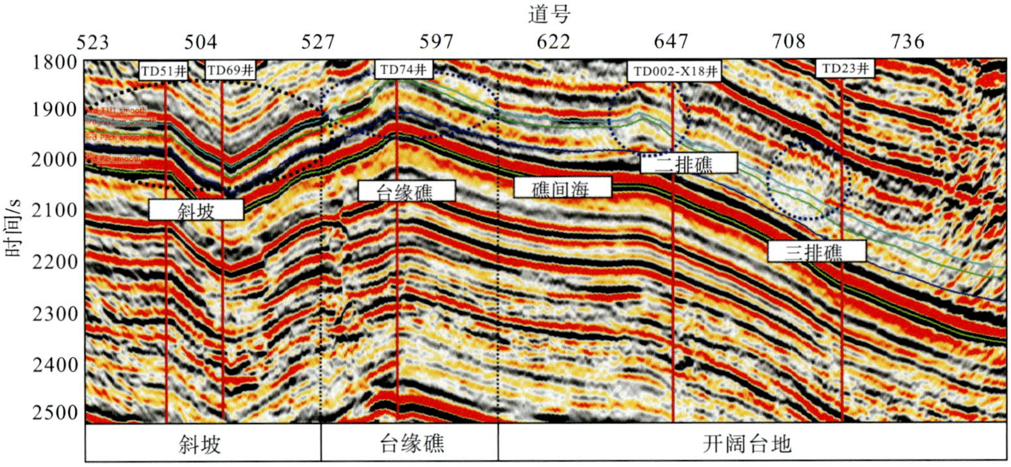

图 3-27 长兴组连井地震解释格架剖面图

二、基于正演模拟的地震响应特征分析

（一）地震波正演模拟方法原理

地震波场正演模拟通常使用非均匀介质条件下的波动方程，并基于交错网格差分格式，考虑初始条件和吸收边界条件，针对不同的随机介质模型和震源用有限差分法求解，可以得到孔洞储层模型的理论合成地震波场记录，用于波场特征分析使用。

1. 多种介质模型地震波波动方程

1）声学介质波动方程

$$\nabla^2 P=\frac{1}{v^2}\frac{\partial^2 P}{\partial t^2}\text{ 或 }\nabla\cdot\left(\frac{1}{\rho}\nabla P\right)=\frac{1}{\rho v^2}\frac{\partial^2 P}{\partial t^2} \tag{3-1}$$

其中，v 为声波速度；ρ 为密度；P 为声压。

2）弹性介质波动方程

$$(\lambda+2\mu)\nabla^2\boldsymbol{u}+\nabla\lambda\,\nabla\cdot\boldsymbol{u}+\nabla\mu\times(\nabla\times\boldsymbol{u})-2\frac{\partial\mu}{\partial x_i}\frac{\partial\boldsymbol{u}}{\partial x_i}+\boldsymbol{f}=\rho\frac{\partial^2\boldsymbol{u}}{\partial t^2} \tag{3-2}$$

其中，λ、μ 为拉梅常数；ρ 为密度；$\boldsymbol{u}$ 为位移分量。

3）黏弹性介质波动方程

运动方程：

$$A=R_0=\frac{1}{2}\left(\frac{\Delta\alpha}{\alpha}+\frac{\Delta\rho}{\rho}\right) \tag{3-3}$$

本构关系（应力应变关系）：

$$\sigma_{xx}=(\hat\lambda+2\hat\mu)\frac{\partial u}{\partial x}+\hat\lambda\left(\frac{\partial v}{\partial y}+\frac{\partial w}{\partial z}\right)+\left(\lambda+\frac{2}{n}\mu\right)\sum_{l=1}^{L_{\mathrm{P}}}e_{1l}+2\mu\sum_{l=1}^{L_{\mathrm{S}}}e_{11l} \tag{3-4}$$

$$\sigma_{yy}=(\hat\lambda+2\hat\mu)\frac{\partial v}{\partial y}+\hat\lambda\left(\frac{\partial u}{\partial x}+\frac{\partial w}{\partial z}\right)+\left(\lambda+\frac{2}{n}\mu\right)\sum_{l=1}^{L_{\mathrm{P}}}e_{1l}+2\mu\sum_{l=1}^{L_{\mathrm{S}}}e_{22l} \tag{3-5}$$

$$\sigma_{zz}=(\hat\lambda+2\hat\mu)\frac{\partial w}{\partial z}+\hat\lambda\left(\frac{\partial u}{\partial x}+\frac{\partial v}{\partial y}\right)+(\lambda+2\mu)\sum_{l=1}^{L_{\mathrm{P}}}e_{1l}-\frac{2}{n}\mu\sum_{l=1}^{L_{\mathrm{S}}}\left(e_{11l}+e_{22l}\right) \tag{3-6}$$

$$\sigma_{xy}=\hat\mu\left(\frac{\partial u}{\partial y}+\frac{\partial v}{\partial x}\right)+\mu\sum_{l=1}^{L_{\mathrm{S}}}e_{12l} \tag{3-7}$$

$$\sigma_{xz}=\hat\mu\left(\frac{\partial u}{\partial z}+\frac{\partial w}{\partial x}\right)+\mu\sum_{l=1}^{L_{\mathrm{S}}}e_{13l} \tag{3-8}$$

$$\sigma_{yz}=\hat\mu\left(\frac{\partial v}{\partial z}+\frac{\partial w}{\partial y}\right)+\mu\sum_{l=1}^{L_{\mathrm{S}}}e_{23l} \tag{3-9}$$

记忆变量的一阶方程：

$$\dot e_{1l}=\theta\phi_l^{\mathrm{P}}-\frac{1}{\tau_{\sigma l}^{\mathrm{P}}}e_{1l}\qquad(l=1,\cdots,L_{\mathrm{P}}) \tag{3-10}$$

$$\dot{e}_{11l}=\left(\frac{\partial u}{\partial x}-\frac{\theta}{n}\right)\phi_l^{\mathrm{S}}-\frac{1}{\tau_{\sigma l}^{\mathrm{S}}}e_{11l}\quad (l=1,\cdots,L_{\mathrm{S}}) \tag{3-11}$$

$$\dot{e}_{22l}=\left(\frac{\partial v}{\partial y}-\frac{\theta}{n}\right)\phi_l^{\mathrm{S}}-\frac{1}{\tau_{\sigma l}^{\mathrm{S}}}e_{22l}\quad (l=1,\cdots,L_{\mathrm{S}}) \tag{3-12}$$

$$\dot{e}_{12l}=\left(\frac{\partial u}{\partial y}+\frac{\partial v}{\partial x}\right)\phi_l^{\mathrm{S}}-\frac{1}{\tau_{\sigma l}^{\mathrm{S}}}e_{12l}\quad (l=1,\cdots,L_{\mathrm{S}}) \tag{3-13}$$

$$\dot{e}_{13l}=\left(\frac{\partial u}{\partial z}+\frac{\partial w}{\partial x}\right)\phi_l^{\mathrm{S}}-\frac{1}{\tau_{\sigma l}^{\mathrm{S}}}e_{13l}\quad (l=1,\cdots,L_{\mathrm{S}}) \tag{3-14}$$

$$\dot{e}_{23l}=\left(\frac{\partial v}{\partial z}-\frac{\partial w}{\partial y}\right)\phi_l^{\mathrm{S}}-\frac{1}{\tau_{\sigma l}^{\mathrm{S}}}e_{23l}\quad (l=1,\cdots,L_{\mathrm{S}}) \tag{3-15}$$

其中，v 为声波速度；ρ 为密度；P 为声压。

$$\hat{\lambda}=\left(\lambda+\frac{2}{n}\mu\right)M^{\mathrm{P}}-\frac{2}{n}\mu M^{\mathrm{S}} \tag{3-16}$$

$$\hat{\mu}=\mu M^{\mathrm{S}},\quad M^{(i)}=1-\sum_{l=1}^{L_{(i)}}\left(1-\frac{\tau_{\varepsilon l}^{(i)}}{\tau_{\sigma l}^{(i)}}\right)\quad (i=\mathrm{P,S}) \tag{3-17}$$

$$\theta=\frac{\partial u}{\partial x}+\frac{\partial v}{\partial y}+\frac{\partial w}{\partial z} \tag{3-18}$$

$$\phi_l^{(i)}=\frac{1}{\tau_{\sigma l}^{(i)}}\left(1-\frac{\tau_{\varepsilon l}^{(i)}}{\tau_{\sigma l}^{(i)}}\right)\quad (i=\mathrm{P,S}) \tag{3-19}$$

当模型为3D时，n=3；为2D时，n=2。弹性常数 λ、μ 是松弛的或低频拉梅系数；$\hat{\lambda}$、$\hat{\mu}$ 是未松弛的或高频拉梅系数。常数 $\tau_{\varepsilon l}^{\mathrm{P}}$ 和 $\tau_{\sigma l}^{\mathrm{P}}$ 对应于P波品质因子 Q_{P} 的松弛时间；$\tau_{\varepsilon l}^{\mathrm{S}}$ 和 $\tau_{\sigma l}^{\mathrm{S}}$ 对应于S波品质因子 Q_{S} 的松弛时间。借助于标准线性固体(standard linear solid，SLS)模型，其关系为

$$Q_{(i)}(\omega)=\frac{1-L_{(i)}+\sum_{l=1}^{L_{ij}}\dfrac{1+\omega^2\tau_{\varepsilon l}^{(i)}\tau_{\sigma l}^{(i)}}{1+\omega^2\tau_{\sigma l}^{(i)}\tau_{\sigma l}^{(i)}}}{\sum_{l=1}^{L_{(i)}}\dfrac{\omega\left(\tau_{\varepsilon l}^{(i)}-\tau_{\sigma l}^{(i)}\right)}{1+\omega^2\tau_{\sigma l}^{(i)}\tau_{\sigma l}^{(i)}}}\quad (i=\mathrm{P,S}) \tag{3-20}$$

(二)波动方程正演模拟算法

1. 高阶有限差分法

通过提高差分方程的阶数来改善模拟的精度，利用泰勒展开式，函数 $f(x)$ 在 x_0 邻域处展开有

$$f\left(x-x_0\right)=f(x)+\frac{1}{1!}\Delta x\frac{\partial f}{\partial x}+\frac{1}{2!}\Delta x^2\frac{\partial^2 f}{\partial x^2}+\cdots \tag{3-21}$$

$$f\left(x+x_0\right)=f(x)-\frac{1}{1!}\Delta x\frac{\partial f}{\partial x}+\frac{1}{2!}\Delta x^2\frac{\partial^2 f}{\partial x^2}+\cdots \tag{3-22}$$

上两式相减略去 $o(\Delta x^2)$ 以上项，可得 $f'(x)$ 二阶精度的估计式：

$$\frac{\partial f}{\partial x} \approx \frac{f\left(x+x_0\right)-f\left(x-x_0\right)}{\Delta x} \tag{3-23}$$

式(3-21)和式(3-22)相加略去$o(\Delta x^2)$以上项，可得$f''(x)$二阶精度的估计式：

$$\frac{\partial^2 f}{\partial x^2} \approx \frac{f\left(x+x_0\right)-2f\left(x_0\right)+f\left(x-x_0\right)}{\Delta x^2} \tag{3-24}$$

采用相同的方法可以构造高于二阶精度的差分方程，但导数的计算将使用更多的网格点，这会提高计算的成本，差分网格的形式会对波场模拟的精度有所影响。过去采用的差分模拟算法中，波场点和介质参数都是定义在矩形整数网格点上，模拟的精度较目前先进的交错网格差分技术低。交错网格技术将变量定义在网格点之间的半程点上，且波场和介质参数占据不同的点，从而形成“交错”网格。图 3-28 给出了弹性波动方程差分化的交错差分网格示例，其应力分量和位移速度分量分别占据了不同的半程网格点。

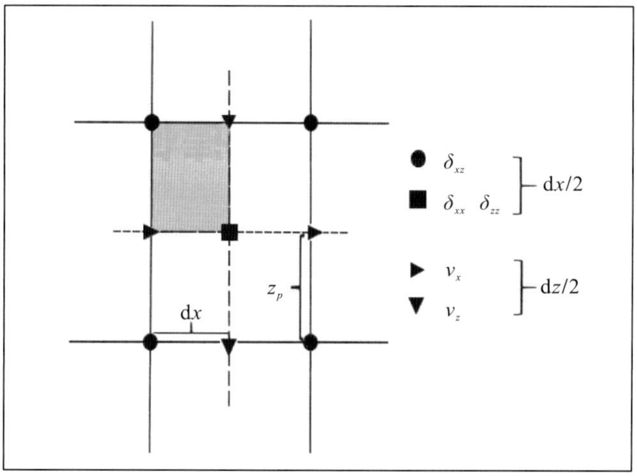

图 3-28 弹性波动方程差分化的交错差分网格示例

2. 虚谱法

虚谱法是利用傅里叶变换技术来求解波动方程的地震波场正演模拟方法，它通过傅里叶变换的性质来改善空间导数计算的精度。利用傅里叶变换的性质，函数$f(x)$的导数如下式计算：

$$f'(x)=\frac{\partial f}{\partial x}=F^{-1}\left\{\mathrm{i}kF[f(x)]\right\} \tag{3-25}$$

$$f''(x)=\frac{\partial^2 f}{\partial x^2}=F^{-1}\left\{-k^2F[f(x)]\right\} \tag{3-26}$$

以声波方程为例，空间导数的计算如下：

$$\nabla^2 P=\frac{\partial^2 P}{\partial x^2}+\frac{\partial^2 P}{\partial z^2}=F^{-1}\left\{\left(k_x^2+k_z^2\right)F[P(x,z)]\right\} \tag{3-27}$$

时间导数采用跳蛙格式计算：

$$P_t\left(l+\frac{1}{2}\right)=P_t\left(l-\frac{1}{2}\right)+\Delta t P_{tt} \tag{3-28}$$

$$P(l+1)=P(l)+\Delta t P_t\left(l+\frac{1}{2}\right) \tag{3-29}$$

由此可得到正演模拟方程：

$$\begin{aligned}P_t\left(l+\frac{1}{2}\right)&=P_t\left(l-\frac{1}{2}\right)+\Delta t v^2 F^{-1}\left\{\left(k_x^2+k_z^2\right)F[P(x,z)]\right\}\\P(l+1)&=P(l)+\Delta t P_t\left(l+\frac{1}{2}\right)\end{aligned} \tag{3-30}$$

（三）正演模型分析

由于长兴组地震响应特征多变，不同相带地震响应特征不同，为了进一步了解储层的地震响应特征，开展了大量的地震正演模拟研究。地震正演模拟通常用于验证地震解释方案的合理性和特殊地质体的识别。地震正演的本质即是利用已知的资料建立合理的地质模型，根据地震波传播原理和数值模拟方法，计算出对应的地质模型的地震响应。它的主要目的是将通过正演模拟得到的结果与实际地震响应特征进行对比，改变参数，使结果向实际情况靠拢。

以下以五百梯—罗顶寨研究区为例进行分析，研究中统计了钻遇长兴组地层的 50 余口井井位的岩性、速度和密度资料，如表 3-2 所示。并根据实际地震剖面，不断调整地质模型设计方案，对长兴组内部生物礁储层的不同岩性、厚度、沉积模式变化等各种参数进行正演模拟，进而建立充填体的正确地震-地质识别模式。

表 3-2 五百梯—罗顶寨研究区长兴组岩性参数表

岩性类别	飞一-飞三灰岩	海相泥灰岩	一排礁储层	礁后滩储层	礁间海泥灰岩	二排礁储层	长兴组灰岩	龙潭组泥岩
纵波速度/(m/s)	6150	5400	6100	6100	5600	6100	6350	5300
密度/(g/cm³)	2.660	2.700	2.720	2.725	2.721	2.710	2.750	2.620

1. 理论正演模拟

通过区内 60 口井的井分层数据与合成记录标定，看出研究区内长兴组顶界 T_1f_1 对应的相位多变且无规律：波峰相位、波谷相位、零相位甚至波峰偏上偏下等相位。且研究区内长兴组顶界和内幕的地震响应特征亦是多变无规律。因此，设计了不同储层厚度、不同储层距顶距离和不同储层物性的正演理论模型，对长兴组顶界 T_1f_1 的追踪问题和长兴组生物礁地震响应特征进行探索。

1) 不同储层厚度正演模型

在长兴组围岩和飞仙关组一段底部参数都不改变的情况下，建立长兴组内不同储层厚度的地质模型（图 3-29），其中理论模型中飞仙关组与长兴组呈水平接触，飞仙关组纵波速度为 6150m/s、密度为 2.66g/cm^3，下伏长兴组围岩纵波速度为 6400m/s、密度为 2.75g/cm^3。

长兴组内储层采用统计平均值：纵波速度均为6100m/s、密度均为2.73g/cm^3，储层呈矩形且宽度均为500m，距顶距离相同均为5m和30m，储层厚度从左往右从10m到60m，以10m的间隔依次增大。在地质模型的基础上，采用子波为28Hz里克子波，采样为2ms，无噪声干扰的情况下，基于垂直入射扫面得到了不同储层厚度的地震响应记录。

通过正演模拟结果可以看出：当储层距顶距离、物性参数不变时，随着储层厚度的不断增加，长兴组顶界相位发生改变，从波峰相位逐渐变为波谷相位再到零相位，其内部也依次出现弱振幅、宽相位极弱波峰振幅、空白反射、较窄相位弱振幅等反射特征。

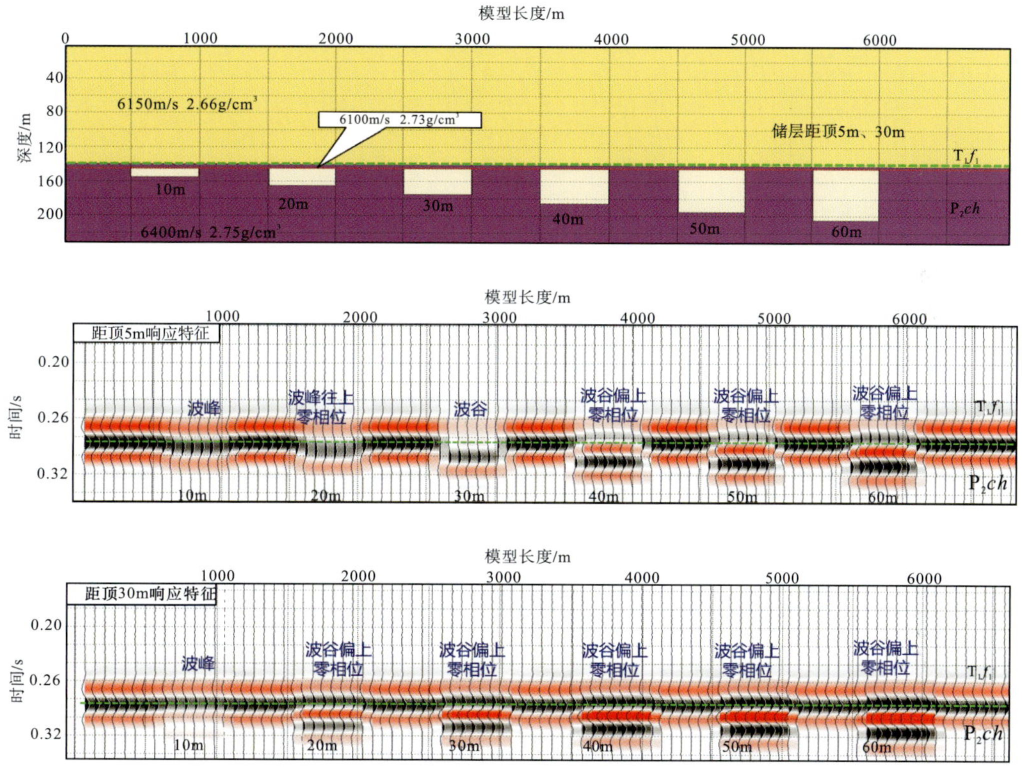

图3-29　长兴组内不同储层厚度地质模型及正演模拟

2) 储层距长顶不同距离正演模型

在长兴组围岩和飞仙关组一段底部参数都不改变的情况下，建立长兴组内储层距长顶不同距离的地质模型(图3-30)，其中理论模型中飞仙关组与长兴组呈水平接触，飞仙关组纵波速度为6150m/s、密度为2.66g/cm^3，下伏长兴组围岩纵波速度为6400m/s、密度为2.75g/cm^3。长兴组内储层采用统计平均值：纵波速度均为6100m/s、密度均为2.73g/cm^3，储层呈矩形且宽度均为500m，储层厚度相同均为20m和40m，储层距顶距离从左往右从0m到60m依次增大。在地质模型的基础上，采用子波为28Hz里克子波，采样为2ms，无噪声干扰的情况下，基于垂直入射扫面得到了储层不同距顶距离的地震响应记录。

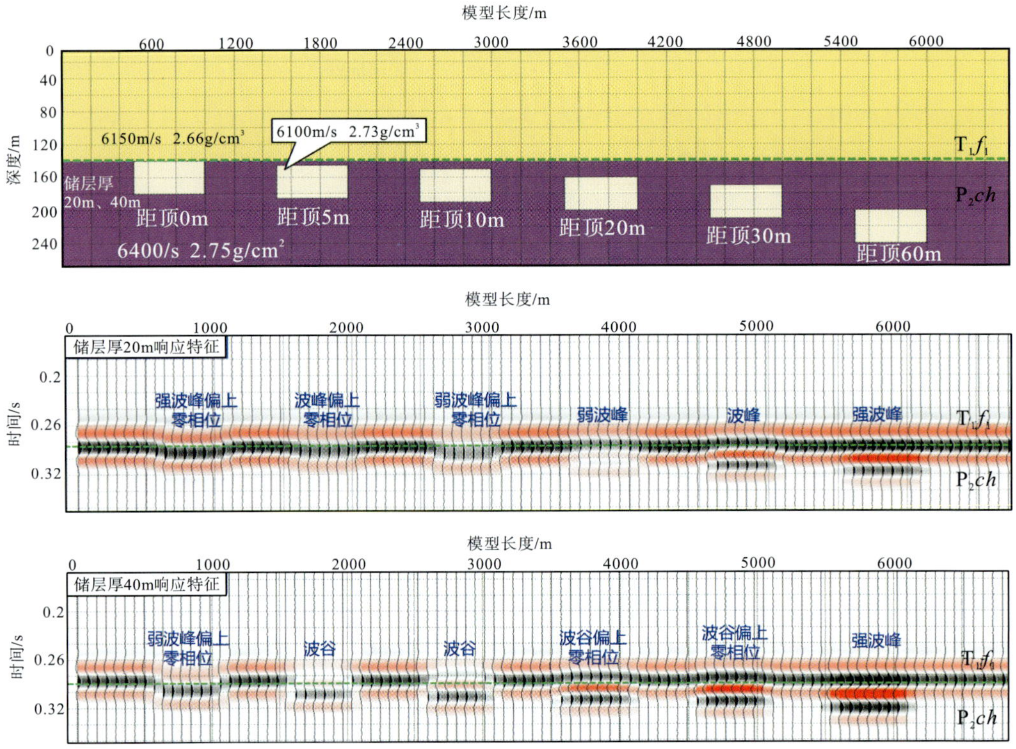

图 3-30 长兴组内储层距长顶不同距离的地质模型及正演模拟

通过正演模拟结果可以看出：当储层厚度、储层物性参数不变时，随着储层距顶距离的不断增加，长兴组顶界相位以及长兴组内幕反射特征均发生了巨大变化。随着储层距离长兴组顶界由近变远时，长兴组顶界相位由零相位转为波谷再转为强波峰。其内部也依次出现弱振幅、宽相位极弱波峰振幅、空白反射、强振幅等反射特征。

3) 不同储层物性参数正演模型

在固定其他条件情况下，建立长兴组内礁储层不同物性参数的地质模型(图 3-31)，其中理论模型中飞仙关组与长兴组呈水平接触，飞仙关组纵波速度为 6150m/s、密度为 2.66g/cm^3，下伏长兴组围岩纵波速度为 6400m/s、密度为 2.75g/cm^3。长兴组内储层呈矩形且宽度均为 500m，储层厚度相同均为 20m 和 40m，储层距顶距离为 10m，储层物性参数从左往右依次增大，从 5900m/s、2.27g/cm^3 到 6350m/s、2.745g/cm^3，总的来说，纵波阻抗不断增大。在地质模型的基础上，采用子波为 28Hz 里克子波，采样为 2ms，无噪声干扰的情况下，基于垂直入射得到了礁储层不同物性参数的地震响应记录。

通过正演模拟结果可以看出：当储层厚度、距顶距离不变时，随着储层物性的变化，长兴组顶界相位以及长兴组内幕反射特征均发生了巨大变化。其中可以看出当储层物性与上覆飞仙关组物性极为接近时，如 6100m/s、2.72g/cm^3 和 6200m/s、2.735g/cm^3，在长兴组储层内幕极易出现弱反射和空白反射特征。

通过上述理论正演模拟结果可以得出，长兴组顶界相位的改变以及长兴组内部地震响应特征的变化与生物礁储层的厚度、距顶距离以及物性都有着直接的联系。然而这种联系并不能归结为一种简单的正相关或者负相关，是一种较为复杂的联系。而实际地震资料中的生物礁储层其有着完全不同的厚度、距顶距离甚至在物性上都有微小变化，所以其对应的地震反射特征和长兴组相位更加复杂。

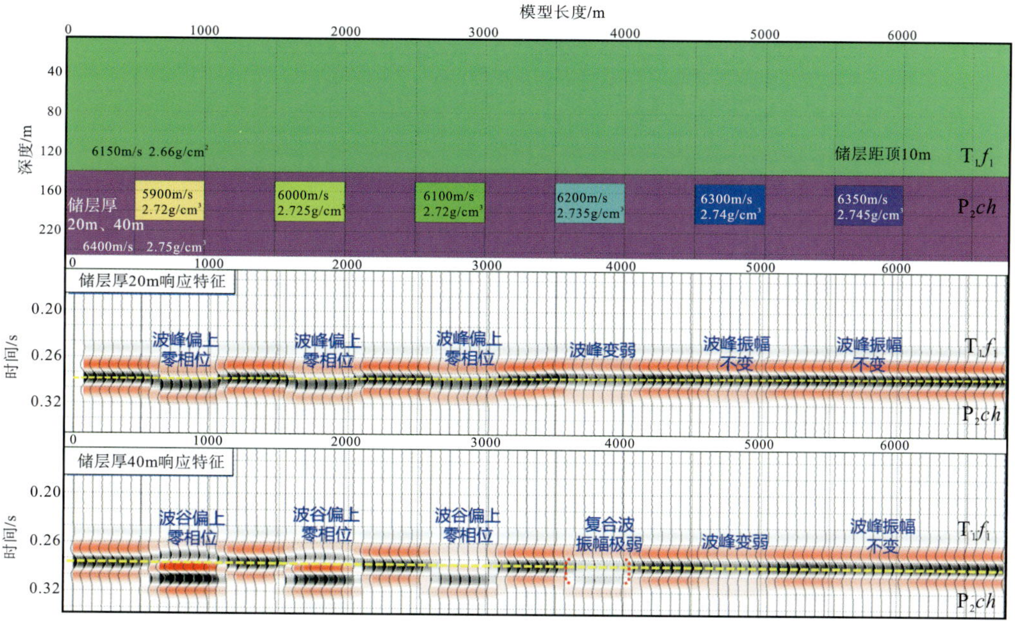

图 3-31　长兴组内礁储层不同物性参数地质模型及正演模拟

2. 实际剖面正演模拟

为了能够更加真实地贴近实际地震剖面，选取了几个典型横穿多个相带剖面进行基于波动方程的正演模拟分析，实际地震剖面自西往东过 TD1 井、TD71 井、TD67 井、TD017-H6 井、TD002-X18 井以及 TD017-H5 井，整体沿龙潭组底界 P_2l 层拉平，呈明显多相带特征（图 3-32）。以过剖面的井位数据资料为基础，根据实际地震剖面特征，不断调整地质模型设计方案，对其实际多相带情况进行正演模拟，进而建立生物礁储层正确的地震-地质识别模式。设定模型长度 18700m，满覆盖长度 10000m，炮间距 25m，检波点间距 25m，采用 23Hz 里克子波对地质模型进行正演。

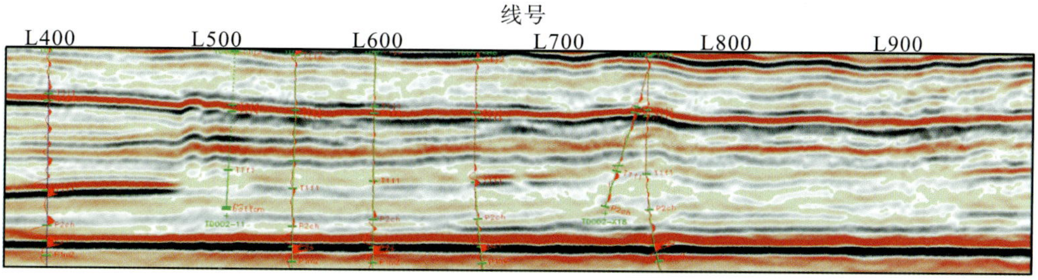

图 3-32　过 TD1 井—TD017-H5 井地震剖面

在整个地质模型参数的选取过程中，完全依照现有钻测井数据，合理设计出前缘斜坡相带和礁间海相带的长兴组顶低速低密度泥灰岩(TD1井、TD017-H6井处)，一排礁与二排礁的礁体发育情况以及礁后滩的储层发育情况(TD67井处)。在二排礁及二排礁以西的相带，开展了对第三排礁的发育与否的正演模拟研究：依次设计出模型一(图3-33)，无第三排礁发育或者生物礁发育但无储层发育；模型二(图3-34)，生物礁发育且储层位于长兴组顶部；模型三(图3-35)，生物礁发育且储层位于长兴组中部。

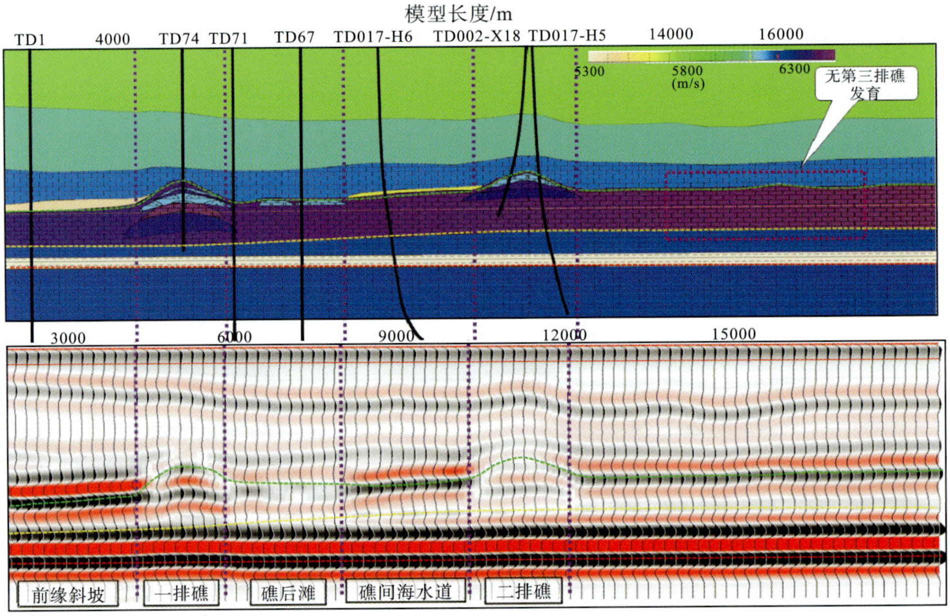

图3-33 无第三排礁发育或者生物礁发育但无储层发育地质模型正演模拟

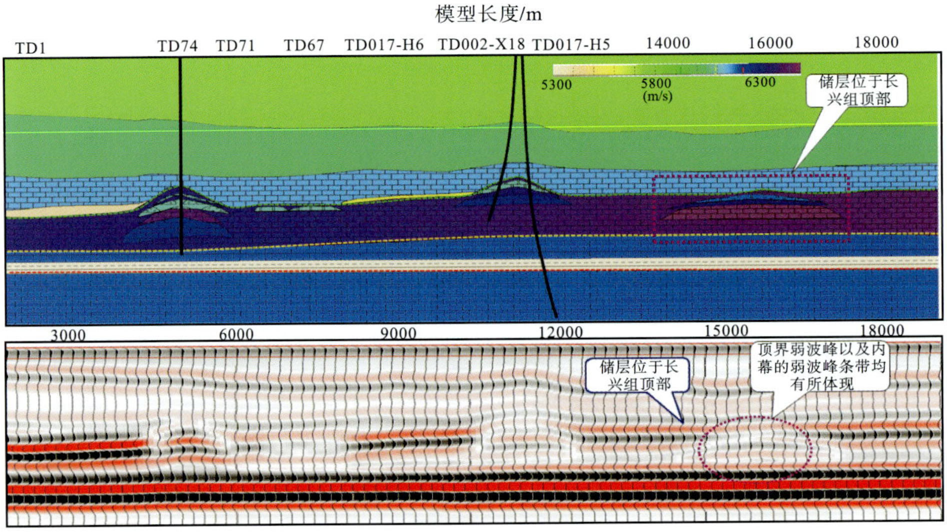

图3-34 生物礁发育且储层位于长兴组顶部地质模型正演模拟

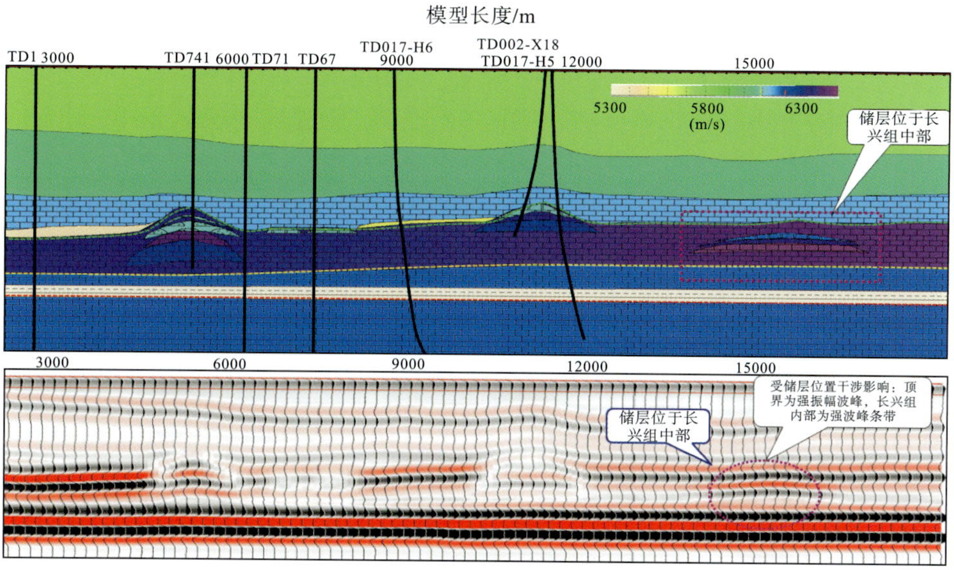

图 3-35　生物礁发育且储层位于长兴组中部地质模型正演模拟

通过正演模拟结果可以看出，在前缘斜坡相带由于长兴组上部的 55m 异常低速度、低密度泥灰岩与下部长兴组灰岩波阻抗差异大，其长兴组顶界特征为极强振幅较窄相位波峰反射。而在一排礁相带，由于其长兴组与飞仙关组波阻抗差异减小且内部多套储层，其长兴组顶界特征为较弱振幅较窄相位波峰振幅，内幕特征为弱振幅层状反射。礁后滩相带由于长兴组内部发育的 15～20m 独立点礁储层，其长兴组顶界变为零相位，内幕变为宽相位、弱振幅波峰反射。礁间海相带由于长兴组上部 20m 的低速低密层，其长兴组顶界特征为较强振幅较窄相位层状波峰反射。二排礁相带由于距长兴组顶 10m 发育多套储层，其长兴组顶界特征为零相位，内幕为极弱振幅宽相位波峰反射甚至空白反射特征。以上反射特征同实际地震剖面有着极高的相似性，直接验证了正演地质模型的合理性以及后期储层预测思路的正确性。

同时，验证了第三排礁储层是否发育，当第三排礁储层不发育时，对应的正演剖面长兴组顶界为层状稳定振幅波峰反射，与相邻地震道相比振幅无变化；当第三排礁储层发育于长兴组上部时，对应的正演剖面长兴组顶界为弱振幅宽相位波峰振幅的零相位，长兴组内幕存在条带状弱振幅波峰反射。当第三排礁储层发育于长兴组中部时，对应的正演剖面长兴组顶界振幅相较周边地震道有所加强，且长兴组内部发育条带状强振幅波峰反射。综合对比三个正演模型所得到的正演结果，并将三个结果与实际地震剖面相对比，可以看出模型二（三排礁储层发育于长兴组顶部模型）的正演结果与实际剖面最为相近（孙文艳等，2019）。

三、基于实际剖面的生物礁地震响应特征

生物礁体是一种特殊的碳酸盐岩沉积体，它的沉积建造和分布与沉积环境密切相关，由于经历了特殊的沉积作用和成岩过程，生物礁具有独特的地貌及岩石学特征，与一般的

碳酸盐岩建造有明显区别，这一特点决定了生物礁在地震反射剖面上通常具有一些特殊的地震相反射结构特征。通过地震地层学方法，分析地震反射结构和地震相特征变化，能够有效识别生物礁滩体的分布范围。

前人对生物礁地震异常反射特征已做大量研究。归纳起来有以下五个方面：①反射外形呈丘状或透镜状。②内部反射特征常表现为杂乱、断续、弱反射及无反射。生物礁发育期次分明时也可以出现层状反射。③依据礁体与围岩反射速度的差异，底部边界通常有弯月形（礁灰岩速度大于围岩速度）、杏仁状（礁灰岩速度小于围岩速度）、平直（礁灰岩速度等于围岩速度）三种反射特征。④礁顶通常为亮点反射，连续性与光滑度较好。礁体生长状况特殊时，礁顶也会出现弱反射。⑤生物礁边缘常出现上超、披覆、绕射等反射特征。

环开江—梁平海槽长兴组生物礁主要沿开江—梁平海槽两侧分布台缘礁带，在台缘带内侧的台内低能带也发育台内礁，向海槽一侧的缓坡带发育少量的斜坡礁。位于不同沉积环境的生物礁规模形态不同，其地震反射特征也不同。

（一）台缘礁

总结环开江—梁平海槽台缘带生物礁地震响应特征，认为长兴组生物礁的地震响应主要有以下三种模式。

1. 丘状杂乱中-强反射

发育较好、规模相对较大的生物礁在地震剖面上往往表现为丘状反射的外部形态及较为杂乱的内部反射结构，因为生物礁的快速生长，发育礁的岩层厚度明显较周围非礁岩层厚度大，因此在地震剖面上呈丘状反射，但如果生物礁规模小，丘状反射特征不明显。而各种类型礁灰（云）岩的杂乱堆积，导致生物礁在地震剖面上的内部结构一般不会呈层状反射特征，往往表现为杂乱反射的内部结构。另外，由于礁岩层的沉积速度远高于非礁岩层，因此礁周围的地层会出现上超的反射特征。

生物礁中储层发育较好时，储层与致密层之间存在较大的波阻抗差异，据五百梯地区测井数据统计，储层段平均速度大概在5400～6100m/s，而致密层速度一般大于6300m/s，速度差异较大，因而能形成一定的反射界面，常表现为中-强振幅反射。丘状杂乱中-强反射模式是礁储层典型的地震响应模式，代表了规模相对较大，储层发育较好的生物礁储层，与此相对应的是，地层厚度增大明显，地震反射时差也明显增加，一般在10～30ms，甚至更大。

如：大猫坪地区YA012-X6井、YA012-X7井（图3-36），以及兴隆场地区XL1井、XL101井（图3-37）的丘状杂乱中-强反射模式，呈典型的“亮点”特征，代表了生物礁储层发育极好，而生产的数据也验证了这点。

2. 丘状杂乱弱反射

与模式1相同，生物礁在地震剖面上呈丘状反射外形和杂乱的内部反射结构，但储层不太发育时，储层段与致密层波阻抗差异不大，难形成“亮点”的强振幅反射，往往表现为弱振幅反射特征，甚至空白反射，与模式1差异明显（图3-38，TD76井）。丘状杂乱弱反射模式可能代表了以下两种类型的反射模式：①有礁无储层的模式，丘状杂乱反射的背景里面，由于速度差异不大，同相轴振幅极弱；②有礁差储层模式，由于差储层孔隙度不高，难与致密围岩形成较大的速度降，振幅也相对较弱。

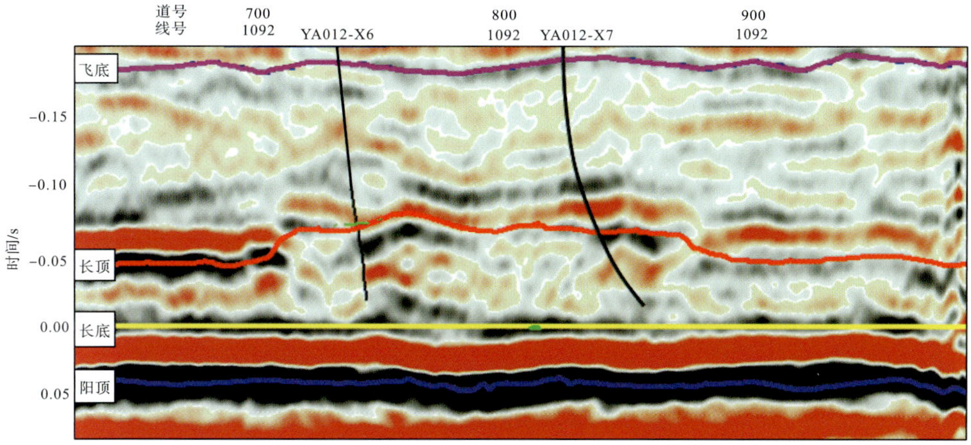

图 3-36 大猫坪地区长兴组生物礁储层地震响应特征

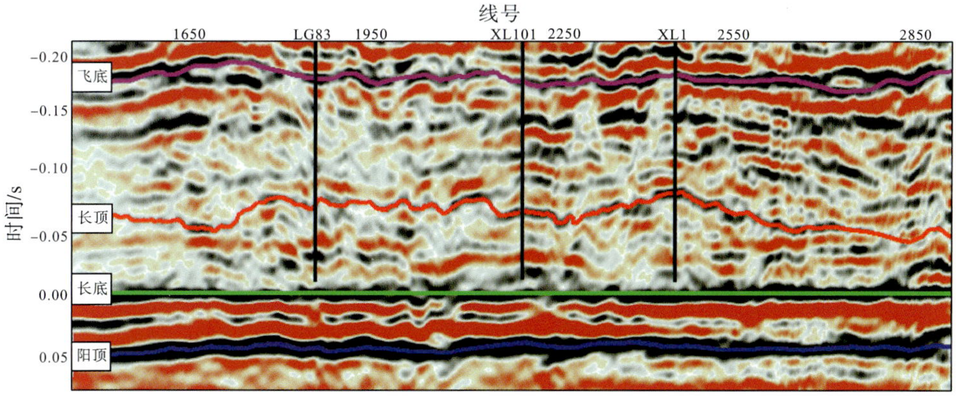

图 3-37 兴隆场构造长兴组生物礁储层地震响应特征

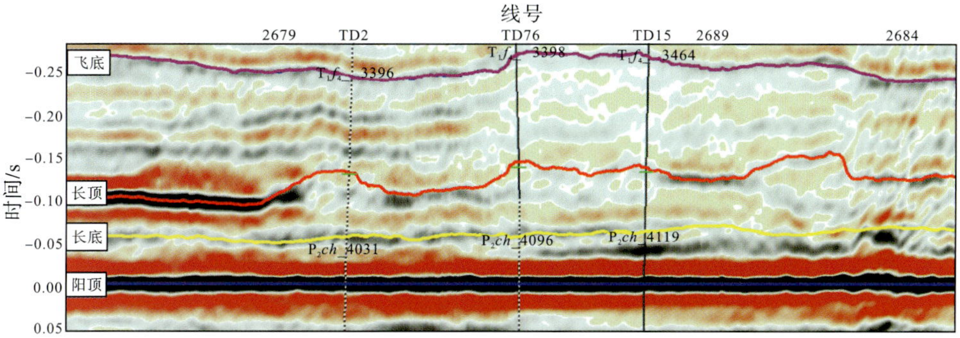

图 3-38 五百梯构造长兴组生物礁储层地震响应特征

3. 层状中-强反射

当生物礁规模较大，横向延伸较远，海平面变化频繁导致生物礁发育期次明显，出现生物礁与泥灰岩互层时，礁储层的反射特征为层状中-强反射特征，南海古近系规模较大的生物礁会出现这种类型的地震相特征。川东长兴组生物礁一般规模较小，难以形成有一定延伸距离的层状中-强反射模式，一般形成延伸不远的透镜状亮点反射。经对比研究发现，长兴组出现礁滩互层，并且储层段以滩相沉积为主时会出现层状中-强反射，大猫坪构造YA012-12井区(图3-39)、五百梯构造二排礁等能见到层状中强反射特征，往往呈透镜状。

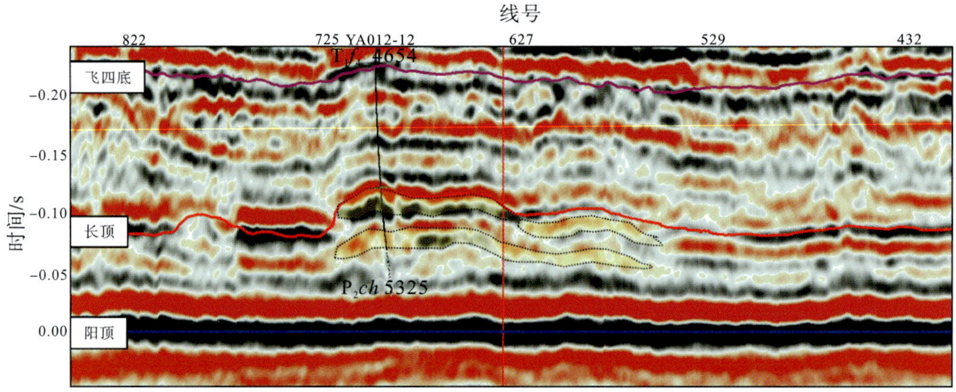

图3-39 大猫坪构造YA012-12井长兴组生物礁储层地震响应特征(任意测线)

(二)点礁或生屑滩

环开江—梁平海槽台缘礁带之后的相对低能环境局部发育台内点礁，该类台内点礁多呈丘状杂乱弱反射(图3-40)。台内礁多发育于台内局部地貌高点，礁体规模较小，礁储层不太发育，礁体生长受海平面相对起伏影响较大。由于礁体内部储层不发育，岩性致密，礁灰岩与围岩密度、速度差异不大，地震反射强度较弱，连续性差，几乎呈空白反射。

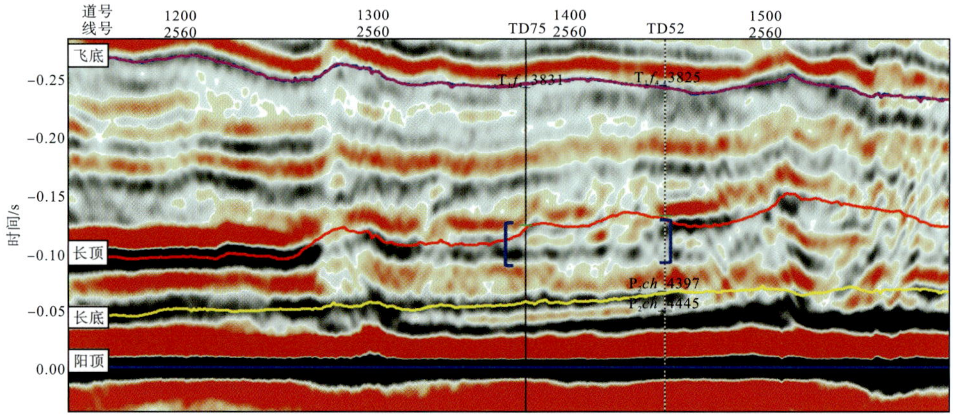

图3-40 TD75井区生物礁地震响应模式

（三）斜坡礁

环开江—梁平海槽斜坡依据其坡度不同可分为陡坡和缓坡，缓斜坡礁陡斜坡处更容易发育生物礁，缓斜坡由于地形变换缓慢，向海槽一侧水深逐渐加深。缓坡礁位于宽缓的缓坡上，呈丘状杂乱中-强反射，同相轴呈锯齿状，地震反射时差增大20～30ms，横向规模较大(图3-41)。缓坡礁一般发育于某一阶段性的适宜水深，形成局部高地貌，在此基础上间歇性发育，受海平面波动变化影响较大，生物礁呈杂乱堆积，成层性差，内部反射杂乱。缓坡礁与台缘礁的地震反射特征对比鲜明，缓坡礁的规模较小，生物礁发育继承性差、内部反射更杂乱。

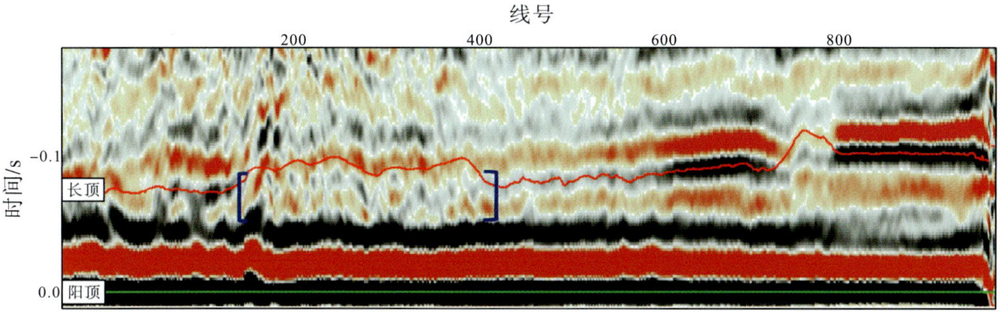

图3-41 团岭坡地区生物礁地震响应模式(T1070)

四、地震识别模式

综合井震精细标定解释、地震正演模拟分析和实际剖面地震响应特征分析，并结合前人对生物礁地震识别的成果，系统总结了川东地区长兴组生物礁地震识别模式。川东开江—梁平海槽东侧长兴组生物礁地震识别模式可大致分为四类(图3-42)：①长顶弱振幅无明显丘状隆起；②长顶弱振幅明显丘状隆起；③长顶强振幅相位稳定，具明显丘状隆起；④长顶强振幅极性反转，具明显丘状隆起。

川东开江—梁平海槽东侧长兴组生物礁地震识别首先应着重关注具有古地貌优势的台缘带或台内高能带，在此基础上寻找生物礁明显的丘状隆起特征的地震反射，并叠加地震反射时差异常和同相轴的交接关系，以确定生物礁发育的有利区。在确定生物礁发育的有利区带范围内精细刻画生物礁就需要利用井-震模型详细分析不同的生物礁类型及其储层的发育模式造成的地震响应特征的差异，重点分析反射振幅、相位及反射结构的差异。在前人的“有利相带+生物礁丘状隆起+地震反射时差异常”成果的基础上，区分长兴组顶界振幅强弱。

在长顶弱振幅模式下可以分为两类：①长顶弱振幅无明显丘状隆起：该类地震反射特征主要为位于主礁带之后的生屑滩、规模较小的礁滩复合体或相对高能的礁间，均不是生物礁储层大规模发育最优势的亚相或微相，由于该类沉积体也具有一定的古地貌优势，长兴组—飞仙关组之间的波阻抗差异较小，长兴组地层会有较小规模的增厚，因此为弱振幅无明显丘状隆起特征；②长顶弱振幅明显丘状隆起：该类地震反射主要为台缘主礁带，古地貌较高，生物礁总厚度较大，但储层单层厚度稍小或者储集物性稍差，故为弱振幅明显丘状隆起反射特征(同时也与地震资料品质有关)。

在长顶强振幅模式下也可以分为两类：③长顶强振幅相位稳定，具明显丘状隆起：该类地震反射特征主要为台缘主礁带，古地貌较高，生物礁总厚度较大，但是该类生物礁主要为早中期生物礁，其储层也发育于早中期，如 YA3 井，该种模式主要归结为生物礁的侧向迁移，原先具有古地貌优势且生物礁发育的地区，由于后期区域构造及海平面的相对变化影响使得长兴晚期不再适应生物礁生长；④长顶强振幅极性反转，具明显丘状隆起：该类地震反射特征为生物礁储层发育最有利的模式，生物礁规模较大呈明显的丘状隆起，且晚期礁储层厚度较大，单层厚度常在 100m 以上，储集物性较好，表现为典型的极性反转，如 YA012-X6 井、YA012-12 井。

总结川东开江—梁平海槽东侧长兴组生物礁地震反射特征，生物礁储层最有利的模式为④长顶强振幅极性反转，具明显丘状隆起，其次为②长顶弱振幅明显丘状隆起，再次为③长顶强振幅相位稳定，具明显丘状隆起，最后为①长顶弱振幅无明显丘状隆起。其中④和②为目前已开发的得到较多井证实的模式，③具有很大的潜力，但是实际开发中应注意避开构造较低的位置，因为早期储层可能含水，①同样具有较大的潜力，虽然可能储层非均质性会更强，但是当与构造叠合时，裂缝可以大大改善储集空间的连通性，同样具有客观的开发效益。

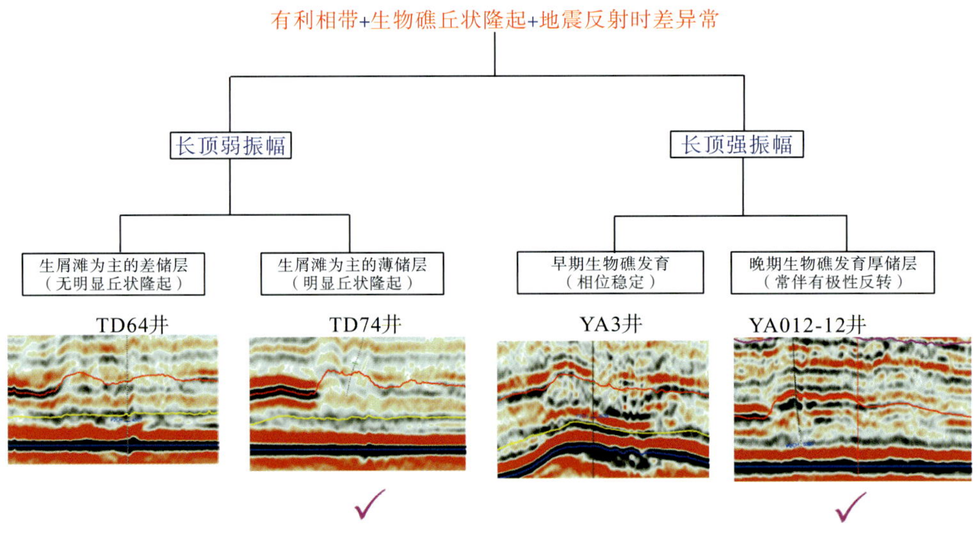

图 3-42　川东开江梁平海槽东侧长兴组生物礁地震识别模式

五、实用效果分析

对环开江—梁平海槽东侧地区 37 口生物礁井进行精细的井-震集合发现，各种储层发育条件下的生物礁地震响应特征与以上认识基本吻合。YA012-X6、YA012-12 井储层厚度大，溶蚀孔洞极发育，声波速度明显降低，且发育在长兴组顶部，合成地震记录显示长兴组顶界反射由波峰相位转变为波谷相位，因为储层极为发育，储集物性好，地震剖面上长兴组顶部“亮点”特征明显，向下转变为弱反射特征(图3-43A)，说明早期礁滩储层质量一般。与之对应的长兴组顶部发育薄储层或差储层为生物礁井较多的一种类型，该类型长兴组顶界标定在波谷，无“亮点”特征，常表现弱振幅断续或较连续反射特征，资料品质好时能观察到极性反转，差时则表现为弱振幅杂乱反射特征，如YA002-5井、TD21井(图3-43B)。整体上丘状隆起反射特征明显，五百梯地区TD74井、TD021-3井和TD021-X7井以及大猫坪地区YA012-X8井则表现为不同反射特征，其长兴组顶界反射标定为波峰位置，测井解释主要储层段分别发育距长兴组顶部15～55m，地震剖面上无亮点反射特征，声波速度降低不明显[图3-43(C、D)]。YA012-X7井顶部储层不发育，造成顶部振幅变化较小，中下部储层较发育，其“亮点”特征明显(图3-43E)。而位于礁滩间海微相的TD52井，由于能量相对较弱，以低能泥晶灰岩及泥质生屑灰岩沉积为主，地震剖面上表现为连续中强反射，无丘状隆起特征，长兴组顶界反射标定在波峰位置(图3-43F)。实钻生物礁井过井剖面表明生物礁地震响应特征不仅受生物礁及其围岩速度变化影响，更受礁滩储层厚度、物性、纵向发育位置等多种因素影响，与不同储层条件下模型正演结果一致。

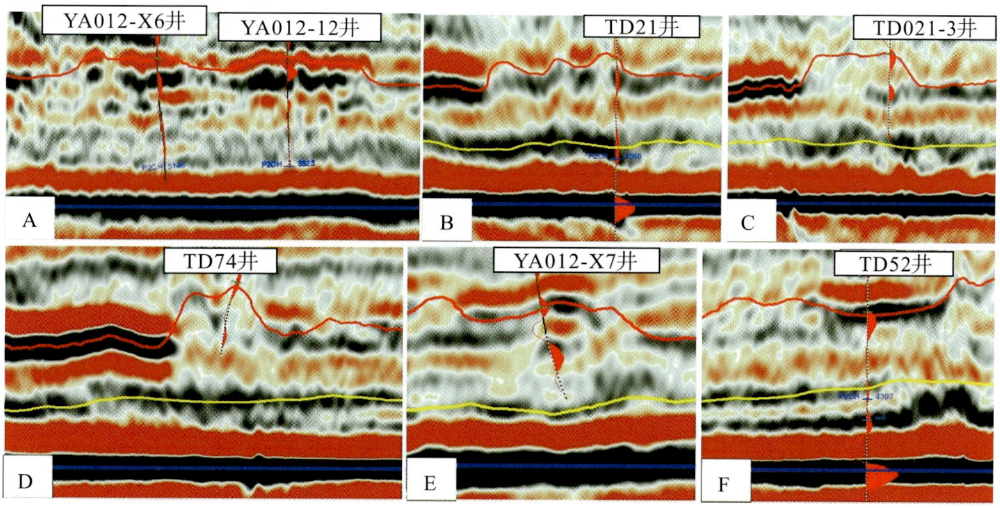

图3-43 实钻井地震响应特征(红色为长兴组顶，黄色为长兴组底)

六、失利井分析

通过对开江—梁平海槽长兴组生物礁专层失利井进行统计发现，有部分井长兴组地震特征虽符合以上储层模式，但并没有钻遇储层，根据其模式可归为弱反射模式失利。弱反射模式失利井是指在生物礁地震识别中往往利用了长兴组顶界弱振幅模式，但实际上正演模型及实钻井揭示，长顶弱反射也可能是由飞仙关组底泥晶灰岩与长顶生屑灰岩弱波阻抗差引起的，该类失利井往往未钻遇生物礁储层。

弱反射模式失利井情况较为复杂，在实际工作中较难判断。结合前文所述正演模型可知，当长兴期具有一定的古地貌优势，那么继承于长兴组地层之上沉积的飞仙关组地层岩性泥质含量相对也较低，通常为泥晶灰岩或相对较纯的灰岩，导致长兴组地层与飞仙关组地层之间波阻抗差异较小，形成类似于生物礁异常反射的杂乱反射，该类地震异常反射无生物礁或仅发育小规模的生屑滩，常常造成生物礁的识别陷阱。另外该类陷阱反射与生物礁异常反射的最大区别在于是否有丘状隆起。如高峰场构造 F003-5 井长顶弱振幅杂乱反射，但在拉平剖面上看无明显的丘状隆起及长兴组地层异常增厚（图 3-44）。另外 YA012-X11C2 井位于缓斜坡台缘带，靶点位置弱振幅杂乱反射，但其规模较小，无明显丘状隆起(图 3-45)，导致钻井失利，未见生物礁，实际应用中尤其要注意这一模式产生的假象。

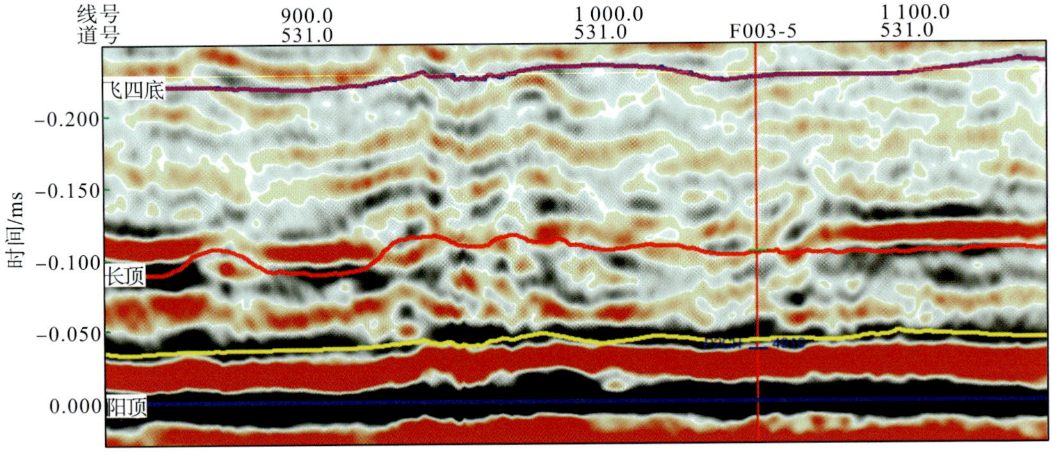

图 3-44　F003-5 井过井剖面

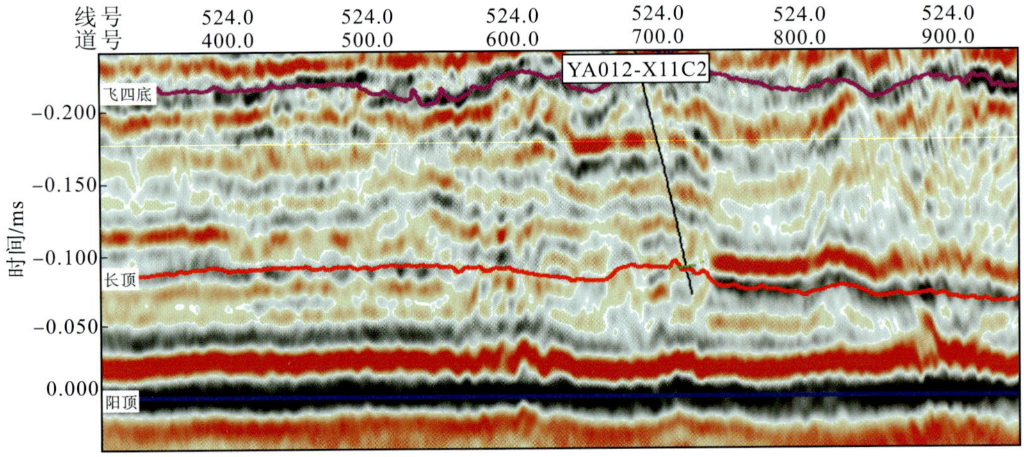

图 3-45　YA012-X11C2 井过井剖面

第四章　礁滩储层地震预测技术

第一节　古地貌分析技术

四川盆地晚二叠世末期的沉积环境主体以深水海槽相、台地边缘相和碳酸盐台地相为主。不同的沉积环境，有着不同的水深和古地貌、古地形特征，从而形成不同的碳酸盐岩沉积建造，导致地层的沉积厚度有明显差异。深水海槽相，古地形最低，碳酸盐岩沉积速率最慢，地层沉积厚度最薄；台地边缘相，古地形相对较高，水体能量强，有利于生物礁体和碳酸盐岩沉积建造的发育，地层沉积厚度最大；碳酸盐台地相，相对较平坦，但是也有高低变化，古地形相对较低的地方，水体能量较弱，地层沉积厚度较薄，古地形相对较高的地方，水体能量较强，同样有利于生物礁和碳酸盐岩沉积建造的发育，在地层沉积厚度上表现为局部增厚的特征。因此通过研究地层沉积厚度变化和应用层拉平分析技术，可以再现沉积古地形、古地貌以及岩相古地理等重要信息，从而对生物礁滩体的有利发育相带做出预测。

目前常用的古地貌恢复方法较多，主要包括盆地分析回剥法、层拉平法、地震古地貌学方法、层序地层法、沉积学分析法、残余地层厚度法、印模地层厚度法等。但这些方法均需要借助钻井、录井、岩心、地震资料等，实现在某一构造级别、某一精度范围内的古地貌恢复，每一种方法在进行古地貌恢复的过程中有自己的优势，但也存在一些不足(闫海军等，2020；黄捍东等，2006)。其中，印模地层厚度法和残余地层厚度法适应性最为广泛，操作相对简单。

1. *层序地层法*

该方法是层序地层学理论出现后兴起的一种古地貌恢复方法，利用层序地层学原理，建立上覆地层的层序地层格架，选择区域性等时面(通常为距待恢复地层最近的最大洪泛面)进行拉平，最后读出各井底面深度并在平面成图，从而恢复出古地貌形态。利用层序地层法开展古地貌恢复，首先应对研究区进行沉积相成因分析，正确判断出沉积体系发育类型，其次应使用层序地层学方法进行不同级次的基准面旋回对比，这是利用该方法开展恢复工作的基础。该方法需要借助测井资料、录井资料和地震资料，因此相对来说是比较准确的古地貌研究方法，但其受限于资料获得和记录的详细程度，同时古地貌精度与使用的对比尺度和研究区范围也直接相关，对比尺度越小表明周期越短，影响基准面变化的因素越少，最后得到的古地貌精度就越高。同时，研究区范围越小则恢复精度越高，因为在最近的基准面无法准确选择时，完全可以用基准面切线来近似代替。

2. 层拉平法

层拉平法是在层序地层学和物探技术应用基础上发展而来的，其技术原理是假设各层序的原始厚度不变(未受压实作用)，在三维地震数据中，以沉积基准面或最大洪泛面作为层序的参考顶底面，将底面深度减去顶面深度，即将顶面拉平，这样拉平的面可作为古沉积时期的湖平面，得到的底面形态就可以认为是层序地层沉积前的相对古地貌。

利用层拉平法开展古地貌恢复，首先需要对盆地的古地质背景和古构造特点进行分析，选定层序的参考顶底面，通过井震精细标定对参考面进行精细解释追踪，最后利用相关物探软件拉平顶面，从而得到层序沉积前的古地貌形态。层拉平恢复方法考虑了后期构造的影响，恢复结果比较立体直观，在古地貌定性研究中较为常用，其技术关键在于参考面的选择，是否选准填平补齐基准面对古地貌恢复精度有直接影响。

3. 印模地层厚度法

印模地层厚度法(简称为印模法)较层拉平法又更进一步，它既考虑了沉积前构造的影响，又能将古地貌半定量表征。其技术原理是将待恢复地貌结束剥蚀开始上覆地层沉积时视为一等时面，利用上覆地层与待恢复地层之间存在的“镜像”关系，通过上覆地层的厚度间接反映古地貌的形态。该思路相当于顶拉平，即在待恢复地层界面之上找一标志层进行拉平以此利用镜像关系确定古地貌。

利用该方法开展古地貌恢复，首先需要在上覆地层中选择一个对剥蚀地貌有填平补齐性质的地层作为基准面，将该基准面拉平，然后测量不同钻井中该基准面到剥蚀面的厚度，最后完成平面成图即得到最终古地貌图。

4. 残余地层厚度法

残余地层厚度法(简称为残厚法)原理是将待恢复地貌结束剥蚀开始上覆地层沉积时视作一等时面，然后选择沉积地层中某一特殊层段为基准面，将其拉平，该面以上残余厚度的大小则代表了古地貌的形态。该思路相当于底拉平，即在待恢复地层界面之下找一标志层进行拉平以此利用残余厚度来确定古地貌。该方法优点是直观真实，但其缺点是未考虑沉积前构造及剥蚀差异的影响，在某些地区误差较大。

在上述四种方法中，其关键的共同点都在于“标志层”的选取，选取更为合理的标志层对古地貌恢复结果至关重要。针对标志层的选取，主要的依据有三点：一是该层必须在全区范围内稳定分布，具有等时性，能够代表当时的海平面，比如一套稳定的海侵泥岩段、煤层段等。二是该沉积界面离侵蚀面越近越好，越接近风化壳，受后期构造活动的影响就越小，结果就越准确。三是该界面在钻井、测井及地震上都易于对比、识别和追踪，尤其在地震剖面上具有较强反射、较强连续性特点，有利于开展全区的精细追踪解释。在实际的古地貌恢复工作中，需要针对研究区的研究实际，从资料需求、精细性、准确性、操作性等方面综合衡量，以此来选择最为适用的一种或多种恢复方法联合开展研究。

针对川东地区长兴组和飞仙关组礁滩储层，利用残厚法和印模法恢复古地貌在操作性和精确性方面更为适合，能够较好地还原沉积地貌。残厚法(图 4-1)是用侵蚀面至其下伏的水平基准面的残余厚度来大致反映古地貌，残余厚度大的地方即古地貌的高势区，残余厚度小的地方即古地貌的低势区。川东地区长兴组一个稳定的下伏基准面长兴组底，通过飞仙关组底与长兴组底层位的残厚法运算，得到长兴组沉积末期古地貌图(图 4-2)。从图中可以看出，整个研究区南部存在两条明显的条带状古地貌高部位，呈北北西—南南东向展布。结合单井分析可知第一条古地貌高带为台地边缘的生物礁带，第二条古地貌高带为位于台地的二排礁。台地边缘整体呈现出北窄陡、南宽缓的特征。二排礁也表现类似的北窄陡、南宽缓的特征，但整体高度较台缘带礁滩体低。

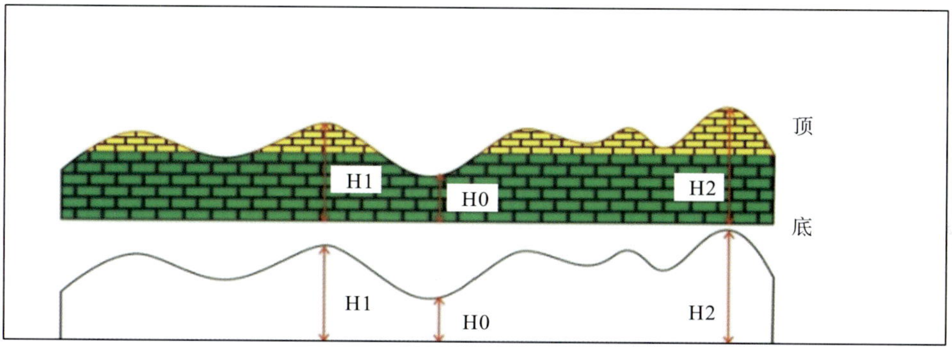

图 4-1　残厚法恢复古地貌示意图

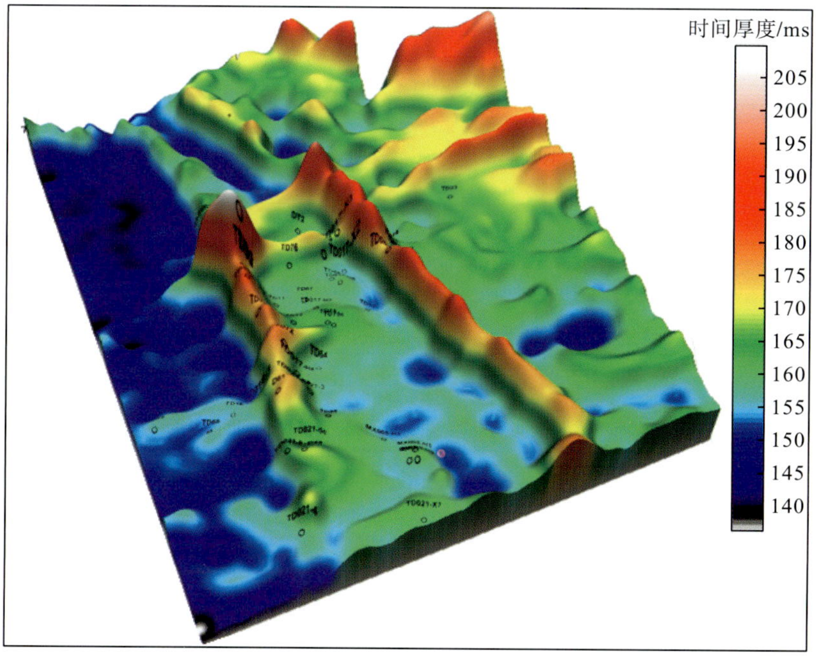

图 4-2　五百梯研究区残厚法恢复长兴组古地貌图

印模法(图 4-3)根据补偿沉积原理，用侵蚀面至其上覆的水平基准面的厚度来反映古地貌，厚度大的为低洼区，厚度小的为高地。在五百梯研究区内飞仙关组底上部存在稳定的沉积界面飞四段底，利用两个层位进行印模法运算，得到长兴组沉积末期古地貌图(图 4-4)。从古地貌图中可以看出，长兴组末期古地貌呈现出一个北东高、南西低的特征，存在两个明显的高部位条带沿北西—南东向展布，且与两排礁的位置相重合，残厚法与印模法恢复长兴组沉积后古地貌基本趋势一致。这表明了生物礁储层的生长和发育，促使长兴组地层不断加厚，古地貌变高，古地貌特征和厚度特征能够很好地表现生物礁发育区，对生物礁储层的预测有较好的辅助意义(孙文艳等，2019)。

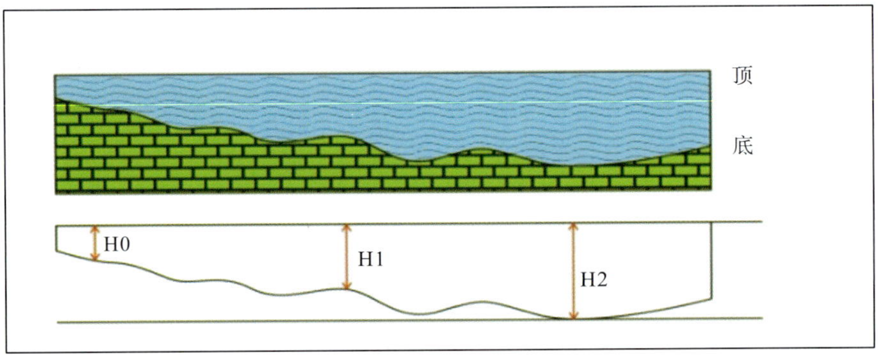

图 4-3　印模法恢复古地貌示意图

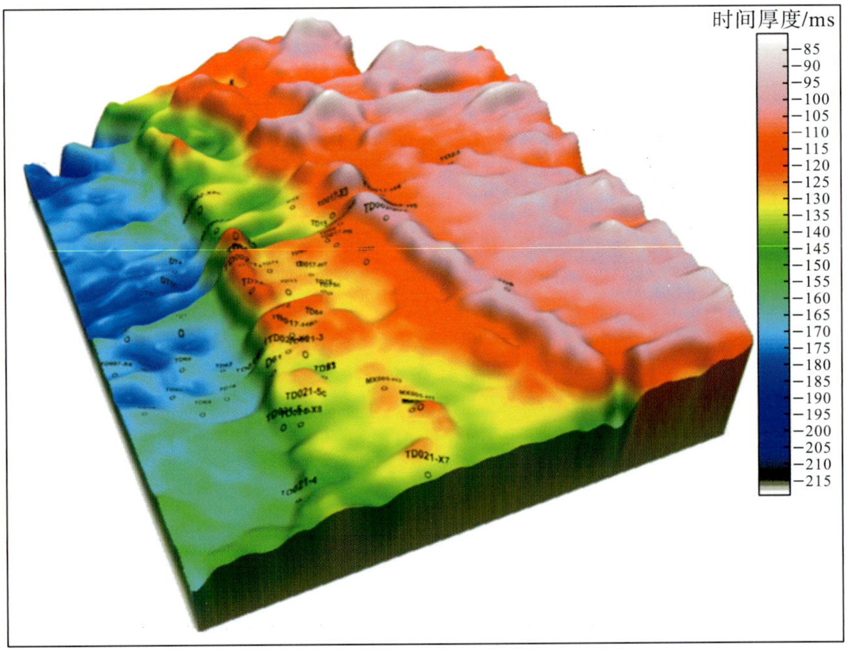

图 4-4　五百梯研究区印模法恢复长兴组古地貌图

第二节　地震属性及地震相分析技术

一、地震属性分析技术

地震属性参数是地下地质结构、岩性和所含流体性质等多种因素的综合反映，因此利用地震属性参数可以对地下地质结构、岩性和所含流体进行分析和研究，进而预测和描述储集层的发育规律。地震属性提取是指在收集资料、了解地质概况、明确地质目标之后，从地震数据中形成地震属性的过程。不同的地震属性所对应的地质含义不同，储层性质的变化会引起地震波运动学和动力学特征(能量、相位、频率等)的变化。因此，可以根据地震波的运动学和动力学等性质来预测储层的性质。目前地震属性主要用于储层岩性及岩相、储层物性和含油气性分析。

目前常见的属性可分为振幅类属性、瞬时类属性、频谱类属性、层序类属性以及非线性类属性等五大类共 46 种属性(表 4-1)，然而并不是每一个属性都能够较好地进行储层预测，需针对不同的地质情况筛选敏感的地震属性来完成储层预测，以下选择几种应用效果较好的地震属性进行讨论。

表 4-1　部分常见地震属性的分类列表

振幅类属性	瞬时类属性	频谱类属性	层序类属性	非线性类属性
复合振幅	平均反射强度	有效带宽	大于门槛值的百分比	小波系数 C1
最大绝对值振幅	平均瞬时频率	波形长度	小于门槛值的百分比	小波系数 C2
最大波峰振幅	平均瞬时相位	平均零交叉点数	能量半值时间	小波系数 C3
最大谷值振幅	反射强度的斜率	最大峰值频率	正负样点数之比	小波系数的平方和
均方根振幅	瞬时频率的斜率	平均频率	波峰数	小波系数的均方根
总的绝对值振幅		谱峰斜率	波谷数	最大李雅普诺夫指数
平均绝对值振幅		复合包络差	峰谷面积比	关联维数
平均峰值振幅			顶底振幅比	间歇性指数
平均谷值振幅				突变幅度
总能量				高阶谱的最大峰值
平均能量				高阶谱能量
振幅的方差				
振幅的峰态				
总振幅				
振幅的斜度				

(一)最大波峰振幅属性

根据储层精细标定及第三章地震响应特征分析表明，生物礁储层一般发育于长兴组的中上部，当长兴组发育生物礁储层时，长兴组顶界 T_1f_1 由于干涉效应出现波峰振幅的减弱甚至发生相位转换，且当生物礁储层发育规模越大，现象越明显。基于以上长兴组顶界所表现的地震特征的不稳定性(强波峰、弱波峰、零相位、弱波谷、复合波峰)，因此，运用层位运算及漂移方法，沿 T_1f_1 上下各 5ms 提取最大波峰振幅属性，表征长兴组生物礁储层的发育情况。从飞仙关组底沿层最大波峰振幅属性图(图 4-5)上可以看出，生物礁储层的发育情况呈现明显的三排礁条带成排成带的特征，其中红-黄绿色区域(低值区)表征生物礁有利发育带，而白色区域(高值区)分别对应着斜坡—陆棚、礁间海等低能沉积区，不利于生物礁的发育。

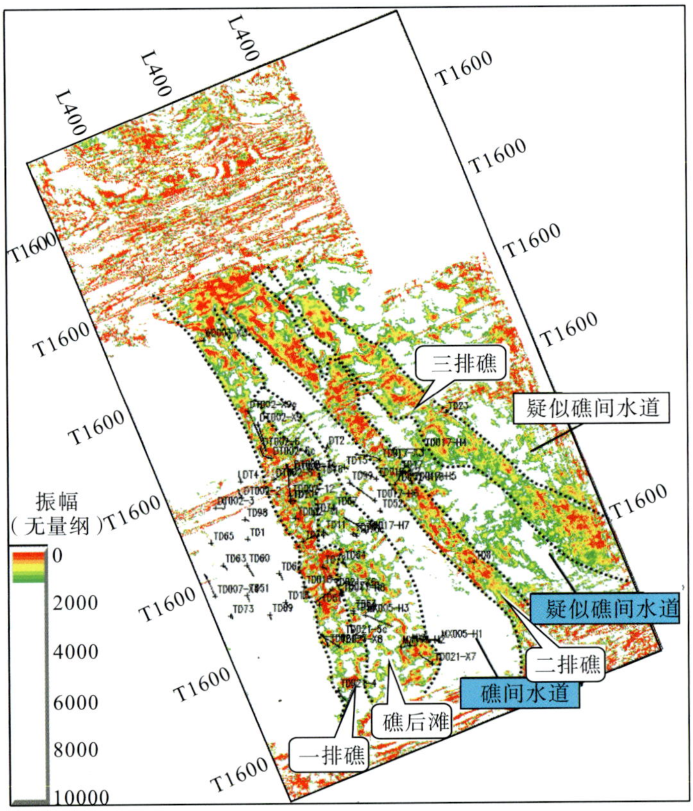

图 4-5　五百梯研究区飞仙关组底沿层最大波峰振幅属性图

(二) 瞬时相位属性

生物礁体由于经历了特殊的沉积作用和成岩过程，具有独特的地貌及岩石学特征，与一般的碳酸盐岩建造有明显区别。这一特点决定了生物礁在地震反射剖面上通常具有一些特殊的地震相反射结构特征。由于长兴组沉积环境的迅速变化，长兴组顶界(井上层位标定)在生物礁有利发育区亦发生迅速的改变，而在低能沉积区相位稳定(斜坡-陆棚、礁间海)。瞬时相位是目前识别地震异常体的一种常用属性，它受能量影响较小，因此在振幅极弱时通过常规地震剖面无法体现差异，瞬时相位属性仍然存在明显的差异，瞬时相位 $\varphi(t)$ 的计算公式如下：

$$\varphi_a(t)=\arctan\left(\frac{\tilde{f}(t)}{f(t)}\right) \tag{4-1}$$

式中，$\tilde{f}(t)$ 为 $f(t)$ 的希尔伯特变换。

从典型生物礁时间偏移剖面上可以看出(图 4-6)，原始地震剖面上，生物礁特征不是很明显，且长兴组顶部及内部能量较弱，差异不明显，不容易识出生物礁的形态和发育位置，而从瞬时相位剖面上可以排除振幅能量较弱的干扰，很容易识别出生物礁内部杂乱的特征，从而判断生物礁的发育情况(图 4-7)。

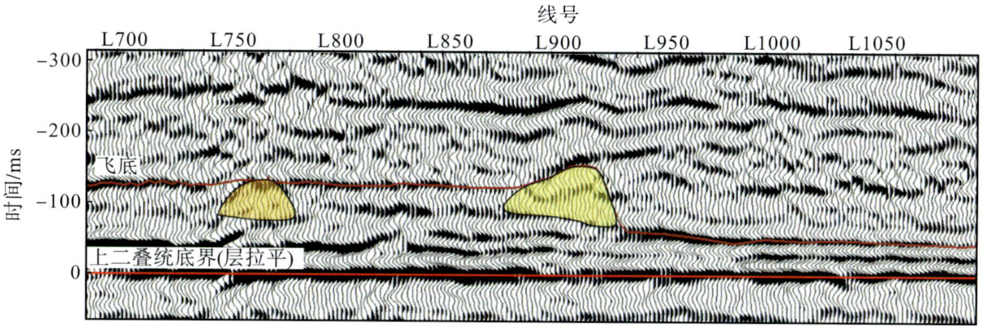

图 4-6 典型生物地震剖面

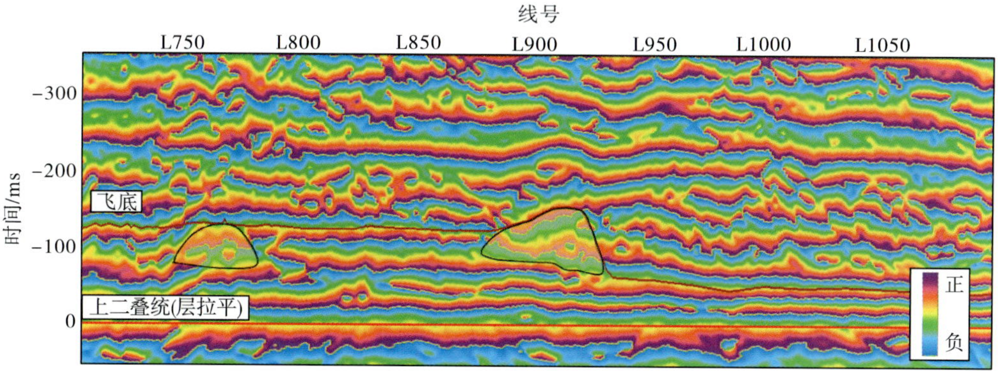

图 4-7 典型生物瞬时相位剖面

(三)相干属性

地震相干技术的基本原理是在偏移后的三维数据体中，对每一道每一样点求得与周围数据的相干性，形成一个表征相干性的三维数据体，即计算时窗内的数据相干性，把这一结果赋予时窗中心样点。应用三维相干数据体切片进行构造和岩性解释，可帮助解释人员迅速认识整个研究区的断层及岩性等的空间展布特征，从而达到提高解释速度与精度，缩短勘探周期的目的。目前，相干体的算法主要有 3 种：基于互相关的算法、基于相似性系数的算法和基于本征结构分析的算法。每一种相干算法具有不同的特点，基于互相关的算法在抑制噪声的前提下损害了分辨率。基于相似性系数的算法不仅能在噪声环境下更稳定地计算相干性、倾角和方位角，还能在分析垂直时窗内限制时间数据采样点的范围，更好地计算地层特征细微变化。基于本征结构分析的算法是多道参与计算，并且有滤波的功能，在噪声压制方面要优于前两种算法，精确度更高，但是由于引入了矩阵的本征结构分析，计算时间一般较长。以下采用相关算法(C1 相干算法)进行分析，相关算法是根据随机过程的互相关分析，计算相邻地震道的互相关函数来反映同相轴的不连续性，则沿视倾角(p, q)的相干值C_1为

$$C_1(p,q)=\left[\frac{C_{12}}{(C_{11}C_{22})^{1/2}}\frac{C_{13}}{(C_{11}C_{33})^{1/2}}\right]^{1/2} \tag{4-2}$$

式中，$C_{ii}\left(i=1,2,3\right)$为第 i 道的自相关量；$C_{ij}\left(i=1,2,3\right)$为第 i 道和第 j 道的互相关量；视倾角$\left(p, q\right)$中 p 和 q 分别为 x 方向和 y 方向上的地震道之间的时移量。

由于生物礁在地震剖面上往往表现出反射同相轴的不连续性，在其内部也呈现杂乱、空白、弱反射特征，因此可以根据高低相干值的空间变化，以此清晰识别生物礁发育的范围。图 4-8 和图 4-9 分别为大猫坪区典型生物礁地震剖面图和相应的相干剖面图，由常规地震剖面可见，钻遇生物礁的 YA012-1 侧井和 YA12 井部位均呈现底平顶凸上隆的地震响应特征，内部杂乱反射特征明显。在相干地震属性剖面显示生物礁部位相干值较大，生物礁地震响应特征明显。

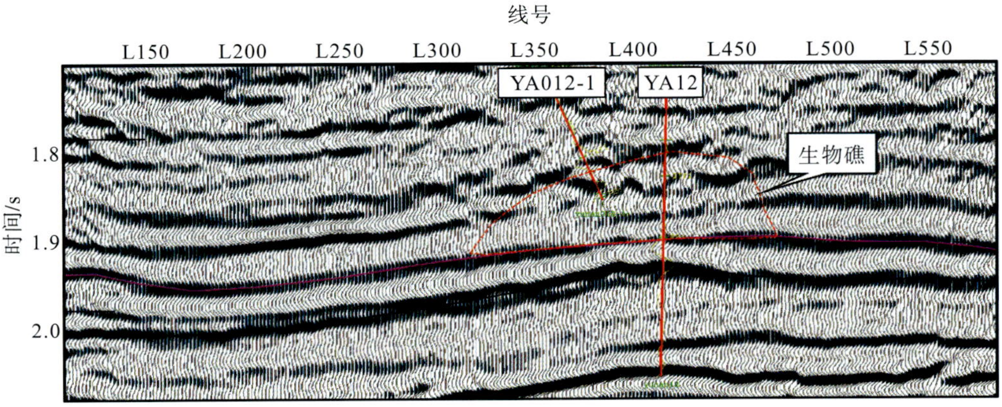

图 4-8 大猫坪区典型生物礁地震剖面图

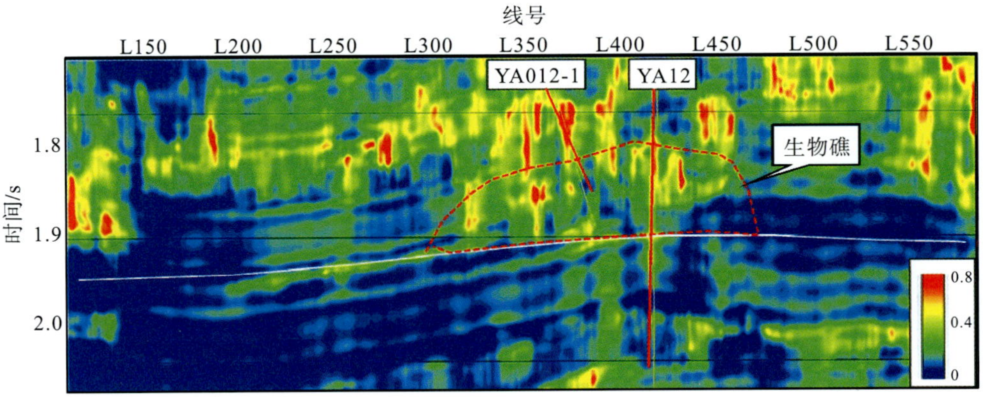

图 4-9 大猫坪区典型生物礁相干剖面图

以上仅介绍了针对生物礁相带识别比较常用的地震属性，在实际操作时，一般需要提取大量地震属性，通过井震结合筛选或者通过数学变优选来选择对目标地质体敏感的地震属性。

如图 4-10 和图 4-11 分别是五百梯区块振幅类部分属性和瞬时类部分地震属性，根据对生物礁地震异常识别的结果，以及地质分析认识的结果，生物礁储层有利区集中在地震异常带内，依据这一结论，可以看出振幅类属性与生物礁地震异常带对应关系较好的分别为：平均绝对值振幅、平均能量和平均峰值振幅。从这三类属性中可以清楚地发现斜坡和台缘带的分界线，以及台缘礁和二排礁的展布条带，但三排礁特征不明显。

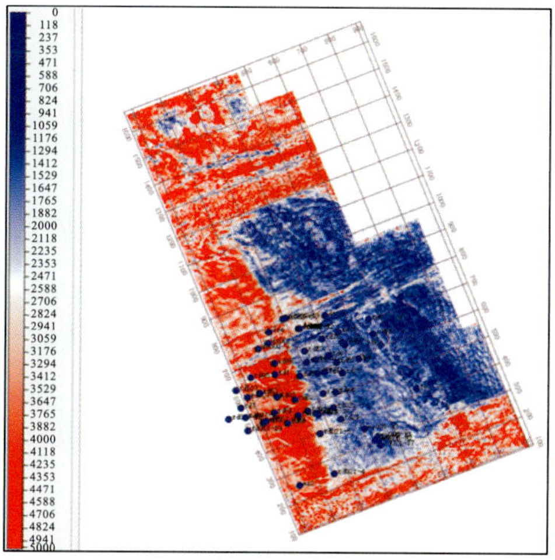

(a)最大绝对值振幅（无量纲）

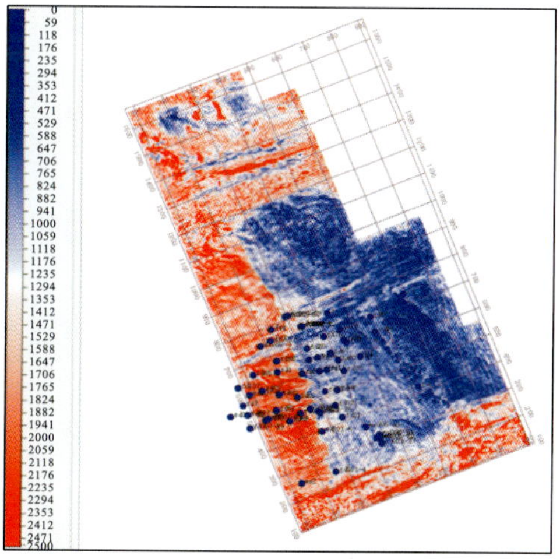

(b)均方根振幅（无量纲）

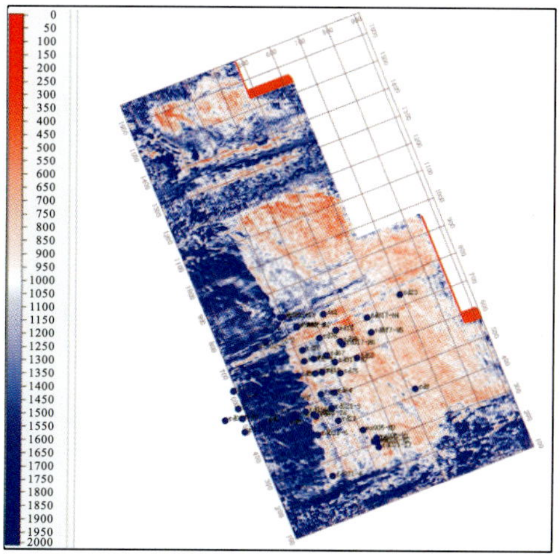

(c)平均绝对值振幅（无量纲）

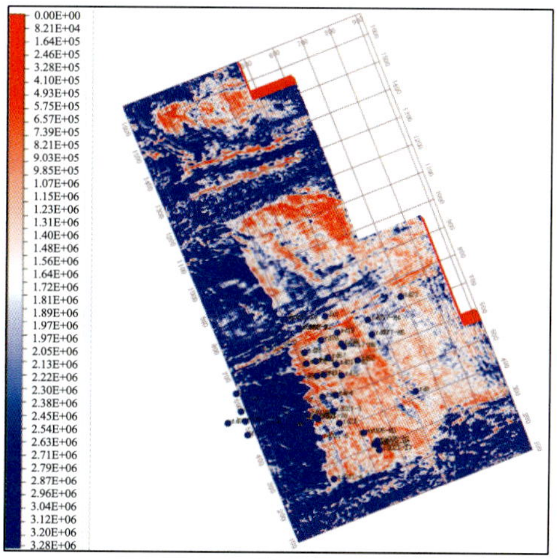

(d)平均能量（无量纲）

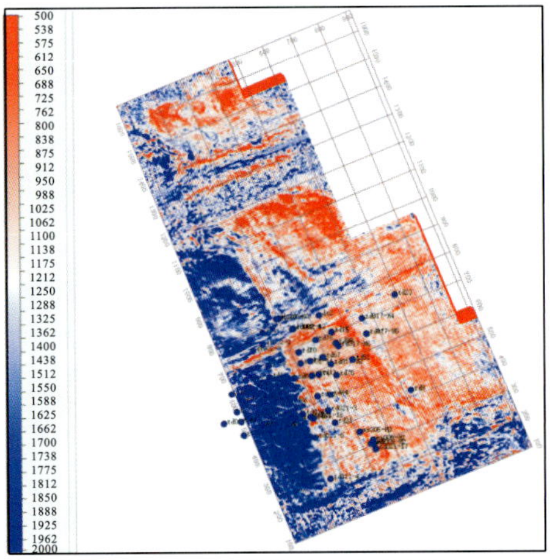

(e)平均峰值振幅（无量纲）

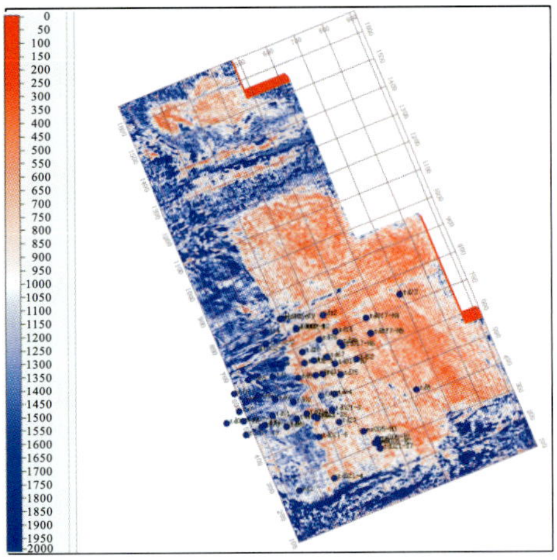

(f)平均谷值振幅（无量纲）

图 4-10　五百梯区块长兴组底部分振幅类地震属性

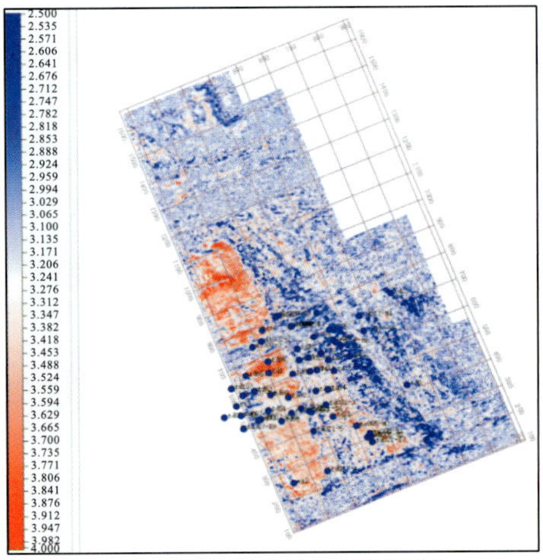

(a)平均瞬时相位（无量纲）

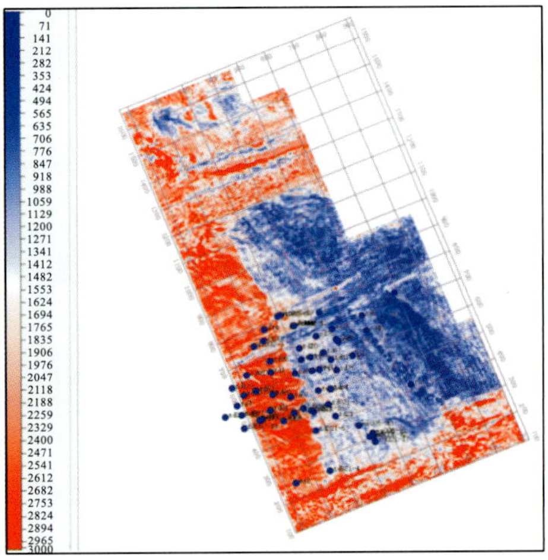

(b)平均反射强度（无量纲）

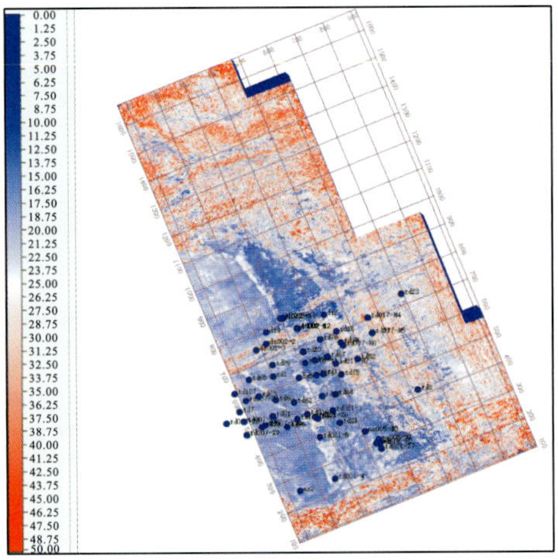

(c)平均瞬时频率（无量纲）

图 4-11　五百梯区块长兴组部分瞬时类地震属性

二、地震相分析技术

地震相是由地震反射参数(振幅、频率、相位、同相轴以及反射结构等)所限定的三维地震反射单元，它是特定沉积相或地质体的地震响应。从研究层次上来看，地震相是地震层序或体系域的次一级单元，一个层序可以包含若干种地震相，这些地震相往往是特定沉积相的地震响应，因此对地震相的理解是应用地震相推断和划分沉积相的基础。

地震体包含多种地震信息，利用地震数据开展岩性体的刻画，就是精细地描述地震数据细微的变化对岩性的反映。基于地震数据的多手段分析是现阶段最主要的岩性刻画方法。经过多年研究工作的不断积累，衍生出多种技术方法，常用且有效的方法有以下几种。

(1)相面法：通过肉眼来观测地震反射特征，并与所建立的标准地震相特征进行比较，判别属于何种地震相。该方法为传统的技术手段之一，也是老一辈物探工作者经验累积的结晶，一般应用于局部的地震资料解释和分析中，解释和识别精度较低，具有一定的主观性。

(2)地震属性分析：应用地震数据处理技术以及一定的数学方法对地震数据体进行分析和计算，提取出能够反映沉积相变化的属性参数，依据地震属性参数的空间变化划分地震相，这种方法被称为定量地震相分析方法。主要是利用不同的岩性组合及含油气性对地震相应的细微变化，对地震同相轴的能量、相位、频率等开展分析，利用不同的算法寻找对岩性体最为敏感的属性作为岩性刻画的依据。

(3)地震波形分类分析：在常规属性分析的基础上发展起来的基于波形分类的地震相分析技术，是利用不同的波形代表不同的岩性组合开展岩性刻画的一种手段，该技术手段具有较明确的空间意义，纵向上不同的时窗内波形的变化能够反映出该时窗内岩性组合的变化，可以有效地识别岩性边界。

由于相面法主观性较强，不同的解释人员针对同一现象可能会有不同的解释，操作上也不易简单进行，因此本书主要利用基于概率核和波形分类的地震相分析方法进行分析。

(一)基于概率核的地震相分析方法

蒂平(Tipping)和毕晓普(Bishop)等提出了概率主成分分析(PPCA)，在主成分分析处理中加入概率模型，进一步提取样本数据的特征。在非线性映射的高维空间映入概率模型，从而实现样本数据特征的最优提取方法——概率核主成分分析(PKPCA)算法。

在高维空间进行主成分分析处理，即KPCA，有原始数据 $\boldsymbol{X}=\{x_1,x_2,\cdots,x_n\}$，$x_i \in R^m$，由非线性映射函数：

$\boldsymbol{\Phi}:\boldsymbol{X}\to\boldsymbol{\Phi}(\boldsymbol{X})\in R^f$，$\boldsymbol{\Phi}(\boldsymbol{X})=\{\Phi(x_1),\Phi(x_2),\cdots,\Phi(x_n)\}$，$\Phi(x_i)\in R^f$，$f$ 为高维映射空间 F 的维度，定义样本的均值如下：

$$\boldsymbol{\Phi}_0=\boldsymbol{\Phi}(\boldsymbol{X})\boldsymbol{e},\ \boldsymbol{e}_{N\times 1}=N^{-1}\boldsymbol{I} \tag{4-3}$$

其中，$\boldsymbol{I}=(1,1,\cdots,1)'_{1\times N}$，高维空间数据的协方差为

$$\boldsymbol{\Sigma}=\boldsymbol{J}^{\mathrm{T}}\boldsymbol{\Phi}^{\mathrm{T}}\boldsymbol{\Phi}\boldsymbol{J}=\boldsymbol{\Psi}^{\mathrm{T}}\boldsymbol{\Psi} \tag{4-4}$$

其中，$J = N^{-\frac{1}{2}}\left(I_N - eI^{\mathrm{T}}\right)$；$\Psi = \Phi J$，即中心化后的数据，满足：

$$\sum_{i=1}^{n}\Psi\left(x_i\right)=0 \tag{4-5}$$

高维空间 F 的前 q 个特征向量可表示为

$$U_q=\left[u_1,u_2,\cdots,u_q\right]=\Phi J V_q \Lambda_q^{-\frac{1}{2}} \tag{4-6}$$

其中，$V_q=\left[v_1,v_2,\cdots,v_q\right]$，$\Lambda_q=\operatorname{diag}\left(\lambda_1,\lambda_2,\cdots,\lambda_q\right)$，$\left\{\left(\lambda_i,v_i\right)\right\}_{i=1}^{q}$ 为核矩阵 $\bar{K}=J^{\mathrm{T}}KJ$ 的前 q 个特征向量与特征值，$q\ll n$，$K=\Phi^{\mathrm{T}}\Phi$，对于一个经高维映射的样本数据 $\Phi(X)$ 的降维压缩数据为

$$y=\left(y_1,y_2,\cdots,y_q\right)^{\mathrm{T}}=U_q^{\mathrm{T}}\left(\Phi(X)-\Phi_0\right) \tag{4-7}$$

其中，每个分量为

$$y_i=u_i^{\mathrm{T}}\Phi(X)=\frac{1}{\sqrt{\lambda_i}}v_i^{\mathrm{T}}\left[\bar{k}\left(X_1,X\right),\bar{k}\left(X_2,X\right),\cdots,\bar{k}\left(X_n,X\right)\right] \tag{4-8}$$

其中，$\bar{k}$ 为 $\bar{K}$ 所对应的核函数，传统的主成分分析为 $Y=U^{\mathrm{T}}X$，相较而言，核主成分分析实现了非线性数据在高维特征空间的线性变换，由于 $q\ll n$，从而达到数据降维压缩的目的。

PKPCA 在高维空间加入概率模型，从而得到：

$$\Phi(X)=WZ+\mu+\varepsilon \tag{4-9}$$

其中，$\Phi(X)$ 为原始数据在高维空间 F 的映射；Z 为 q 维压缩数据，称为潜在变量，$q\ll n$；$\Phi(X)$ 是 Z 的线性变换加上高斯噪声，并且 Z 与 ε 相互独立，满足 $\varepsilon\sim N(0,\sigma^2 I)$，$Z\sim N(0,I)$。

在给定了概率模型后可以计算出原始变量的分布，以及潜在变量在给定原始变量下的和原始变量在给定潜在变量下的分布：

给定变量 Z，原始变量 $\Phi(X)$ 的条件分布：

$$E(\Phi(X)\mid Z)=E(WZ+\mu+\varepsilon\mid Z)=WZ+\mu \tag{4-10}$$

$$\begin{aligned}\mathrm{COV}(\Phi(X)\mid Z)&=E\left[(WZ+\mu+\varepsilon-WZ-\mu)(WZ+\mu+\varepsilon-WZ-\mu)^{\mathrm{T}}\mid Z\right]\\&=E\left(\varepsilon\varepsilon^{\mathrm{T}}\mid Z\right)=\sigma^2 I\end{aligned} \tag{4-11}$$

因此，$\Phi(X)$ 在给定 Z 的条件分布为 $N\left(WZ+\mu,\sigma^2 I\right)$，根据全期望公式，$\Phi(X)$ 的分布：

$$E(\Phi(X))=EE(\Phi(X)\mid Z)=\mu \tag{4-12}$$

$$\begin{aligned}\mathrm{COV}(\Phi(X))&=E\left[(\Phi(X)-\mu)(\Phi(X)-\mu)^{\mathrm{T}}\right]\\&=EE\left[(\Phi(X)-\mu)(\Phi(X)-\mu)^{\mathrm{T}}\mid Z\right]\\&=WW^{\mathrm{T}}+\sigma^2 I\end{aligned} \tag{4-13}$$

记 $C=WW^{\mathrm{T}}+s^2 I$，$F(X)\sim N(m,C)$。

给定原始变量，潜在变量的条件分布，由高斯分布的性质可知：

$$E(Z\mid\Phi(X))=\mathrm{COV}\left(Z\Phi(X)^{\mathrm{T}}\right)C^{-1}(\Phi(X)-\mu) \tag{4-14}$$

$$\mathrm{COV}(\boldsymbol{Z}\mid\boldsymbol{\Phi}(\boldsymbol{X}))=\boldsymbol{I}-\boldsymbol{W}^{\mathrm{T}}\boldsymbol{C}^{-1}\boldsymbol{W} \tag{4-15}$$

其中，

$$\begin{aligned}\mathrm{COV}\left(\boldsymbol{\Phi}(\boldsymbol{X})\boldsymbol{Z}^{\mathrm{T}}\right)&=E\left[(\boldsymbol{\Phi}(\boldsymbol{X})-\mu)\boldsymbol{Z}^{\mathrm{T}}\right]\\&=EE\left[(\boldsymbol{WZ}+\mu+\varepsilon-\mu)\boldsymbol{Z}^{\mathrm{T}}\mid\boldsymbol{Z}\right]\\&=\boldsymbol{W}\end{aligned} \tag{4-16}$$

令 $\boldsymbol{M}=\boldsymbol{W}^{\mathrm{T}}\boldsymbol{W}+\sigma^2\boldsymbol{I}$，则 $\boldsymbol{C}^{-1}=\sigma^{-2}\boldsymbol{I}-\sigma^{-2}\boldsymbol{W}\boldsymbol{M}^{-1}\boldsymbol{W}^{\mathrm{T}}$，因此潜在变量在给定原始变量下的条件期望为

$$\begin{aligned}E(\boldsymbol{Z}\mid\boldsymbol{\Phi}(\boldsymbol{X}))&=\mathrm{COV}\left(\boldsymbol{Z}\boldsymbol{\Phi}(\boldsymbol{X})^{\mathrm{T}}\right)\mathrm{COV}(\boldsymbol{\Phi}(\boldsymbol{X}))^{-1}(\boldsymbol{\Phi}(\boldsymbol{X})-\mu)\\&=\boldsymbol{W}^{\mathrm{T}}\boldsymbol{C}^{-1}(\boldsymbol{\Phi}(\boldsymbol{X})-\mu)\\&=\boldsymbol{W}^{\mathrm{T}}\left(\sigma^{-2}\boldsymbol{I}-\sigma^{-2}\boldsymbol{W}\boldsymbol{M}^{-1}\boldsymbol{W}^{\mathrm{T}}\right)(\boldsymbol{\Phi}(\boldsymbol{X})-\mu)\\&=\boldsymbol{M}^{-1}\boldsymbol{W}^{\mathrm{T}}(\boldsymbol{\Phi}(\boldsymbol{X})-\mu)\end{aligned} \tag{4-17}$$

$\boldsymbol{\Phi}(\boldsymbol{X})$ 的最大似然函数有

$$\begin{aligned}L&=\sum_{i=1}^{n}\ln\{p[\boldsymbol{\Phi}(\boldsymbol{X})]\}\\&=-\frac{n}{2}\left[f\ln(2\pi)+\ln|\boldsymbol{C}|+\mathrm{tr}\left(\boldsymbol{C}^{-1}\boldsymbol{\Sigma}\right)\right]\end{aligned} \tag{4-18}$$

其中，f 为高维空间 F 的维度；$\boldsymbol{\Sigma}$ 为经高维映射过后 $\boldsymbol{\Phi}(\boldsymbol{X})$ 的协方差矩阵。

由极大似然估计得到估计值：

$$\begin{cases}\mu=\boldsymbol{\Phi}_0\\\boldsymbol{W}=\boldsymbol{V}_q\left(\boldsymbol{\Lambda}_q-\sigma^2\boldsymbol{I}\right)^{\frac{1}{2}}\boldsymbol{R}\\\sigma^2=\dfrac{1}{n-q}\left(\displaystyle\sum_{i=q+1}^{n}\lambda_i\right)\end{cases} \tag{4-19}$$

其中，$\boldsymbol{R}$ 为任意 $q\times q$ 正交矩阵，可用 $\boldsymbol{I}_q$ 代替。当 σ^2 趋于 0 时，概率核主成分 $E(\boldsymbol{Z}\mid\boldsymbol{\Phi}(\boldsymbol{X}))=\boldsymbol{M}^{-1}\boldsymbol{W}^{\mathrm{T}}\left(\boldsymbol{\Phi}(\boldsymbol{X})-\boldsymbol{\Phi}_0\right)$，$\boldsymbol{M}=\boldsymbol{W}^{\mathrm{T}}\boldsymbol{W}+\sigma^2\boldsymbol{I}$，$\boldsymbol{M}^{-1}\boldsymbol{W}^{\mathrm{T}}=\left(\boldsymbol{W}^{\mathrm{T}}\boldsymbol{W}\right)^{-1}\boldsymbol{W}^{\mathrm{T}}=\boldsymbol{\Lambda}^{-\frac{1}{2}}\boldsymbol{V}^{\mathrm{T}}$，则 $E(\boldsymbol{Z}\mid\boldsymbol{\Phi}(\boldsymbol{X}))=\boldsymbol{\Lambda}^{-\frac{1}{2}}\boldsymbol{V}\left(\boldsymbol{\Phi}(\boldsymbol{X})-\boldsymbol{\Phi}_0\right)$，与核主成分分析结果一致。利用期望极大算法迭代获取 $\boldsymbol{W}$、σ^2，使其收敛：

$$\begin{aligned}\boldsymbol{W}_{t+1}&=\sum\boldsymbol{W}_t\left(\sigma_t^2\boldsymbol{I}+\boldsymbol{M}_t^{-1}\boldsymbol{W}_t^{\mathrm{T}}\sum\boldsymbol{W}_t\right)^{-1}\\\sigma_{t+1}^2&=\frac{1}{n}\mathrm{tr}\left(\boldsymbol{\Sigma}-\sum\boldsymbol{W}_t\boldsymbol{M}_t^{-1}\boldsymbol{W}_{t+1}^{\mathrm{T}}\right)\end{aligned} \tag{4-20}$$

代入式 $\boldsymbol{Z}=\boldsymbol{M}^{-1}\boldsymbol{W}^{\mathrm{T}}\left(\boldsymbol{\Phi}(\boldsymbol{X})-\boldsymbol{\Phi}_0\right)$，最终得到 PKPCA 后用于地震相分析的融合数据。

在五百梯研究区的实际应用中，我们首先选出可以比较清晰地分辨斜坡、台缘礁和二排礁展布特征的地震属性，这些属性可以很好地反映长兴组有利区和地震异常带(称为敏感地震属性)，用于下一步地震相分析，具体的敏感地震属性如下：平均峰值振幅、顶底振幅比、最大绝对值振幅、能量半值时间和复合包络差(图 4-12)。

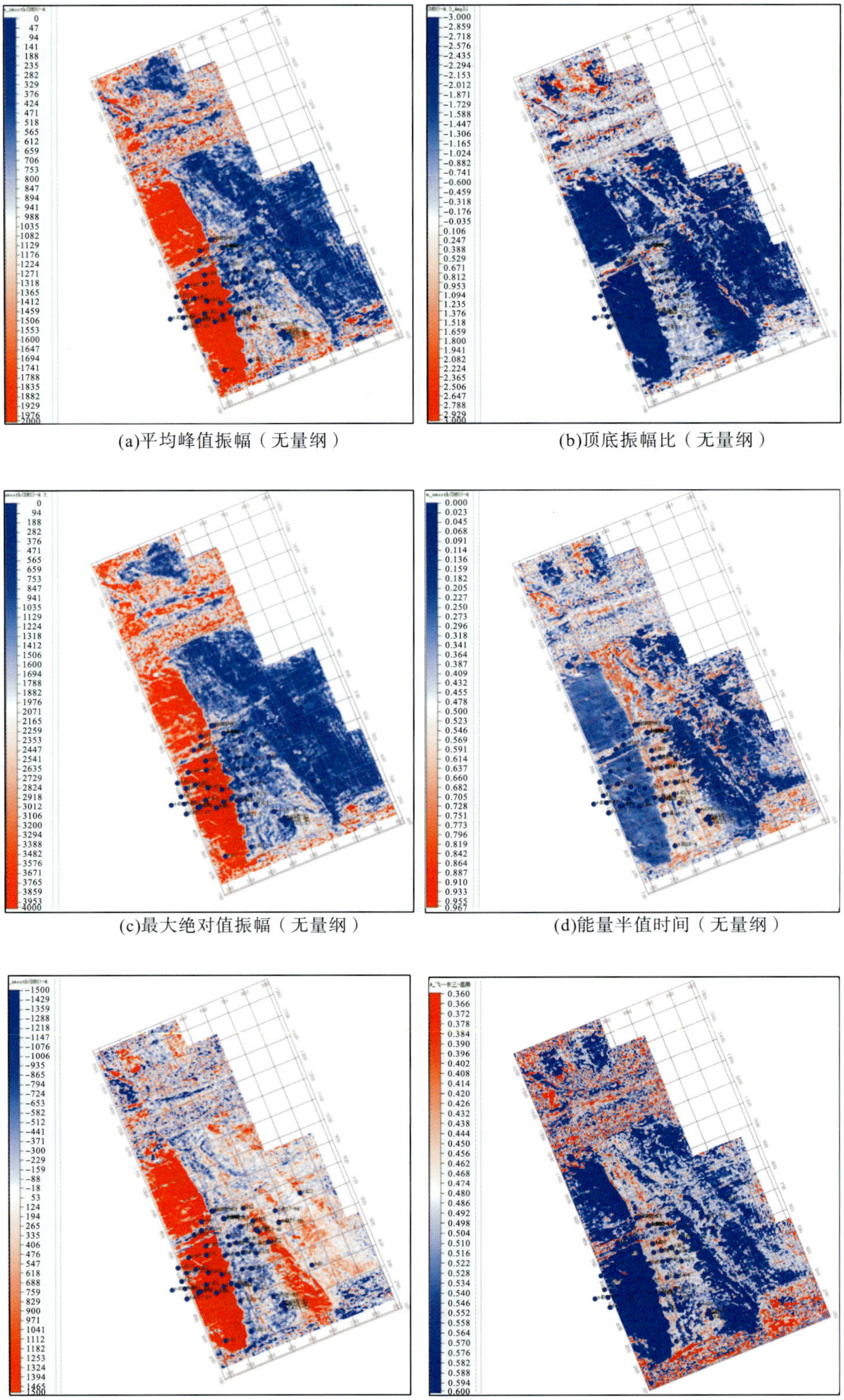

(a)平均峰值振幅（无量纲）

(b)顶底振幅比（无量纲）

(c)最大绝对值振幅（无量纲）

(d)能量半值时间（无量纲）

(e)复合包络差（无量纲）

(f)融合属性（无量纲）

图 4-12　五百梯区块长兴组敏感地震属性及融合属性

利用以上原理进行融合计算，由图 4-12(f) 融合属性可以发现，经过融合后的属性，不仅最大限度保持了原有敏感属性的基础信息，排除了无关的噪声，还突出了一些细节信息。其中斜坡、台缘礁、礁间海、二排礁和三排礁横向展布特征更加清晰，尤其台缘礁南侧的礁间非礁的区域都可以清晰地分辨，有利于进行长兴组生物礁有利相带的划分。

(二) 基于波形分类的地震相分析方法

基于波形分类的地震相分析方法是近年来发展起来的一门新的地球物理技术，地震信号的任何物理参数变化总是对应着地震道形状的变化，道形状的变化定量为从一个采样点到另一个采样点的采样值变化，实际的振幅值相对于整体形状来说并不是很重要。地震相分析技术能根据已知信息，应用自组织的人工神经网络技术对目标时窗内地震波形进行分类、学习、记忆和分析，借助无监督学习过程建立模型道，这些模型道代表了可从几毫秒到几百毫秒之间变化的地震层段内地震道形状的变化。模型道的模板代表了在地震层段中整个区域内的地震信号形状的多样性。然后通过自适应试验和误差处理在模型道与实际地震道之间寻找最佳的相关性，将模型道与实际地震道进行对比，合成道在每次迭代后被改变，在模型道和实际地震道之间寻找更好的相关，从而得到地震相平面图，在实际应用中能快速掌握地震信号的总体变化及其分布规律，并且在地震相图的建立过程中无需井数据的参与。最后根据地质、测井资料对相应的地震相做出合理准确的地质解释，并向未钻探地区外推。地震相分析技术目前广泛应用于圈闭识别及精细描述中，成为地层圈闭和岩性圈闭识别的重要手段之一，其原理如图 4-13 所示。

波形分类的选取原则：波形分类个数是指在目的层段内所出现的地震道波形的总数量，一般来说这个波形数量不容易定义，需要进行多次试验来估计参数，并从中选择最佳参数实施波形分类。

实际操作中较为简单易操作的估计方法如下。

(1) 将目的层段平均厚度的六分之一作为第一次波形分类数进行计算；

(2) 将上一次波形分类数的一半作为第二次计算的分类数；

(3) 将第一次波形分类数的 1.5 倍作为第三次计算的分类数。

合适的波形分类数往往需要对区域地质情况和地震数据有良好的掌握程度，波形分类数过大，分类结果繁多，计算时间长，结果过于详细，会不利于边界刻画；波形分类数过小，则结果过于粗糙。一般情况下，波形分类数在 5～10 类之间，但其不能超过目的层段内采样点数的一倍，超过 10 类通常是难以进行解释的。

通过观察图上颜色的分布，可以了解并评估地震波形在所解释区域的分布。相应的信息可投影到地震资料上，井信息变化对应地震变化，按照波形的特征对每一口井的位置赋予某种颜色，检查每一口井与地震相模型道的对应关系。

基于波形的地震相分析技术优缺点主要体现在以下三个方面。

(1) 前提条件：地震资料品质较好，合成记录标定吻合度较高；

(2) 主要优点：无人工干预，较少主观误差，效果明显，易于刻画；

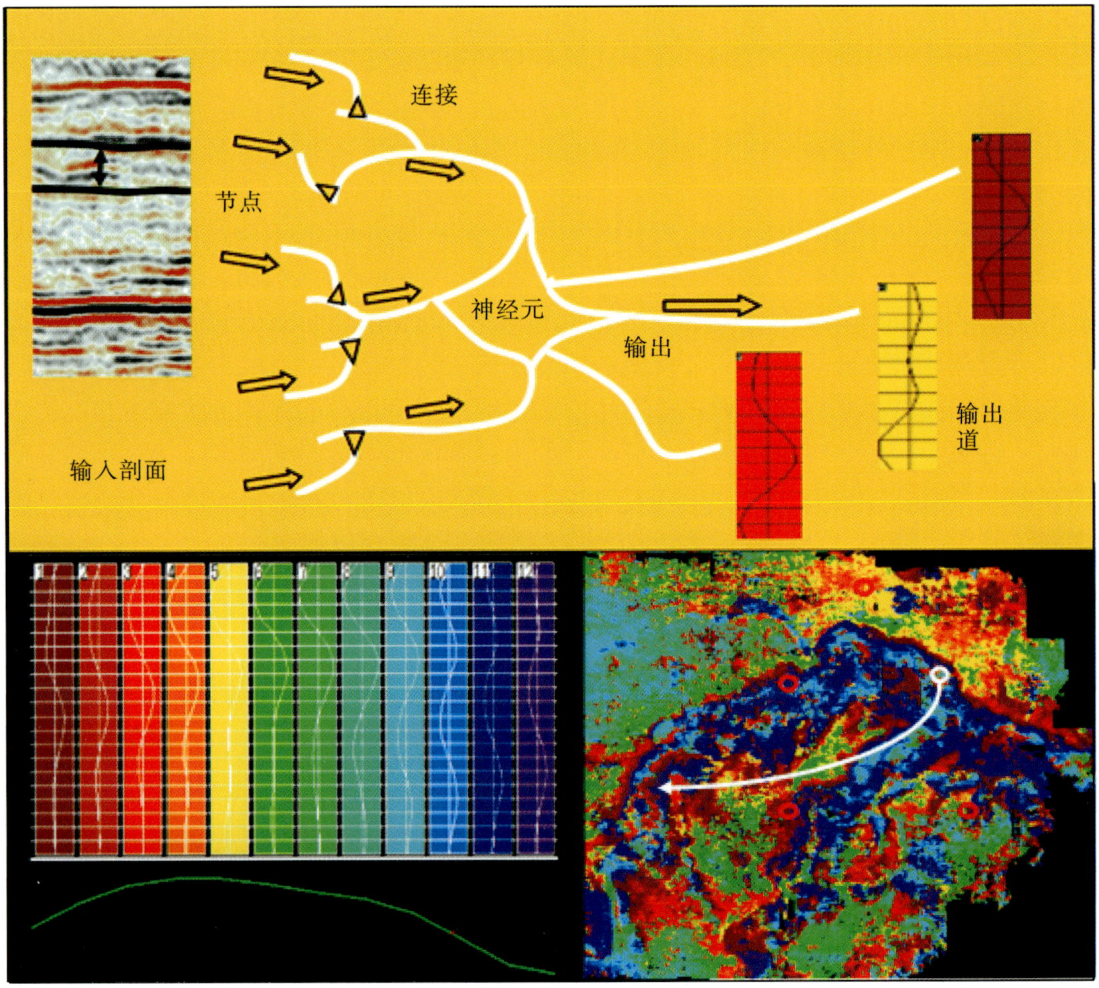

图 4-13　基于波形分类的地震相分析原理

(3) 主要缺点：定量化程度低，只能识别岩性边界，无法定性厚度及物性，需要反演加以辅助。

反映生物礁分布最重要的地震特征是地震波的几何特征，都属于岩性圈闭，因而地震波形的分类就显得格外重要，地震波形分类图可看成地震相带平面图。图 4-14 所示为基于波形分类的地震相平面特征图，可以看到明显的三条北西—南东向的红色和紫色的条带状异常，通过钻井标定发现蓝、绿、黄色表征生物礁不发育区域，红、紫色表征生物礁有利相带可以详细地分析研究区实钻井的波形特征。除海槽外的生物礁钻井共 42 口，符合预测的井 38 口，不符合的 4 口。生物礁预测符合率 90%，能够良好识别 1、2、3 排礁的平面展布特征。

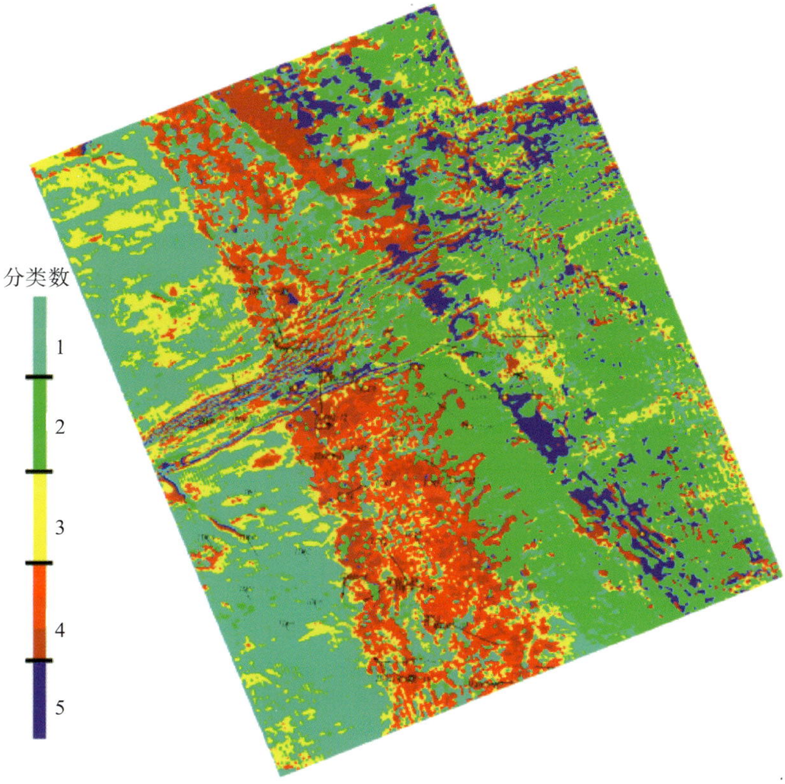

图 4-14　基于波形分类的地震相平面特征图

第三节　叠后反演技术

地震反演是利用地表观测的地震数据，以已知地质规律和钻井、测井资料为约束，对地下岩层空间结构和物理性质进行成像(求解)的过程。广义的地震反演包含了地震处理解释的整个内容。地震反演根据地震资料的特点可分为叠前和叠后反演两大类，叠前反演和叠后反演均主要有旅行时反演和振幅反演。叠后的旅行时反演主要指构造成像，叠后的振幅反演指波阻抗反演。狭义的地震反演概念指的就是波阻抗反演，目前叠前利用 AVO 分析资料进行反演正在兴起。叠后的振幅反演取得了巨大进展，已形成了多种成熟技术。其中模型约束反演是从地质模型出发，采用模型优选迭代算法，通过不断修改更新模型，使模型正演合成地震记录与实际地震记录最佳吻合，最终的波阻抗模型便是反演结果。基于模型约束反演的最大优势是把地震的频带向低频和高频拓宽，提高地层的分辨能力，以适应储层精细预测的需求。目前主流反演技术可分为三类：第一类是基于最大似然反褶积的稀疏脉冲反演；第二类是基于地质统计学理论的随机地震反演；第三类是基于地震波形特征的地震波形指示反演。

1) 稀疏脉冲反演

基于稀疏脉冲反褶积的递推反演方法，主要包括最大似然反褶积、L1 模反褶积和最小熵反褶积。这类方法针对地震记录的欠定问题，提出了地层反射系数由一系列叠加于高斯背景上的强轴组成的基本假设，在此条件下以不同方法估算地下“强”反射系数和地震子波。这种方法的优点是无需钻井资料，直接由地震记录计算反射系数，实现递推反演，其缺陷在于很难得到与测井曲线相吻合的最终结果。基于频域反褶积与相位校正的递推反演方法，从方法实现上回避了计算子波或反射系数的欠定问题，以井旁反演结果与实际测井曲线的吻合程度作为参数优选的基本判据，从而保证了反演资料的可信度、可解释性，其主要技术关键有恢复地层反射系数振幅谱的频域反褶积、使井旁反演道与测井最佳吻合的相位校正，以及反映地层波阻抗变化趋势的低频模型技术。

约束稀疏脉冲反演的最小误差函数(目标函数)为

$$J=\sum\left|r_i\right|^p+\lambda^q\sum\left(d_i-s_i\right)^q+a^2\sum\left(t_i-z_i\right)^2 \tag{4-21}$$

式中，J 为目标函数；r_i 为反射系数采样；λ 为实际地震与合成地震记录残差权重因子；d_i 为地震数据采样；s_i 为合成地震道数据采样；a 为趋势权重因子，一般取 $a=1$；t_i 为根据井资料定义的波阻抗趋势采样；z_i 为介于井约束的最大和最小波阻抗之间的波阻抗采样；p、q 为 L 模因子，一般情况下取 $p=1$，$q=2$；i 是地震道采样点序号。等号右边第一项为反射系数绝对值求和，第二项为实际地震道与合成记录道之差平方，第三项为定义的趋势约束与波阻抗之差的平方。

2) 随机地震反演

随机地震反演是基于地质统计学理论，将随机模拟与地震反演相结合的一种反演方法。由两部分组成，即随机模拟过程以及对模拟结果进行优化并使之符合地震数据的过程。反演过程中充分发挥随机模拟技术综合不同尺度数据的能力。序贯随机模拟沿任一随机路径进行，不同的随机路径得到不同的结果和实现，不同实现的差异反映了地下地质的非均质性和随机性，差异越大，非均质性越强。可以通过不同实现的差异，评价反演结果的风险，因此，这也是对地震反演多解性的有效反映。尽管各个实现各不相同，但每次实现都满足：在井点处与测井数据计算的波阻抗一致；在井间符合地震数据和已知数据的地质统计学特征。具体步骤如下：

①在地震记录上随机选择一个没有值的网格点作为模拟点；

②在模拟点周围随机选择一些已有模拟值的邻近点，随机模拟刚开始时这些点为井位上的点；

③使用给定的变异函数和邻近点的值以及模拟点到邻近点的距离，来计算模拟点的高斯概率密度函数；

④从该条件概率分布函数中随机抽取一个值，利用反射系数公式计算反射系数并与子波进行褶积生成合成地震道；

⑤根据合成地震道与实际地震道匹配程度而决定是否接受该地震道，若接受则计算终止，转向下一个地震道即转向步骤①，否则重复步骤④、⑤；

⑥直到完成整个数据体的模拟。

由于测井资料垂向分辨率高，因而，垂向变差函数从测井资料计算。由于地震数据横向较为密集，所以水平方向变差函数从地震数据中计算。这样，不仅可以精确求取任意方向上的变差函数，更能反映储层空间的结构特性变化，因此该方法综合了测井数据的垂向分辨率与地震数据的横向分辨率高的优势。

图 4-15 与图 4-16 是约束稀疏脉冲反演和随机地震反演的一般流程，包括精细储层标定、子波提取、低频模型建立、储层地震反演(声波时差波阻抗反演)和储层物性参数反演。

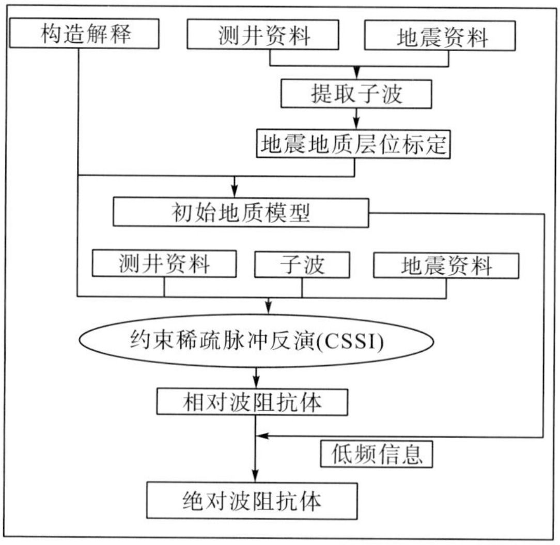

图 4-15 约束稀疏脉冲反演流程

CSSI：constrained sparse spike inversion

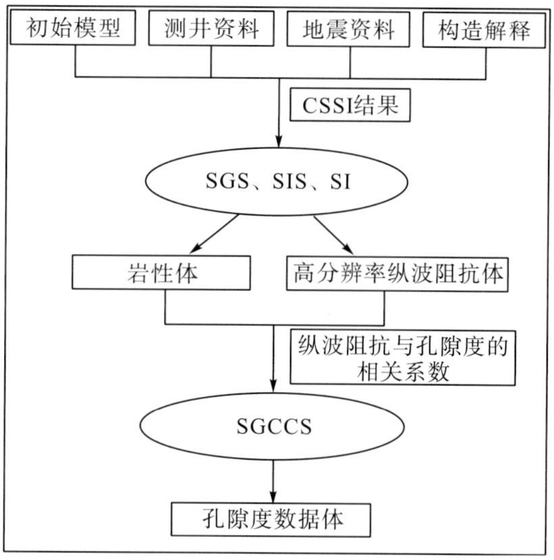

图 4-16 随机地震反演及协模拟的流程①

这些反演技术在储层岩性、物性甚至是含油气性的预测中都取得了良好的效果，但由于这些反演方法原理的不同，每个方法都具有一定的局限性。稀疏脉冲反演最忠于地震资料，但也因此其反演分辨率局限于地震分辨率，难以获得高精度的反演效果，对于礁滩薄储层的精细预测适用性较差，同时其反演结果受标定结果和子波的样式影响很大。随机反演虽然能够获得高分辨率的反演结果，但由于其高频成分来自地质统计，在井数量较少，井位分布不均匀时，难以建立准确的变差函数，使得反演结果的高频成分随机性较强，不具备相控思想，容易使反演结果与地质模式规律差异较大。

3)地震波形指示反演

传统的地质统计学反演是通过分析有限样本来表征空间变异程度，并依此估计预测点的高频成分。地震的作用是保证中频符合地震特征(后验)，高频利用井进行随机模拟。由于地质统计学是基于空间域样点分布的，因此模拟结果受井位分布的影响较大，对井均匀分布的要求较高。此外，变差函数的统计尤其是变程的确定往往不能精细反映储层空间沉积相的变化，导致模拟结果平面地质规律性差，随机性强。地震波形指示反演是在传统地质统计学基础上发展起来的新的统计学方法，采用独创的“地震波形指示马尔可夫链蒙特卡洛随机模拟”算法，其基本思想是在统计样本时参照波形相似性和空间距离两个因素，

① 图中 SGS：sequential Gaussian simulation，序贯高斯模拟。SIS：sequential indicator simulation，序贯指示模拟。SI：indicator simulation，指示模拟。SGCCS：sequential Gaussian collocated co-simulation，序贯高斯协模拟。

在保证样本结构特征一致性的基础上按照分布距离对样本排序，从而使反演结果在空间上体现地震相的约束，平面上更符合沉积规律。

地震波形指示反演的步骤及流程可分为以下几步。

(1)按照地震波形特征对已知井进行分析，优选与待判别道波形关联度高的井样本建立初始模型，并统计其纵波阻抗作为先验信息。传统变差函数受井位分布的影响，难以精确表征储层的非均质性，而分布密集的地震波形则可以精确表征空间结构的低频变化。在已知井中利用波形相似性和空间距离双变量优选低频结构相似的井作为空间估值样本(图 4-17)。

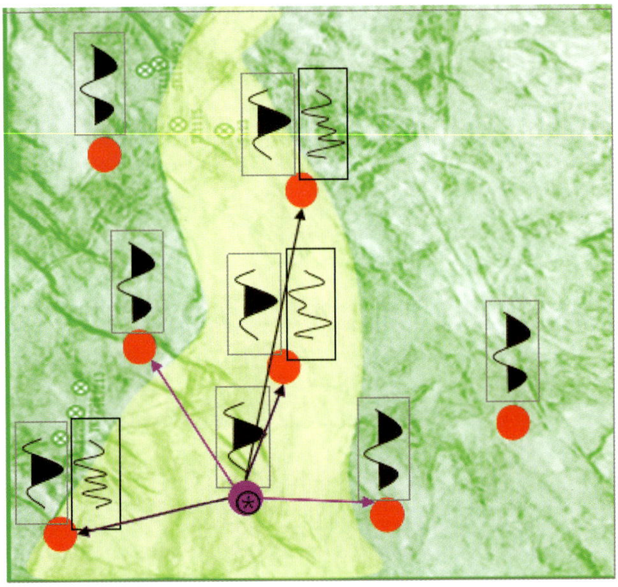

图 4-17　地震波形指示(相控模拟)图

(2)将初始模型与地震频带阻抗进行匹配滤波，计算得到似然函数。如果两口井的地震波形相似，表明这两口井大的沉积环境是相似的，虽然其高频成分可能来自不同的沉积微相，差异较大，但其低频具有共性，且经过井曲线统计证明其共性频带范围大幅度超出了地震有效频带。利用这一特性可以增强反演结果低频段的确定性，同时约束高频的取值范围，使反演结果确定性更强(图 4-18)。

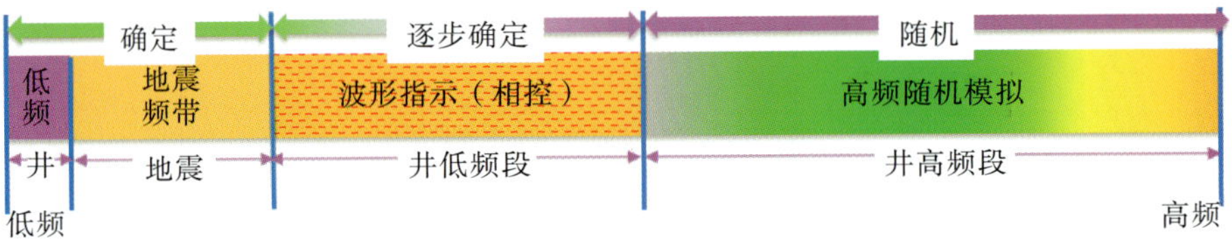

图 4-18　波形指示反演频率成分分析

(3)在贝叶斯框架下联合似然函数分布和先验分布得到后验概率分布，并将其作为目标函数，不断扰动模型参数，使后验概率分布函数最大时的解作为有效的随机实现，取多次有效实现的均值作为期望值输出(图 4-19)。实践表明，基于波形指示优选的样本，在空间上具有较好的相关性，可以利用马尔可夫链蒙特卡洛随机模拟进行无偏、最优估计，获得期望和随机解。

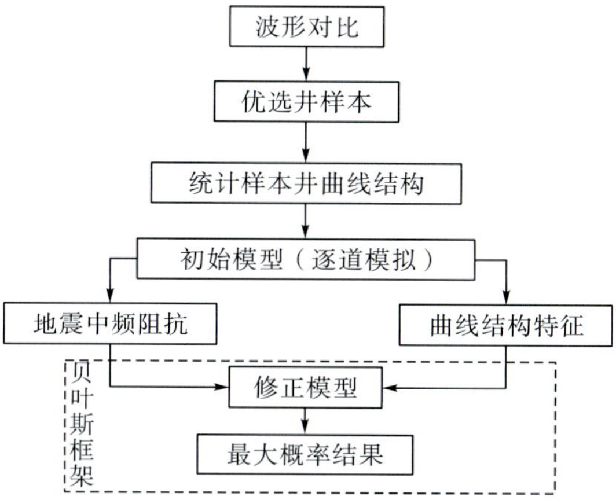

图 4-19　地震波形指示反演流程图

$$Z(x_0)=\sum \lambda_i Z(x_i) \tag{4-22}$$

式中，$Z(x_0)$为未知点的值；$Z(x_i)$为波形优选的样本点的值；λ_i为第i个样本点对未知样点的权重。

图 4-20 为过 LG84 井反演剖面，叠后反演剖面整体背景以蓝绿色为主，生物礁储层为红黄色的线性条带。总体上看，长兴组生物礁储层波阻抗反演结果符合地质情况，阻抗高低变化特征与测井曲线高低变化特征趋势吻合较好，与储层发育区域对应，储层横向分布特征明显，纵向特征清晰，总体可反映出长兴组生物礁储层的变化特征。

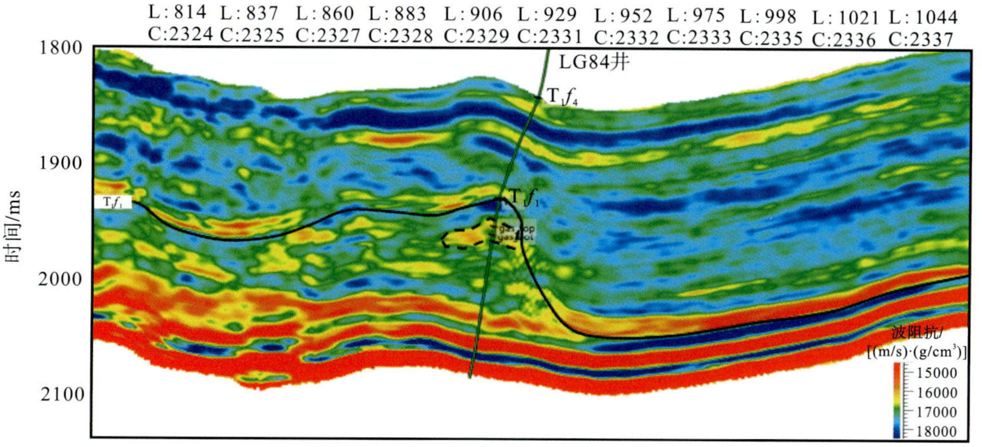

图 4-20　过 LG84 井线波阻抗反演剖面

第四节　叠前及叠后流体检测技术

一、叠后流体检测技术

含油气检测是利用地震等资料解决地质问题的描述性研究，地质任务就是确定储层流体的类型，因此，已知油气层分布规律是含油气检测工作的地质基础。理论研究表明，与致密的地质体相比，当地质体中含流体如水、油或气时，会引起地震波的散射和地震能量的衰减。而且实验室表明，当储层中含流体饱和度大于30%时，含气和含油造成衰减差异很小，而二者与含水差异很大。理论上，当储层中孔隙比较发育而且富含油气时，地震波中高频能量衰减要比低频能量衰减大。通过提取度量高频能量衰减程度的衰减梯度属性，可以间接地帮助我们检测储层的含油气性。据双相介质理论，地震波穿过含油气地层后会发生高频衰减和低频伴影现象，量化指标为谐振分量，频宽变窄，如图4-21。概括来说含油气检测的四个方面：低频增加、高频衰减、主频降低、带宽变窄。

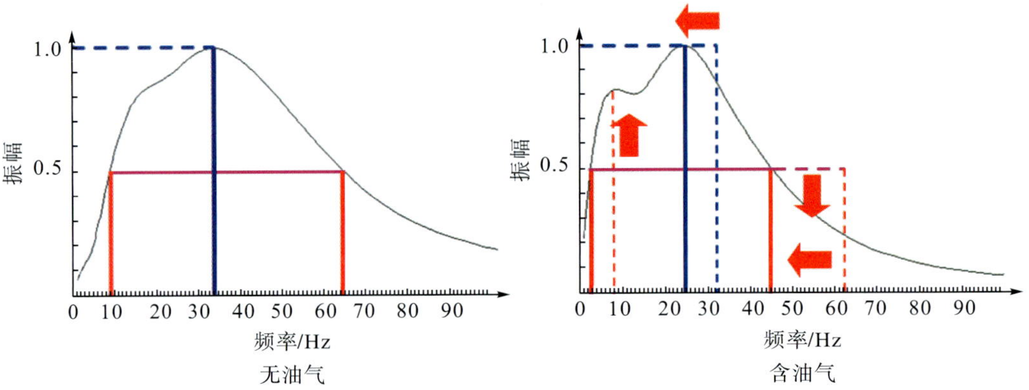

图4-21　无油气和含油气频谱对比图

(一)低频伴影效应流体检测技术

近年来，以瞬时谱分析为基础，利用低频地震信号的振幅(或能量)变化检测储层及识别油气方面出现了一些新的技术进展和成功的应用成果，比较典型的有利用低频伴影、低频振幅异常、瞬时谱能量吸收分析技术、成像属性分析技术等直接检测油气。另外，利用叠前资料的低频谱能量分析进行油气检测已成为一个新的发展趋势。地震波低频信息的潜在意义和应用价值已经越来越受到地球物理勘探界的重视。

低频伴影(low frequency shadow，LFS)是直接位于油气储集层下方的强能量瞬时低频率区域，是碳氢检测指示器(hydrocarbon indicator，HCI)中的一种重要油气识别标志(Sheriff，2002)。Taner 等(1979)在复数道三瞬参数分析中首先提到了油气藏下部出现的“低频伴影”现象，但对这一现象的形成机制尚不清楚。Castagna 等(2003)利用基于匹配追踪分解(matching pursuits decomposition，MPD)的瞬时谱分析检测油气储层的低频伴影，他认为低频伴影是由多种因素综合作用的结果，既有一些物理机理，又有数据处理导致的原因。

当流体的黏滞系数较大时，即使当地震波穿过较薄的地层，地震波的主频都显著向低频方向移动，这些特征为我们利用地面地震反射波的低频信息进行油气储层及流体预测提供了依据。油气流体的黏滞性使得地震波的高频部分能量显著衰减，而低频部分衰减强度较低，使得在低频剖面上，储层下方的能量仍然很强，被许多地球物理学家们称为低频伴影。低频伴影最早由 Taner 等(1979)在对地震信号进行地震复数道分析时提出，并指出油气藏下方存在地震低频高能量区。

基于弥散—黏滞—速度频散波动方程的地震波场特征研究表明，流体的弥散和黏滞性会导致地震波的振幅减弱、时间延迟、频率向低频移动。低频伴影方法识别油气主要是根据地面反射波中低频、中频、高频的反射谱能量强度的相对变化进行的。He 等(2008)根据低频伴影检测油气储层的效果，总结和概述了应用低频伴影特征作为流体识别标志的准则(图 4-22)。其准则将低频伴影作为识别油气储层的标志分为三类。

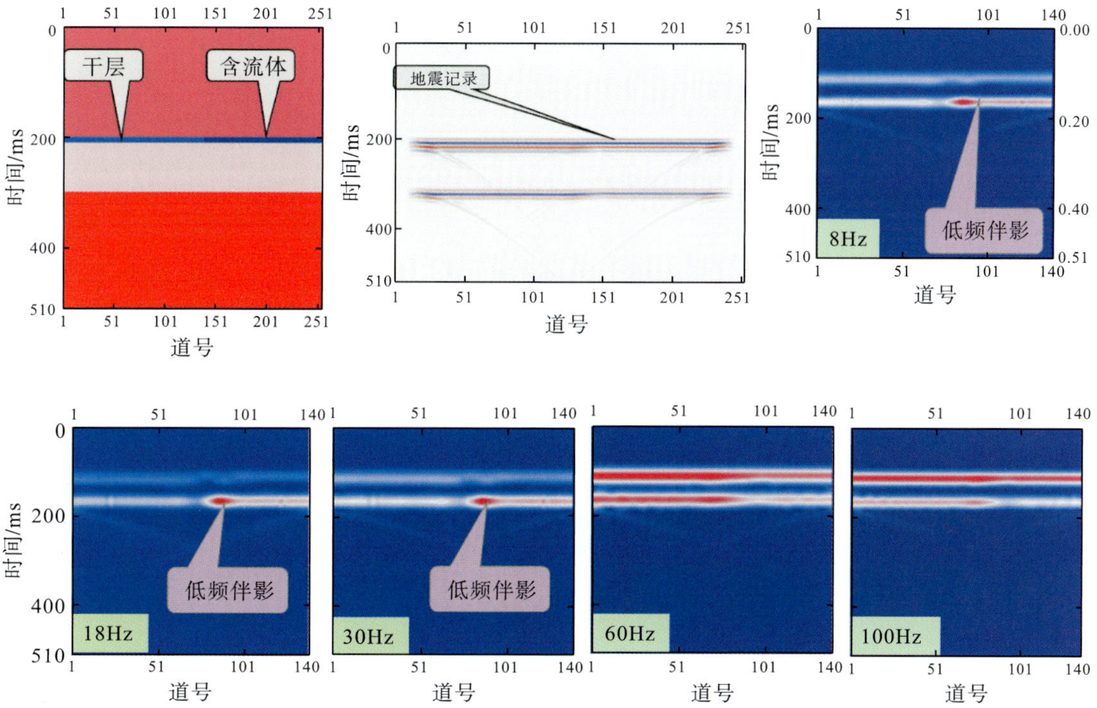

图 4-22　储层底低频伴影(LFS)效应气水识别图版

1. 良好指示油气储层

对于低频，储层顶部、内部能量强，下部的低频伴影能量强，而对于高频，储层顶部、内部能量强，下部的能量弱，即有低频时上强下强、高频时上强下弱的特征。

2. 较好指示油气储层

对于低频，储层位置处能量较弱，下部的低频伴影能量强，而对于高频，储层能量弱，下部能量较弱，即有低频时上弱下强、高频时上强下弱的特征。

3. 无油气指示标志

对于低频，储层能量弱，下部的能量也弱，而对于高频，储层能量强，下部能量也表现为强能量，即有低频时上弱下弱、高频时上强下强的特征。

应用低频伴影技术的识别步骤如下。

(1)应用前述的时频分解方法，对地震反射波数据进行时频变换，将一维地震波时间序列信号映射为二维的时间一频率域，并计算其振幅谱，如果是利用小波变换则将分解的时间信号取绝对值或者平方。

(2)通过频谱分析，需要处理地震数据的主频范围，从而为后期选择用于分析的频率数据提供依据。

(3)为了减少反射系数的影响，对第(1)步计算的结果进行归一化处理或者谱均衡处理。

(4)沿解释的地震层位，提取低于主频率的等频率数据体和高于主频率的高频数据体的沿层切片，并将解释层位下延预先确定的时间或者沿着储层下方的层位提取沿层切片。

(5)根据上述检测准则，对第(4)步中提取的切片逐一进行分析，识别有利油气储层的横向展布范围。

图 4-23 为过 TD021-X7 井 14Hz 单频剖面图，图中长兴组底界位置 14Hz 单频能量明显低于含气区域，时频谱显示长兴组底界能量集中于 13～22Hz。TD021-X7 井测试产气约 $2\times10^4m^3/d$，主产水，低频段能量较弱；临井 TD021-4 井具有明显的低频伴影效应，低频能量较强，测试产气约 $10\times10^4m^3/d$。

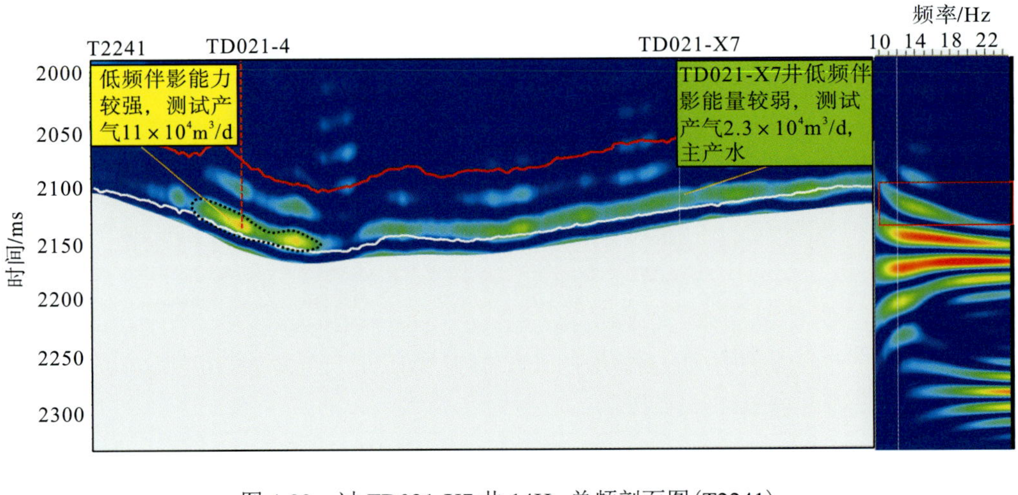

图 4-23 过 TD021-X7 井 14Hz 单频剖面图(T2241)

图 4-24 为过 YA012-X9 井 16Hz 单频剖面图，图中长兴组底界位置 16Hz 单频能量明显低于含气区域；邻区 YA012-1 井区 16Hz 单频能量明显高于非含气区域。YA012-X9 井点位置时频谱显示长兴组底界能量集中于 19～38Hz，低频段能量较弱，中到高频段能量较强，与含气礁带时频特征差异明显。YA012-X9 井测试产水，长兴组储层发育频率较低，无低频伴影特征；邻区礁带范围内具有明显的低频伴影特征，预测含气可能性较大。

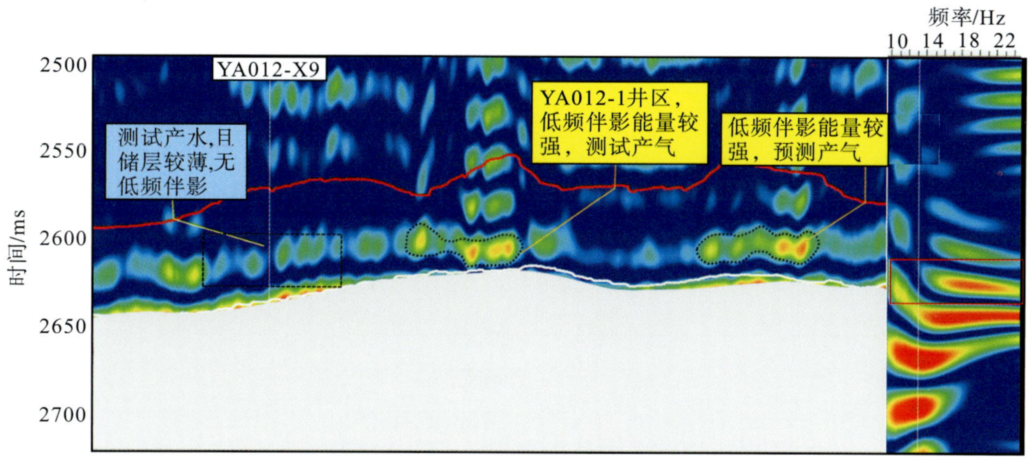

图 4-24 过 YA012-X9 井 16Hz 单频剖面图(T708)

(二)高频衰减效应流体检测技术

当地震波穿过含流体尤其是含气的地层时，通常在频率上会产生高频段的能量衰减。利用频率上高频衰减特征来指导钻井也有许多成功案例。该技术的基本思路是首先选定目标层，在该目标层的顶底开时窗(顶往上平移、底往下延拓)，然后分别计算上、下时窗围岩内的信号频谱或小波谱，然后将两时窗内的小波谱相除并做归一化处理后作为目标层的衰减谱，图 4-25 和图 4-26 可以示意其思路和方法。如果同一层内含有 3 种不同岩性，造成地震上反射系数不同，继而在波形特征上会产生一定的变化，但具体变化特征要视地震分辨率而定。如果分辨率足够高、能达到识别储层厚度要求，则在波形特征上比较容易识别这 3 种不同岩性的储层。但如果分辨率比较低，而储层又比较薄(如时间厚度为 2ms 的河道)时，波形特征上就无法区分了。这时可以换一种思路，将地震数据转换到频率域，

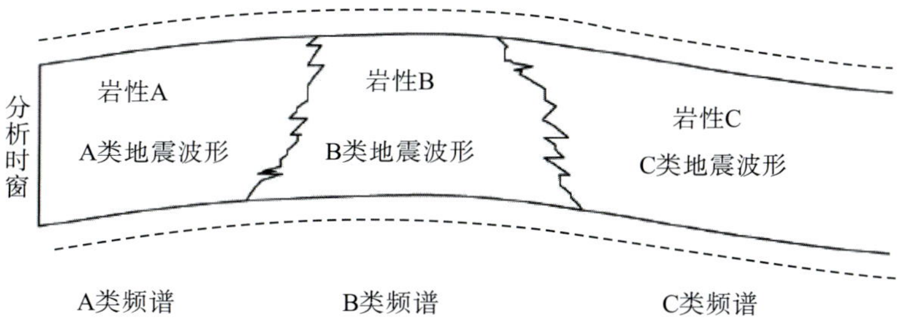

图 4-25 含 3 种不同岩性的目标层理论模型

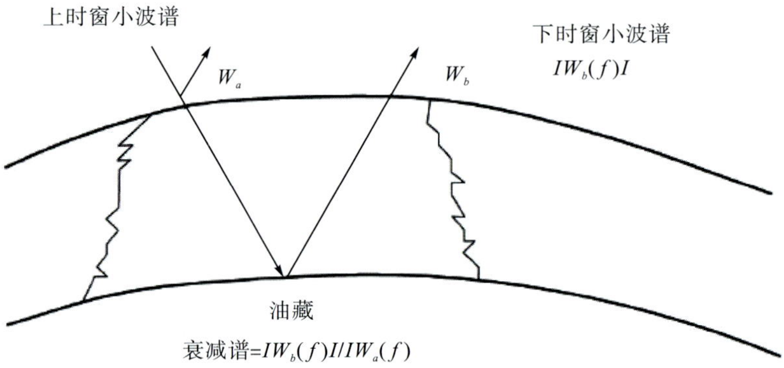

图 4-26 频率衰减技术理论模型

在频率域内不同岩性的储层会具有不同的频率分布特征，而且如果采用的时频分析计算方法适当，2ms 的河道地质体都会在频率上有很清晰的体现。这也是利用频谱分析的一种优势，所以该技术所有的分析工作会放在频率域内进行，重点是选择适合的时频转换方法，以便得到高分辨率的频谱。

从目前研究频谱衰减方法上看，大部分都在频率域里利用谱分析的方法完成，传统的谱分析方法有快速傅里叶变换(fast Fourier transform，FFT)、离散傅里叶变换(discrete Fourier transform，DFT)，这些变换的基础要求是分析的时窗要足够大，地震资料信噪比要高。近年来国内外也出现了许多改进的算法，如连续小波变换、离散小波变换等，这些方法在各个油田的储层预测和含油气性预测方面都有一些成功的例子，但同样受地震资料的限制和约束。因此进行含气性预测的时候要综合考虑多方面的因素。瞬时谱分析技术秉承小波函数时间域与频率域局部化良好的优点，在小波域内对地震信号进行时频分解，拾取瞬时振幅谱，以形成新的“频率道集”，能在时间域和频率内同时展现振幅随频率变化的特征。因此，瞬时谱分析技术能够描述地下介质由于频率因素引起的不同响应，可以有效地凸显含水、含气储层的相应特征信息。

如在大天池构造带内的高产气井与干井分异明显(图 4-27)，可以明显地指示研究区长兴组中上部储层含气性。TD74 井具有 $60\times10^4m^3/d$ 以上的产量，该井储层频率梯度为负值，而 TD017-H4 井则无测试产能，频率梯度为正值，以上特征充分验证了方法的可靠性与适用性。

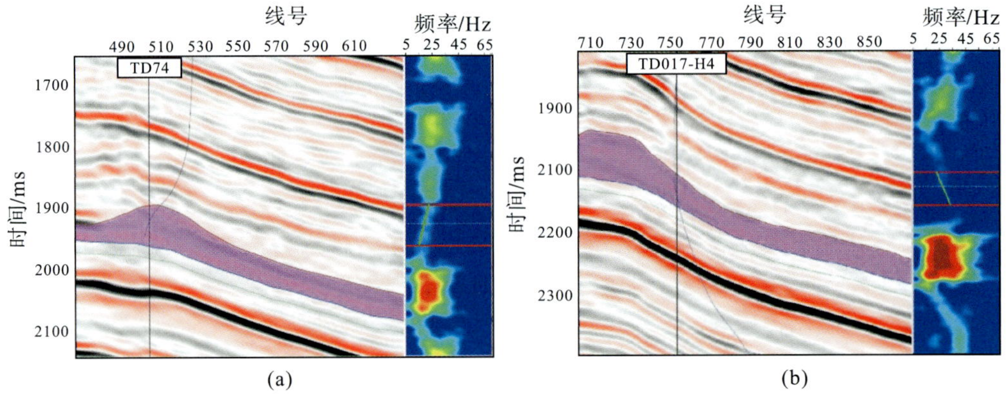

图 4-27 产气井(a)与干井(b)DFT 频谱图

二、叠前流体检测技术

叠前反演具有多信息和保真性的优点，广义的叠前反演包括 AVO 属性分析、弹性波阻抗反演和叠前同时反演，它们在反演过程中都使用叠前地震数据，并以策普里兹(Zoeppritz)方程为理论基础，使用不同的反演算法最终得到表征地下岩性和流体的多种参数。

(一)AVO 检测技术

AVO 是 20 世纪 80 年代初发展起来的利用叠前地震振幅信息进行油气检测的一项技术。AVO 技术是从严密的数学物理推导说明振幅随偏移距变化的规律，从岩石及其孔隙流体的弹性性质说明振幅随偏移距变化的信息，反映了地下岩石及其孔隙流体的性质变化。根据地震波动力学理论中反射和透射的相关理论，反射系数(或振幅)随入射角的变化与分界面两侧介质的地震参数有关。这一事实包含两层含义：一是不同的岩性参数组合，反射系数(或振幅)随入射角的变化特征不同，利用 AVO 正演模型，分析已知的油、气、水和岩性的 AVO 特征随入射角的变化，称为 AVO 正演方法；二是反射系数(或振幅)随入射角的变化本身隐含了岩性参数的信息，利用 AVO 关系可以直接反演岩石的密度 ρ、纵波速度 V_P 和横波速度 V_S，定量进行地震油藏描述，称为 AVO 反演方法。这两层含义反映了 AVO 分析的基本思想，也代表了两种最基本的 AVO 分析方法。通过叠前反演，我们可以同时得到岩石的密度、纵波速度和横波速度，AVO 分析的关键是要充分挖掘和利用叠前地震记录中非零偏移距地震信息的潜力。

1. AVO 方法原理

AVO/AVA 的理论研究可以追溯到 20 世纪初 Zoeppritz 的研究工作，它定量描述了一个平面入射 P 波在两种固体界面处波的反射、透射及波型转换(图 4-28)，即著名的 Zoeppritz 方程。

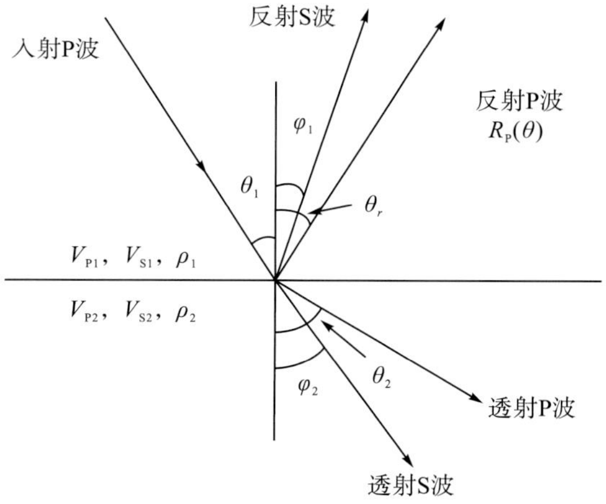

图 4-28　平面 P 波在固体界面处的反射、透射及波型转换现象

$$\begin{bmatrix} R_{PP} \\ R_{PS} \\ T_{PP} \\ T_{PS} \end{bmatrix} = \begin{bmatrix} -\sin\theta_1 & -\cos\varphi_1 & \sin\theta_2 & \cos\varphi_2 \\ \cos\theta_1 & -\sin\varphi_1 & \cos\theta_2 & -\sin\varphi_2 \\ \sin 2\theta_1 & \dfrac{V_{P1}}{V_{S1}}\cos 2\varphi_1 & \dfrac{\rho_2 V_{S2}^2 V_{P1}}{\rho_1 V_{S1}^2 V_{P2}}\cos 2\theta_2 & \dfrac{\rho_2 V_{S2} V_{P1}}{\rho_1 V_{S1}^2}\cos 2\varphi_2 \\ -\cos 2\varphi_1 & \dfrac{V_{S1}}{V_{P1}}\sin 2\varphi_1 & \dfrac{\rho_2 V_{P2}}{\rho_1 V_{P1}}\cos 2\varphi_2 & \dfrac{\rho_2 V_{S2}}{\rho_1 V_{P1}}\sin 2\varphi_2 \end{bmatrix}^{-1} \begin{bmatrix} \sin\theta_1 \\ \cos\theta_1 \\ \sin 2\theta_1 \\ \cos 2\varphi_1 \end{bmatrix} \tag{4-23}$$

其中，R_{PP} 和 R_{PS} 分别为纵、横波反射系数；T_{PP} 和 T_{PS} 分别为纵、横波透射系数。但该式并未直观表述纵、横波速度及密度对反射系数的贡献。精确的 Zoeppritz 方程全面考虑了平面纵波和横波入射在水平界面两侧产生的纵横波反射和透射能量之间的关系，但该方程过于复杂，很难直接分析介质参数对振幅系数的影响，实际应用不方便。因此，国内外很多人做了大量的工作，从不同方面对 Zoeppritz 方程进行简化，近似公式是进行 AVO 反演、AVO 交会图分析、岩性预测和烃类检测的基础。

1) 阿基-理查兹(Aki-Richards)近似公式(1980 年)

1976 年，Aki-Richards 认为相邻两层介质弹性参数变化不大，假设岩性参数变化量都远远小于 1，而且入射角不超过临界角或不等于 90°，将 Zoeppritz 方程作了线性的近似表达，初始的形式分离了速度和密度项，公式如下：

$$R_{PP} = A + B\sin^2\theta + C\tan^2\theta\sin^2\theta \tag{4-24}$$

其中，$A=R_0=\dfrac{1}{2}\left(\dfrac{\Delta\alpha}{\alpha}+\dfrac{\Delta\rho}{\rho}\right)$；

$$B = \frac{1}{2}\frac{\Delta\alpha}{\alpha} - 4\left(\frac{\beta}{\alpha}\right)^2\frac{\Delta\beta}{\beta} - 2\left(\frac{\beta}{\alpha}\right)^2\frac{\Delta\rho}{\rho} \tag{4-25}$$

$$C = \frac{1}{2}\frac{\Delta\alpha}{\alpha} \tag{4-26}$$

2) 舒伊(Shuey)近似公式(1985 年)

Aki-Richards 方程强调的是岩性参数变化量，常用于定性岩性分析。1985 年，Shuey 根据 Aki-Richards 提出的 Zoeppritz 简化方程做了进一步的研究，认为随着入射角变化的过程中，泊松比是与之关系最为密切的一个弹性参数，所以在 Aki-Richards 假设的基础上，做了进一步的简化：

$$R_{PP} = R_0 + \left(A_0 R_0 + \frac{\Delta\sigma}{(1-\sigma)^2}\right)\sin^2\theta + \frac{1}{2}\frac{\Delta\alpha}{\alpha}\left(\tan^2\theta - \sin^2\theta\right) \tag{4-27}$$

其中，$R_0 = \left(\dfrac{\Delta\alpha}{\alpha}+\dfrac{\Delta\rho}{\rho}\right)/2$；$B = \dfrac{\Delta\alpha/\alpha}{\Delta\alpha/\alpha+\Delta\rho/\rho}$；

$$A = A_0 + \frac{1}{(1-\sigma)^2}\frac{\Delta\sigma}{R_0^2}, \quad A_0 = B-(1+B)\frac{1-2\sigma}{1-\sigma} \tag{4-28}$$

其中，界面两侧泊松比的差 $\Delta\sigma$ 是一个至关重要的因素。公式中把反射系数视为小角度项(第一项)、中等角度项(第二项)和大角度项(第三项)之和，在实际应用中经常忽略大角度项，Shuey 公式可进一步简化为

$$R_{PP}=P+G\sin^2\theta \tag{4-29}$$

Shuey 简化公式表明，在入射角小于中等角度(＜30°)时，纵波反射系数与入射角正弦的平方呈线性关系。其中，

$$P=R_0,\quad G=A_0R_0+\frac{\Delta\sigma}{(1-\sigma)^2} \tag{4-30}$$

式中，P 为截距，反映垂直入射反射振幅；G 为梯度，反映振幅随偏移距的变化率。当 γ =1/2 时，有

$$\frac{1}{2}(P+G)=\frac{1}{2}\frac{\Delta\sigma}{\left(1-\sigma\right)^2} \tag{4-31}$$

由 Aki-Richards 公式，当 $\gamma=1/2$ 时，有

$$\begin{aligned}G&=\frac{1}{2}\frac{\Delta V_P}{V_P}-4\left[\frac{V_S}{V_P}\right]^2\frac{\Delta V_S}{V_S}-2\left[\frac{V_S}{V_P}\right]^2\frac{\Delta\rho}{\rho}\\&=\frac{1}{2}\frac{\Delta V_P}{V_P}-\frac{\Delta V_S}{V_S}-\frac{1}{2}\frac{\Delta\rho}{\rho}=\frac{1}{2}\frac{\Delta V_P}{V_P}+\frac{1}{2}\frac{\Delta\rho}{\rho}-\frac{\Delta V_S}{V_S}-\frac{\Delta\rho}{\rho}\\&=R_P-2R_S\end{aligned} \tag{4-32}$$

其中，$R_S=\frac{1}{2}\left[\frac{\Delta V_S}{V_S}+\frac{\Delta\rho}{\rho}\right]$；

$$\frac{1}{2}(P-G)=R_S=\frac{\rho_2\beta_2-\rho_1\beta_1}{\rho_2\beta_2+\rho_1\beta_1} \tag{4-33}$$

当 $\gamma=\frac{1}{2}$ 时，$\sigma=\frac{1}{3}$；

$$\begin{aligned}G&=R_P\left[B-2(1+B)\frac{1-2\sigma}{1-\sigma}\right]+\frac{\Delta\sigma}{(1-\sigma)^2}\\&=R_P\left[B-2(1+B)\frac{1}{2}\right]+\frac{\Delta\sigma}{(2/3)^2}=\frac{9}{4}\Delta\sigma-R_P\end{aligned} \tag{4-34}$$

即 $\Delta\sigma=\frac{4}{9}(R_P+G)$。

所以，

$$R_{PP}=R_P+\left(2.25\Delta\sigma-R_P\right)\sin^2\theta=R_P\cos^2\theta+2.25\Delta\sigma\sin^2\theta \tag{4-35}$$

由于 P 和 G 存在的这种近似关系，所以常用于提取零偏移距剖面和 AVO 属性分析。在 AVO 属性分析中，在动校正后的共中心点道集上，对每个时间采样点反射振幅随入射角的变化进行直线拟合，计算出 P 和 G，便可以得到 AVO 属性剖面。

2. AVO 特征分析

AVO 特征是振幅随炮检距变化的定量表征，可以检验实际地震资料是否满足 AVO 特征，通过所拟合的振幅变化曲线不仅能得到截距和梯度属性，还可以判别异常的大致范围，为真正的 AVO 反演奠定基础。AVO 的实践表明：AVO 增加现象对改善碳氢检测能力有一定的作用。但是，气层 AVO 特征变化十分复杂，并不是所有气层的 AVO 特征都呈增

加现象。对于不同岩性参数组合，其 AVO 响应特征也不同，主要体现在振幅、AVO 属性及参数剖面三个方面。AVO 分析主要利用不同的 AVO 响应特征来划分不同的岩性参数组合类型，进而达到岩性预测和储层描述的目的。卢瑟福(Rutherford)和威廉斯(Williams)根据含气层的波阻抗及泊松比特征，将 AVO 响应分为三类：Ⅰ类，振幅随入射角度增加而降低；Ⅱ类，振幅随入射角度变化不大；Ⅲ类，振幅随入射角度增加而增加。卡斯塔尼亚(Castagna)等提出了将 AVO 截距、梯度所反映的背景趋势与岩石物理关系联系起来的气层分类方法，在 Rutherford 和 Williams 分类方法基础上增加了Ⅳ类(图 4-29)。

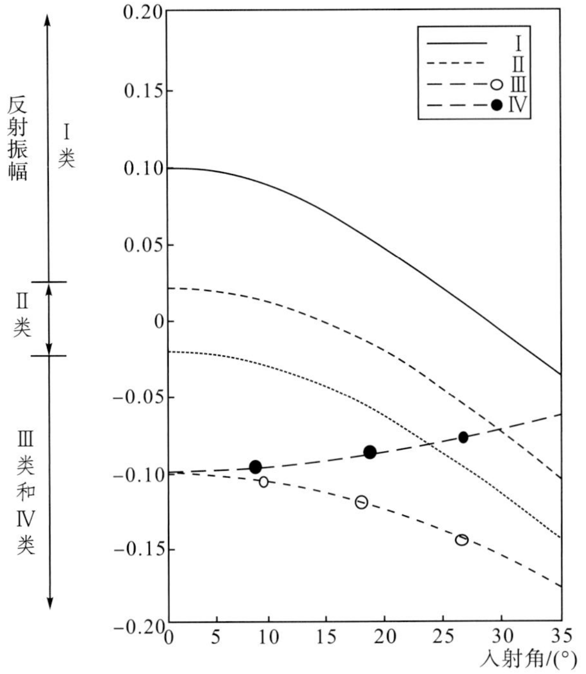

图 4-29　AVO 异常分类

单井 AVO 叠前道集正演是利用井上纵横波速度、密度曲线，计算出不同入射角度弹性波的反射系数，然后再结合地震子波进行褶积得到 AVO 叠前道集的响应特征。图 4-30 和图 4-31 分别为 YA012-X7 井、YA002-5 井饱含气和饱含水的 AVO 响应特征以及振幅与偏移距的关系。由图可知，气井与水井 AVO 响应特征相似，随偏移距增大而减小，呈Ⅰ类 AVO 响应特征，但气井的振幅值高于水井，水层振幅随偏移距的增大不是很明显。

从实际叠加剖面上也可以看出，在全叠加剖面上无法区分储层含气性的好坏，但通过近远道剖面特征对比，储层含气性好和差的特征明显不同，在远道叠加剖面的反射振幅明显比近道强，近道叠加剖面为弱－中强振幅，而远道叠加剖面为中强振幅特征；远道剖面横向上振幅强弱变化明显，频率较低，反射轴同相性差。而干层和微气层在远道叠加剖面上表现为弱-空白反射振幅，呈低频、杂乱，横向上不连续、变化大等特征(图 4-32)。

水层在近道叠加剖面和远道叠加剖面上振幅都比较强，远道叠加剖面的振幅比近道略有增强(含微气影响)，但不明显，与气层特征相比，水层的反射频率明显要高，而且同相轴较光滑、连续(图 4-33)。

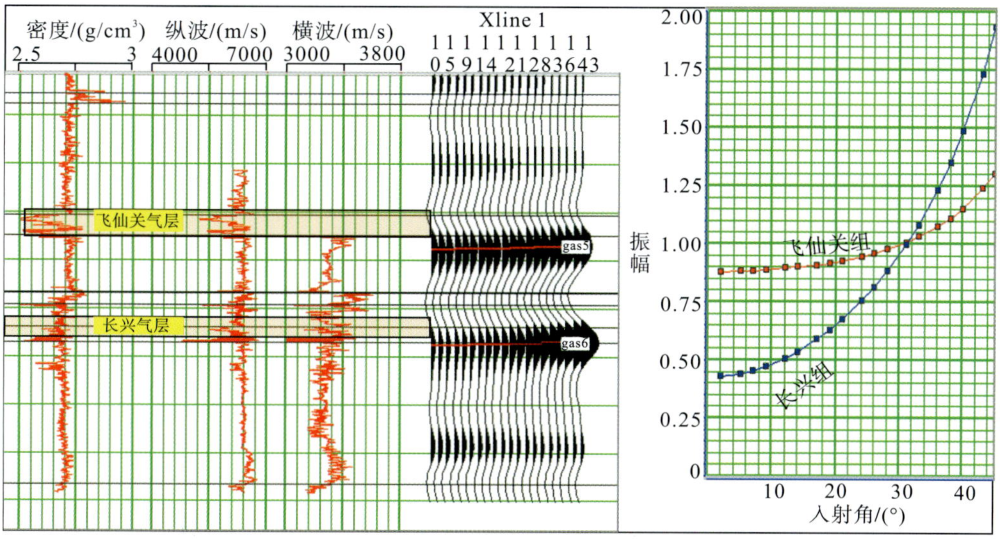

图 4-30　YA012-X7 井 AVO 正演模拟图

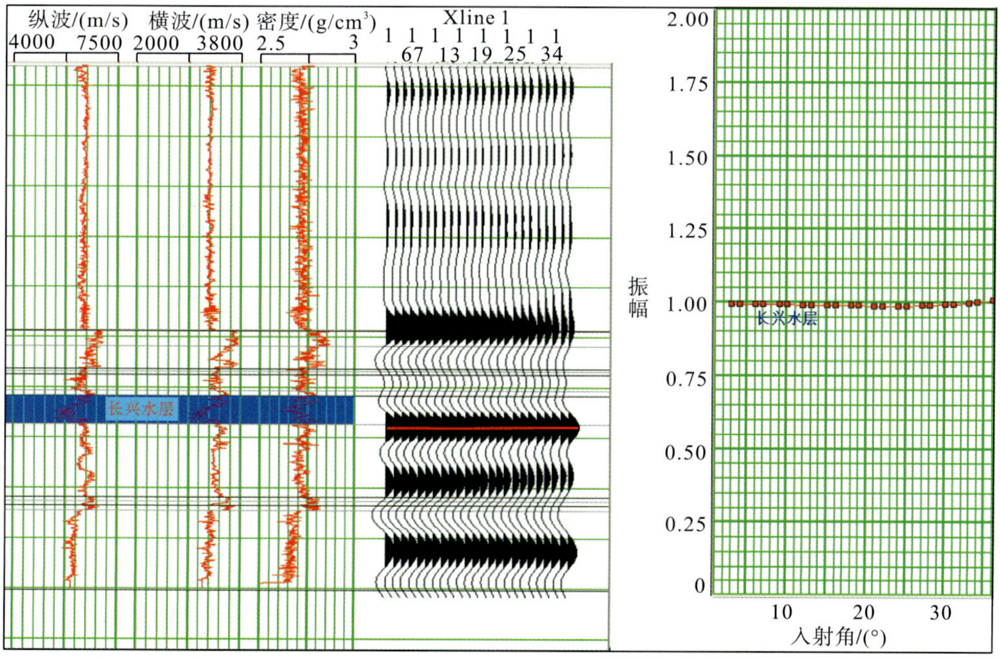

图 4-31　YA002-5 井饱含水 AVO 响应特征

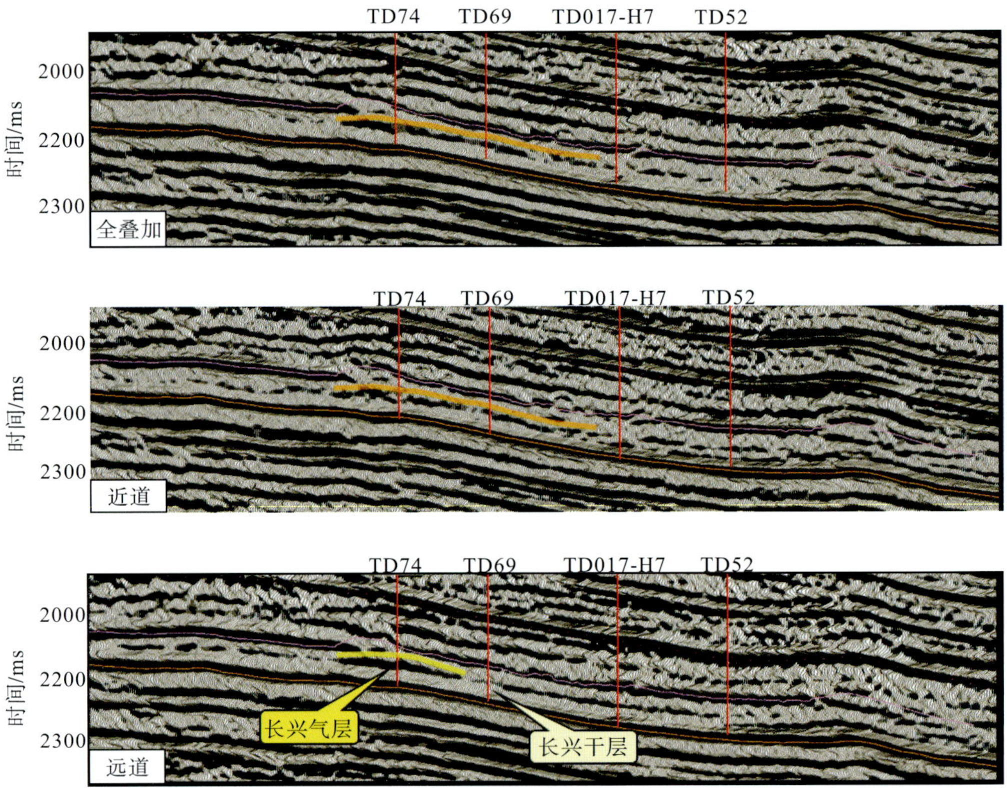

图 4-32　过 TD74 井—TD52 井连井线近远道对比剖面

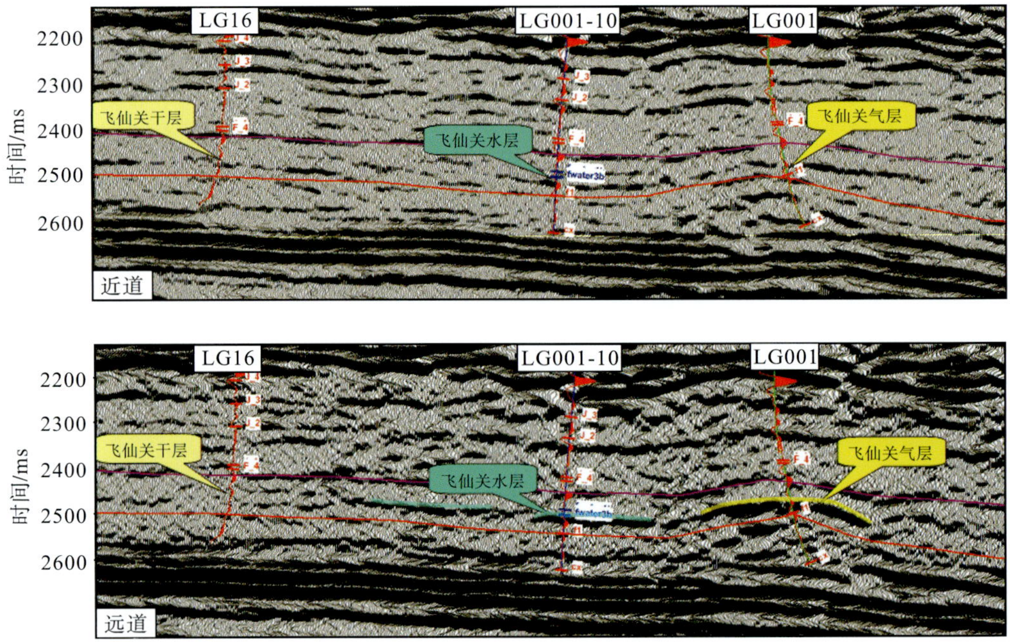

图 4-33　过 LG16 井—LG001-7 井近远道对比剖面

3. AVO 属性分析

AVO 属性分析也称 AVO 反演，是结合单井 AVO 正演结果，建立 AVO 异常识别标志，并在属性分析中进行解释的一种简便的识别流体性质的方法。AVO 属性分析有几种思路，基本上是基于 Aki-Richards 或 Shuey 的近似方程。通过参数 P 与 G 的组合，形成多个 AVO 属性参数，用以表征岩性和气水(彭鹏，2012)，常用的 AVO 属性有以下几个。

1) 由直线截距组成的 P 剖面

P 剖面是一个真正的法线入射零炮检距剖面，其分辨率高于常规叠后地震剖面。很多实例已经证明：使用 P 属性剖面作为叠后波阻抗反演的输入，比使用常规叠后剖面能得到更好的反演结果。

2) 由梯度或斜率组成的 G 剖面

G 剖面反映的是岩层弹性参数的综合特征。对于波峰，G 为正值，表示振幅随炮检距的增加而增加；G 为负值，表示振幅随炮检距的增加而减小。对波谷，G 为正值，表示振幅随炮检距的增加而减小；G 为负值，表示振幅随炮检距增加而增加。因此，单独使用 G 剖面很难对 AVO 特征做出解释。解决这个问题有三种方法，一是将 G 剖面与 P 剖面叠合显示，在 P 剖面波形背景上用彩色显示出 G 值，波峰上的正 G 值和波谷上的负 G 值都表示振幅随炮检距增加而增加。二是把波峰上的正 G 值和波谷上的负 G 值都用同一种彩色显示，这个彩色表示振幅随炮检距增加而增加。三是对振幅取绝对值，然后求取 G 值，只要 G 是正值，就表示振幅随炮检距增加而增加。

3) 类横波剖面 $(P-G)/2$ 属性剖面

当纵、横波速度比等于 2 时，由于当纵波垂直入射时不产生转换波，因此这里计算出的反射振幅就是横波入射、横波反射时的振幅，而不是转换横波的振幅，所以命名时在前面冠以“类”字。在实际资料中，纵波强度明显大于横波强度，因此仅使用 $P-G$ 剖面发现地质异常十分困难。

4) 缩放的泊松比变化 $(P+G)$ 剖面

由于岩石的纵横波速度比可以具体地反映在泊松比参数上，由此可见，速度的比值变化反映了泊松比的变化，因此将 $(P+G)$ 作为拟泊松比剖面，用以解释岩性。

5) 截距与梯度的乘积，即 $P\times G$ 剖面

将 P 与 G 相乘，其表达式虽然没有明确的物理含义，但这种运算增大了储层与围岩振幅的差异性，扩大了数据的动态范围。在第Ⅲ类 AVO 储层中，油气的存在使 P 和 G 的绝对值增大，导致 $P\times G$ 显示正异常，从而暗示油气的存在，类似于过去的“亮点”显示。

6) 流体因子

流体因子是含油气界面的指示参数，其一般表达方式为：$\Delta F = P + \beta G$，其中 β 为调节参数，一般根据研究区的实际情况而定。

AVO 分析属性叠加剖面种类众多，但最基本的只有 P 剖面、G 剖面，通过它们之间的加、减、乘、除运算，得到了其他的属性剖面，在实际应用时应具体选择两种或多种属性进行新的叠合，并以钻井结果进行验证，但由于属性提取过程只依靠地震资料而缺乏测井约束，其结果还具有很大的不确定性。

图 4-34 为根据 Shuey 近似式计算得到的过 YA012-1 侧井—YA012-6 井流体因子剖面和梯度 G 剖面，从图中可以看出流体因子对于储层含气性预测效果更好，较为吻合，而梯度 G 因子预测准确性较差。

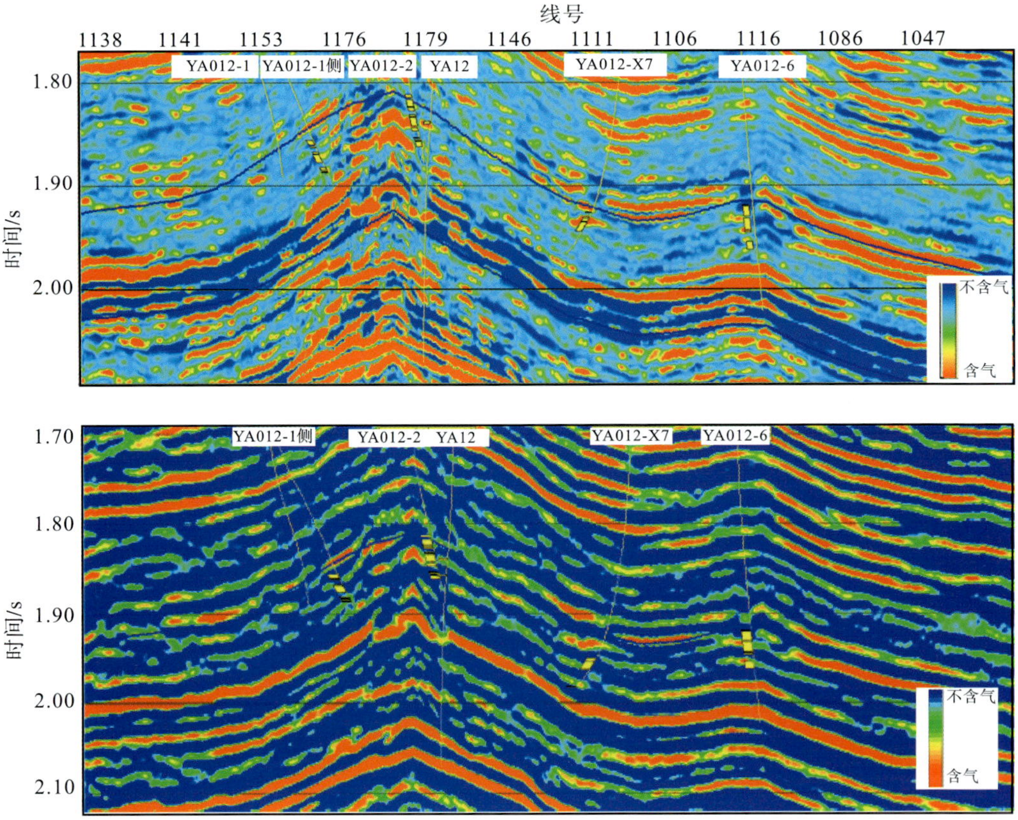

图 4-34 过 YA012-1 侧井—YA012-6 井叠前 AVO 流体因子(上)和梯度 G(下)剖面

(二)叠前弹性波阻抗反演原理

叠前弹性波阻抗反演技术利用不同炮检距的地震数据及横波、纵波、密度等测井资料，联合反演出与岩性、含油气性相关的多种弹性参数，综合判别储层物性及含油气性，可对含油气性进行半定量—定量描述。传统的岩石物理分析是提取和分析纵横波速度的异常变化来确定孔隙流体和岩性的变化，纵横波速度和密度对反射系数的重要性可以从平面波的 Zoeppritz 方程中看出。但是在波动方程中，$M\frac{\mathrm{d}^2U}{\mathrm{d}X^2}=\frac{\mathrm{d}^2U}{\mathrm{d}X^2}$（$U$ 是位移），其表达式并不与地震波速度直接相关，而与岩石密度和弹性模量相关。因此，直接考虑泊松比、拉梅系数和岩石剪切模量比采用地震波速度能更好地反映岩石物理特征。地震的纵波速度都包含了最敏感的流体检测因子拉梅系数(λ)，但都因纵波速度和体变模量中包含 μ 而减弱了 λ 的敏感性。对于反演的准确性而言，其精度随未知量的增多而降低，使方程的解变得不稳定，提取的参数也更不准确。因此，在反演中将考虑用弹性模量/密度关系或阻抗参数，具体为

$$\mathrm{AI}^2=(V_\mathrm{P}\rho)^2=(\lambda+2\mu)\rho \tag{4-36}$$

$$\mathrm{SI}^2=\left(V_\mathrm{S}\rho\right)^2=\mu\rho \tag{4-37}$$

其中，AI 为纵波波阻抗；SI 为横波波阻抗。通过叠前地震资料反演得到的纵横波波阻抗通过如下变换，我们可以得到拉梅系数和岩石密度的乘积剖面和剪切模量和岩石密度的乘积剖面，即λ_ρ和μ_ρ。

$$\lambda=V_\mathrm{P}^2\rho-2V_\mathrm{S}^2\rho \tag{4-38}$$

$$\mu=V_\mathrm{S}^2\rho \tag{4-39}$$

$$\lambda_\rho=\mathrm{AI}^2-2\mathrm{SI}^2,\quad \mu_\rho=\mathrm{SI}^2 \tag{4-40}$$

$$\sigma=\frac{\lambda}{2(\lambda+\mu)}=\frac{0.5-\left(V_\mathrm{S}/V_\mathrm{P}\right)^2}{1-\left(V_\mathrm{S}/V_\mathrm{P}\right)^2}=\frac{0.5-(\mathrm{SI}/\mathrm{AI})^2}{1-(\mathrm{SI}/\mathrm{AI})^2} \tag{4-41}$$

上式表明，泊松比σ相对流体检测因子拉梅系数较敏感。

垂直入射(自激自收)时，反射系数为

$$R_\mathrm{PP}=\frac{\rho_2V_\mathrm{P2}-\rho_1V_\mathrm{P1}}{\rho_2V_\mathrm{P2}+\rho_1V_\mathrm{P1}} \tag{4-42}$$

其中，R_PP为纵波反射系数；ρ_1、ρ_2分别为上、下介质密度；V_P1、V_P2分别为上、下层介质的纵波速度。而非垂直入射(炮检距不为零)时，纵、横波的反射和透射系数是以 Zoeppritz 方程的矩阵形式表示的。

$$\begin{bmatrix}R_\mathrm{PP}\\R_\mathrm{PS}\\T_\mathrm{PP}\\T_\mathrm{PS}\end{bmatrix}=\begin{bmatrix}-\sin\theta_1 & -\cos\varphi_1 & \sin\theta_2 & \cos\varphi_2\\ \cos\theta_1 & -\sin\varphi_1 & \cos\theta_2 & -\sin\varphi_2\\ \sin2\theta_1 & \dfrac{V_\mathrm{P1}}{V_\mathrm{S1}}\cos2\varphi_1 & \dfrac{\rho_2V_\mathrm{S2}^2V_\mathrm{P1}}{\rho_1V_\mathrm{S1}^2V_\mathrm{P2}}\cos2\theta_2 & \dfrac{\rho_2V_\mathrm{S2}V_\mathrm{P1}}{\rho_1V_\mathrm{S1}^2}\cos2\varphi_2\\ -\cos2\varphi_1 & \dfrac{V_\mathrm{S1}}{V_\mathrm{P1}}\sin2\varphi_1 & \dfrac{\rho_2V_\mathrm{P2}}{\rho_1V_\mathrm{P1}}\cos2\varphi_2 & \dfrac{\rho_2V_\mathrm{S2}}{\rho_1V_\mathrm{P1}}\sin2\varphi_2\end{bmatrix}^{-1}\begin{bmatrix}\sin\theta_1\\ \cos\theta_1\\ \sin2\theta_1\\ \cos2\varphi_1\end{bmatrix} \tag{4-43}$$

$$\mathrm{EI}=V_\mathrm{P}^{\left(1+\tan^2\theta\right)}V_\mathrm{S}^{\left(-8K\sin^2\theta\right)}\rho^{\left(1-4K\sin^2\theta\right)} \tag{4-44}$$

其中，R_PP和R_PS分别为纵、横波反射系数；T_PP和T_PS分别为纵、横波透射系数。但该式并未直观表述纵、横波速度及密度对反射系数的贡献。康诺利(Connolly)等学者对上述反射系数表达式作出近似。Connolly 定义 P 波入射角的弹性波阻抗 EI，其基本作用是代替与入射角相关的 P 波反射率，就像 AI 代表纵波波阻抗一样。当$\theta=0°$时，纵波反射系数为

$$R_\mathrm{PP}\left(0°\right)=\frac{\mathrm{AI}_2-\mathrm{AI}_1}{\mathrm{AI}_2+\mathrm{AI}_1} \tag{4-45}$$

此时，弹性波阻抗与纵波波阻抗相等，即$\mathrm{EI}=\mathrm{AI}=\rho V_\mathrm{P}$。

定义反射界面上、下介质的弹性波阻抗EI_1和EI_2的数学表达式为

$$\mathrm{EI}_1=V_\mathrm{P1}^{\left(1+\tan^2\theta\right)}V_\mathrm{S1}^{\left(-8K\sin^2\theta\right)}\rho_1^{\left(1-4K\sin^2\theta\right)} \tag{4-46}$$

$$\mathrm{EI}_2=V_\mathrm{P2}^{\left(1+\tan^2\theta\right)}V_\mathrm{S2}^{\left(-8K\sin^2\theta\right)}\rho_2^{\left(1-4K\sin^2\theta\right)} \tag{4-47}$$

式中，下标 1、2 分别表示界面上、下介质，K的表达式为

$$K=\frac{\left[\left(\frac{V_{S1}}{V_{P1}}\right)^2+\left(\frac{V_{S2}}{V_{P2}}\right)^2\right]}{2} \tag{4-48}$$

根据上述公式定义的弹性波阻抗，入射角为θ时的反射系数可近似为

$$R_{PP}(\theta)\approx\frac{EI_2-EI_1}{EI_2+EI_1} \tag{4-49}$$

由上式可见，非垂直入射时反射系数表达式与垂直入射时反射系数表达式一样，这样我们就可以借用传统相对成熟的叠后波阻抗反演方法反演弹性波阻抗，这也是 Connolly 定义弹性波阻抗的原因。由弹性波阻抗的表达式可得

$$\begin{aligned}\cos^2\theta\ln(EI)=&\ln(\rho V_P)-\left\{4K\left[\ln(\rho)+2\ln(V_S)\right]+\ln(\rho)\right\}\sin^2\theta\\&+4K\left[\ln(\rho)+2\ln(V_S)\right]\sin^4\theta\end{aligned} \tag{4-50}$$

当入射角小于30°时， $\tan 2\theta\approx\sin 2\theta t$ ， $\sin 4\theta\approx 0$ ，式(4-50)可简化为

$$\ln(EI)\approx\ln(\rho V_P)+\left\{\ln(V_P)-4K\left[\ln(\rho)+2\ln(V_S)\right]\right\}\sin^2\theta \tag{4-51}$$

因此，弹性波阻抗是一个关于纵横波速度、密度和入射角的函数，可以将波阻抗 EI 看作是弹性波阻抗 EI 在入射角度为零时的一个特例，与波阻抗反演使用的全角度叠加数据相比，弹性波阻抗反演使用的是部分角度范围内的叠加数据，因此可以减少因叠加而导致弱相位及相位反转等相互抵消的问题。

图 4-35 为叠前弹性波阻抗反演技术的流程图，从图中可知，横波曲线是必不可少之一，由于很多井无横波测井曲线，因此，需要基于岩石物理模型进行流体替换来得到。另外，叠前入射角度道集划分也是非常重要的，角度划分得不合理，会影响叠前反演预测效果。但其算法和结果上也存在不足：①各角度之间信息的关联与差异不能充分利用，纵横波阻抗信息之间的约束小；②无法解释反演数据体在各角度剖面之间的差异；③弹性波阻抗只是一种数学表达，不是真正意义上的波阻抗。

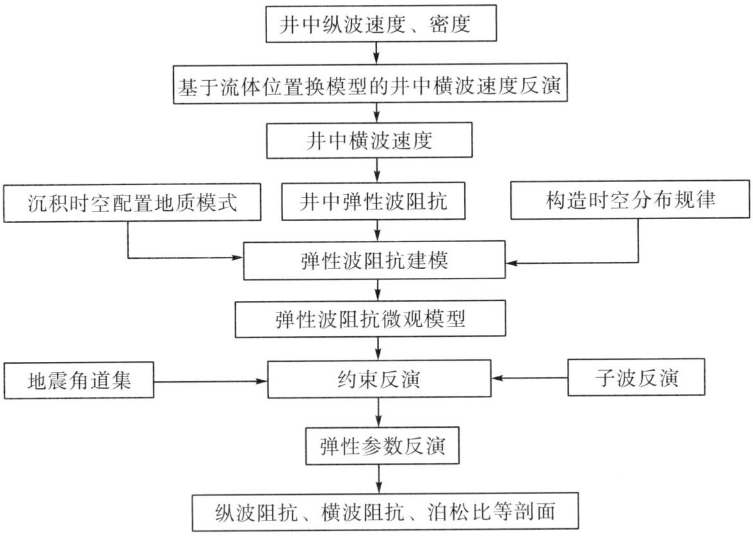

图 4-35 叠前弹性波阻抗反演技术流程图

（三）叠前同时反演技术

利用叠后波阻抗反演只能得到波阻抗的信息，不能直接求取纵波速度、横波速度和密度这 3 个基本的弹性参数。因此把能同时产生纵波速度、横波速度、密度等多种弹性参数数据体的弹性参数反演称为同时反演(simultaneous inversion)，又叫作同步反演或者联合反演。从同时反演获得的这 3 个基本参数通过计算可以进一步得到更多其他的弹性参数，如：泊松比、拉梅系数、杨氏模量、剪切模量、体积模量等，因此同时反演为储层预测提供了更多的可选项，综合利用这些弹性参数，可以对储层进行精细的岩性预测和含流体性质检测。

基于道集的叠前同时反演输入的数据是叠前道集，是真正意义上的叠前反演，该反演方法最大限度地保持了地震数据的 AVO 信息，更有利于进行储层流体预测。其缺点是数据量大、计算耗时，叠前同时反演的目标函数如下：

$$F\left(V_{\mathrm{P}},V_{\mathrm{S}},\rho,\tau\right)=\sum_{j}\sum_{i}\left(F_{\mathrm{reflectivity}_{ij}}+F_{\mathrm{seismic}_{ij}}+F_{\mathrm{trend}_{ij}}+F_{\mathrm{spatial}_{ij}}+F_{\mathrm{constrast}_{ij}}+F_{\mathrm{Gardner}_{ij}}+F_{\mathrm{mud}_{ij}}+F_{\mathrm{time}_{ij}}\right) \tag{4-52}$$

式中，$F_{\mathrm{reflectivity}}$ 是反射系数目标函数；$F_{\mathrm{constrast}}$ 是弹性阻抗目标函数；F_{seismic} 是地震数据目标函数；F_{trend} 是低频变化趋势目标函数；F_{spatial} 是空间变化趋势目标函数；F_{Gardner} 是加德纳(Gardner)约束目标函数；F_{mud} 是纵横波速度关系式目标函数。

在目标函数的优化过程中，需要加入约束条件：

$$\begin{aligned}&V_{\mathrm{P}_{\mathrm{lower}_{ij}}}<V_{\mathrm{P}_{ij}}<V_{\mathrm{P}_{\mathrm{upper}_{ij}}}\\&V_{\mathrm{S}_{\mathrm{lower}_{ij}}}<V_{\mathrm{S}_{ij}}<V_{\mathrm{S}_{\mathrm{upper}_{ij}}}\\&\rho_{\mathrm{lower}_{ij}}<\rho_{ij}<\rho_{\mathrm{upper}_{ij}}\end{aligned} \tag{4-53}$$

式中，$V_{\mathrm{P}_{\mathrm{lower}}}$ 为纵波速度的下界；$V_{\mathrm{P}_{\mathrm{upper}}}$ 为纵波速度的上界；$V_{\mathrm{S}_{\mathrm{lower}}}$ 为横波速度的下界；$V_{\mathrm{S}_{\mathrm{upper}}}$ 为横波速度的上界；ρ_{lower} 为密度的下界；ρ_{upper} 为密度的上界。

角道集地震数据，可以用褶积模型来表示：

$$S(\theta)=R(\theta)*W(\theta) \tag{4-54}$$

式中，$S(\theta)$ 是入射角为 θ 时的地震数据；$R(\theta)$ 是入射角为 θ 时的反射系数，可以用 Zoeppritz 方程或其近似式来计算；$W(\theta)$ 是入射角为 θ 时的地震子波。

在进行叠前同步反演时，选择合适的部分角度叠加数据体非常重要。从理论上讲，叠加数据体角度划分精细程度直接关系到叠前同步反演的精度，但在实际应用中要考虑实际数据的信噪比、计算机的内存、磁盘空间等因素，因此，一般将角道集数据叠加成 3～5 个角度叠加数据体。

地震子波的提取是叠前同步反演的一个关键环节，在叠前同步反演中，针对不同的部分角度叠加数据体，从测井曲线的纵波速度、横波速度和密度出发，利用 Zoeppritz 方程，分别求取其对应角度的测井反射系数，根据合成记录与地震记录相关性最大的原则，来优化地震子波的参数，提取其对应的地震子波。而描述叠前同步反演效果的好坏取决于道集优选、部分角度叠加、体对齐、子波提取、井震标定、反演参数优选和反演结果质控等关键环节。

1. CRP 道集分析与预处理

叠前道集作为反演的主要输入数据，其质量直接影响储层 AVO 的异常识别和叠前弹性参数的反演精度，所以道集数据的质量控制是叠前反演的关键环节。目前地震成像是以构造成像为主，在常规处理流程中，很少对储集层进行保持地震波的波形、振幅及相位特性等动力学特征的处理。因此，常规处理得到的共反射点道集品质不能满足 AVO 分析及叠前弹性参数反演的要求，即使运用先进的反演算法，也会影响最终的反演精度和储集层描述效果。道集处理中在保持反射波振幅的相对强弱关系的同时，要求叠前偏移得到的共反射点(common reflection point，CRP)道集更加平直，动校拉伸效应更小，保证得到更宽的入射角范围，使得 AVO 现象更易识别，同时也可减少偏移距在切除过程中的损失。所以，在叠前偏移后对 CRP 道集进行更精细的处理，消除剩余时差的影响，提高 CRP 道集成像质量。图 4-36 为 CRP 原始道集及处理图像。

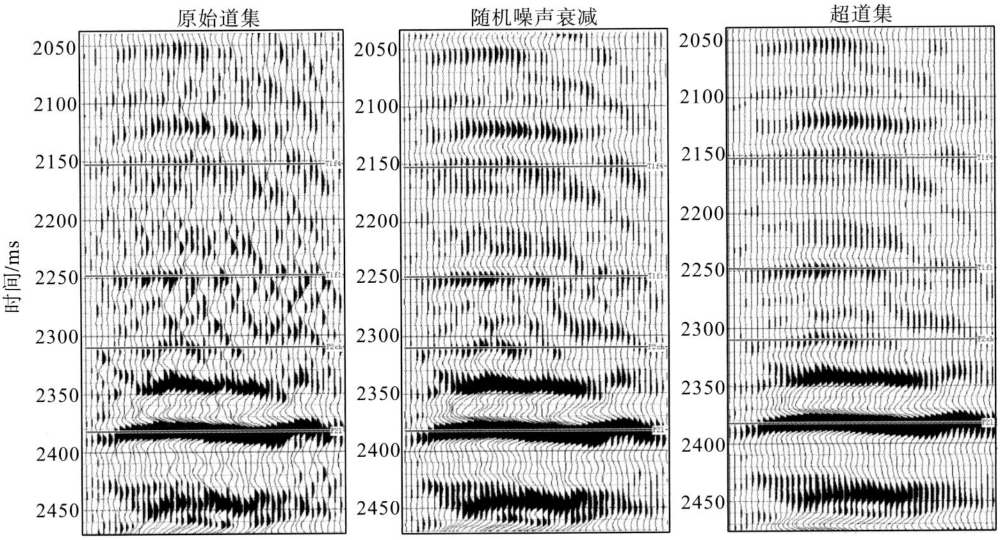

图 4-36 CRP 原始道集及处理

测井曲线的质量制约着岩石物理性质的分析精度，对反演结果的分析有着重要的指导作用。在油气勘探开发过程中，测量时间相隔较远、测量仪器及操作方式的差异、仪器本身和测量过程中的误差等原因，使研究区内不同井的同种曲线存在差异，为了尽量地减小这些差异，利用已知的测井资料，选取研究区内目的层显示良好的井作为标准井，对其他井曲线进行标准化，使得各井在目的层上的曲线具有相同的分布特征。目前，标准化采用的方法有：标准层均值校正法、直方图法、趋势面分析法、三孔隙度交会图法等。

2. 横波速度估算

由于横波只在固体内传播，在气体和液体中不传播，所以当横波通过含气储层时，没有明显变化，而当纵波通过含气储层时，速度明显降低，因此通过横波与纵波的结合可构建出多种识别储层和流体的参数(任兴国等，2000；李文成等，2014)，横波速度也是岩石物理分析、制作 AVO 正演模型和叠前同时反演中十分重要的基础资料。但由于横波测量成本高、对仪器要求高，目前川东地区大多数井缺乏横波资料，或是曲线质量不高，不利于后续工作的开展，因此需要对井下横波速度进行有效估算。

横波估算主要基于岩石物理模型，需要考虑孔隙度、矿物含量以及流体成分，岩石骨架的速度、密度等。首选根据井上纵波速度、密度以及矿物成分，孔隙度、含气饱和度等构建岩石物理模型，然后通过模型计算出新的纵波速度、密度、横波速度曲线，在这过程中需要利用实测的纵波速度曲线和密度曲线来作为质控曲线，如果新计算出的曲线与实测的曲线误差小，说明岩石物理模型是可靠的；反之，需要修改岩石物理参数等，直到新计算出的曲线与实测的曲线误差最小，这样计算出的横波才可靠。图 4-37 为 YA012-X7 井横波曲线估算结果，合成的纵波、横波、密度曲线与实际纵波、横波、密度曲线整体趋势上比较吻合，图中蓝色的为实际纵波速度和密度曲线，红色的为合成的纵波速度、密度和横波速度曲线，将合成的纵波速度、密度曲线与实际纵波速度、密度曲线对比，整体趋势上比较吻合，从而认为合成横波是比较可靠的。

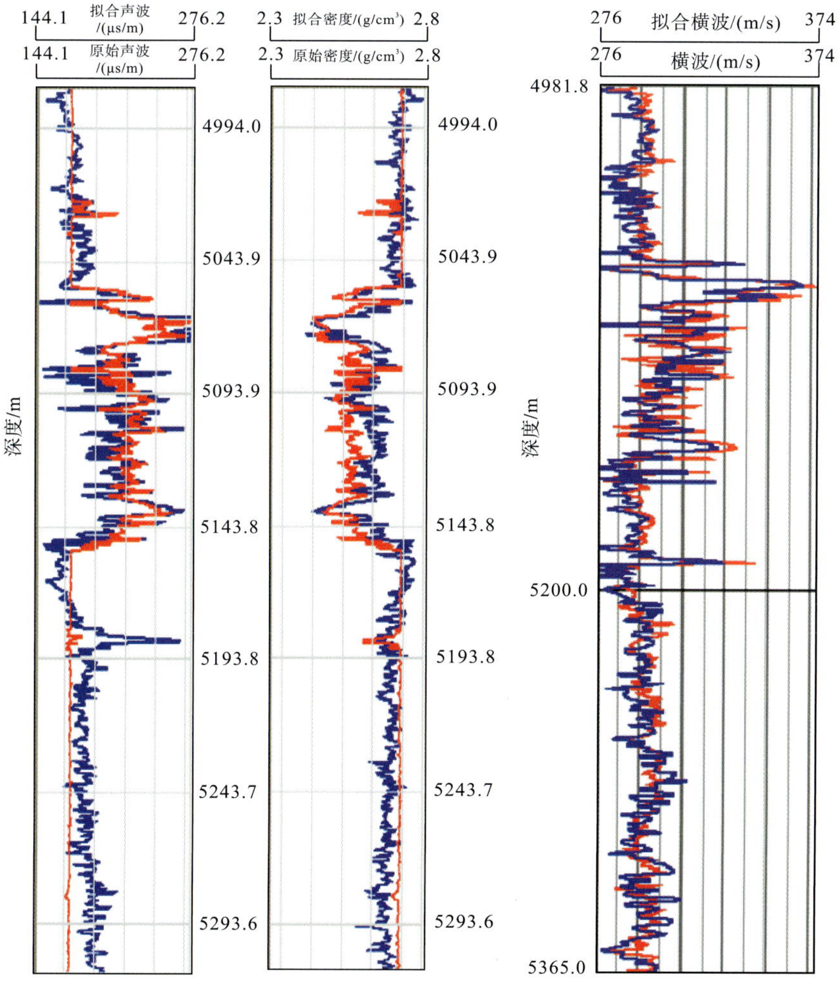

图 4-37　YA012-X7 井横波曲线估算结果

3. 参数敏感性分析

弹性参数敏感性分析的常用方法是采用两弹性参数的交会图进行分析，这种分析方法可以直观和清晰地表达出弹性参数与岩性和流体的相关性。通过对弹性参数分析，可以建立地球物理参数与地下岩石参数的定量关系，使其成为连接地震和测井资料的纽带，也是利用地震资料预测岩性和油气分布的物理基础。从井点出发，使用经标准化后的测井曲线，对关键井进行岩石物理参数交会分析（图 4-38），优选出对储层及流体敏感的弹性参数，为流体识别提供依据。

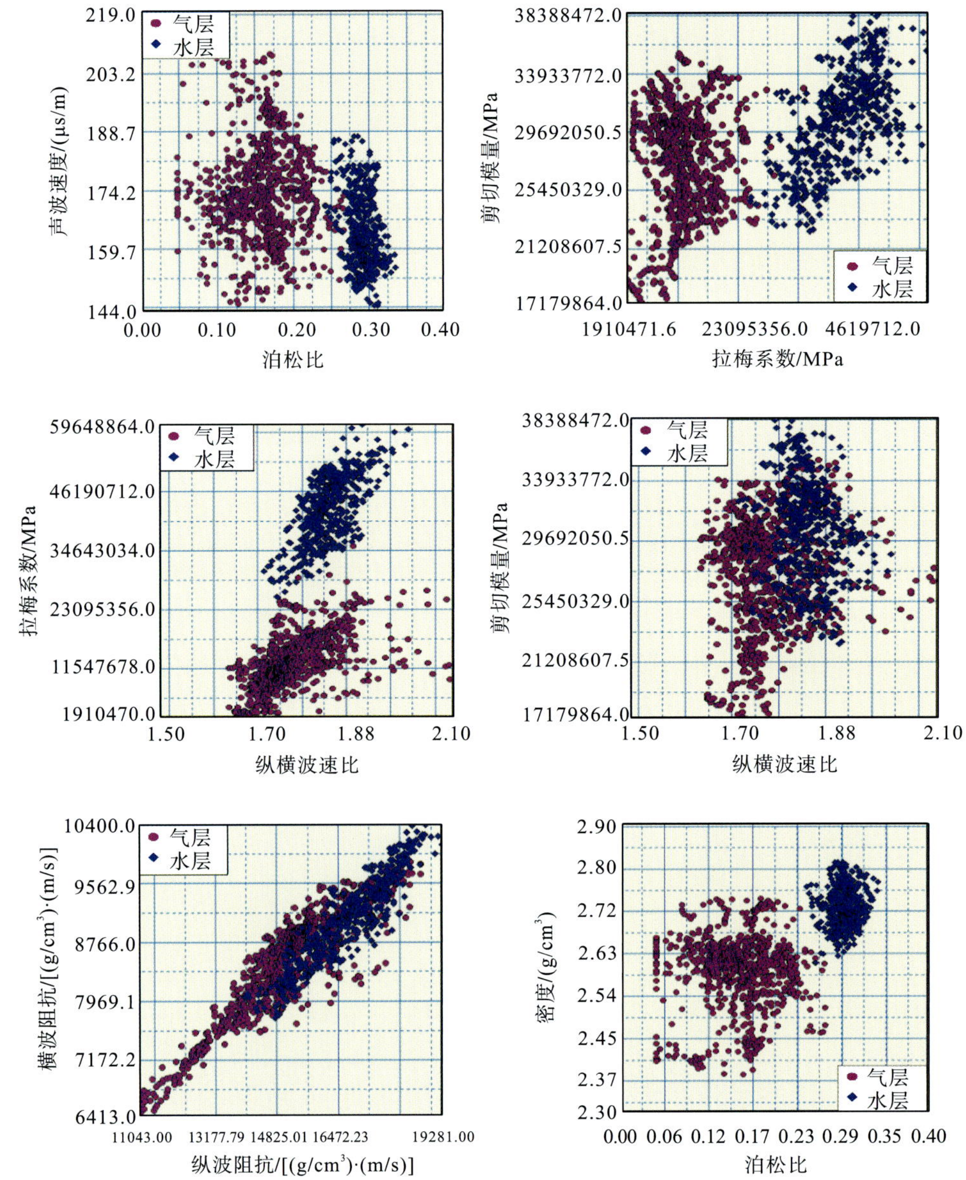

图 4-38 多属性交会分析

图 4-39 为和高峰场区块泊松比反演连井剖面图，从泊松比反演剖面上看，效果较好，跟钻井吻合程度高。YA012-1c 井、YA12 井、YA012-6 井、YA012-X7 井长兴组产气段泊松比低，含气异常明显，同时，在 F003-X3 井上，长兴组气层段泊松比异常也比较明显。F003-4 井、F003-5 井整体含气性较差，泊松比异常不明显，因此泊松比能够较好地指示气水层。

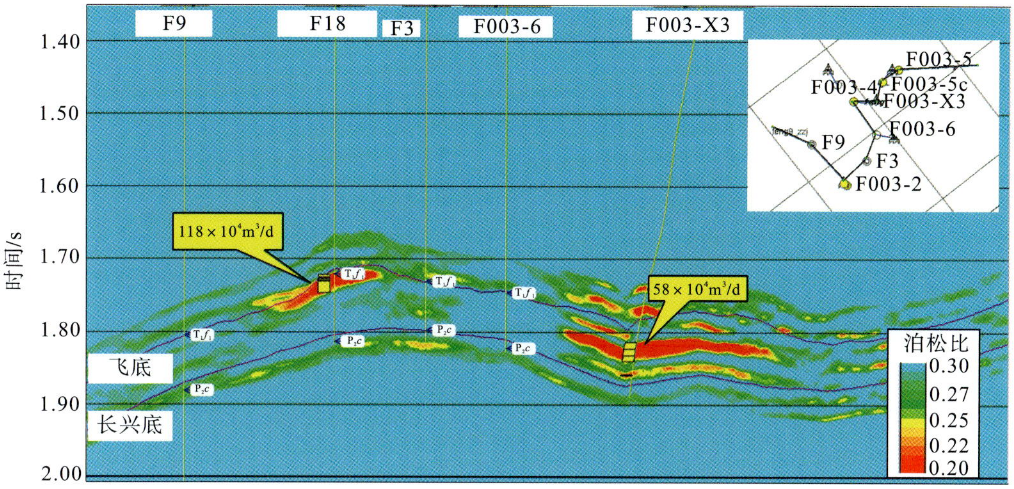

图 4-39 F9-3-F003-5 井泊松比反演剖面

第五章　勘 探 实 践

第一节　五百梯区块长兴组生物礁勘探实践

五百梯位于川东南中隆高陡构造区双石庙、华蓥山，黄泥塘构造群交界部位。从北向南依次穿越温泉井构造西段、罗顶寨向斜、五百梯潜伏构造和南雅向斜。位于开江梁—平海槽东侧北端，区内发育多排生物礁，从海槽向台地依次发育台地边缘礁、二排礁以及三排礁(图 5-1)。

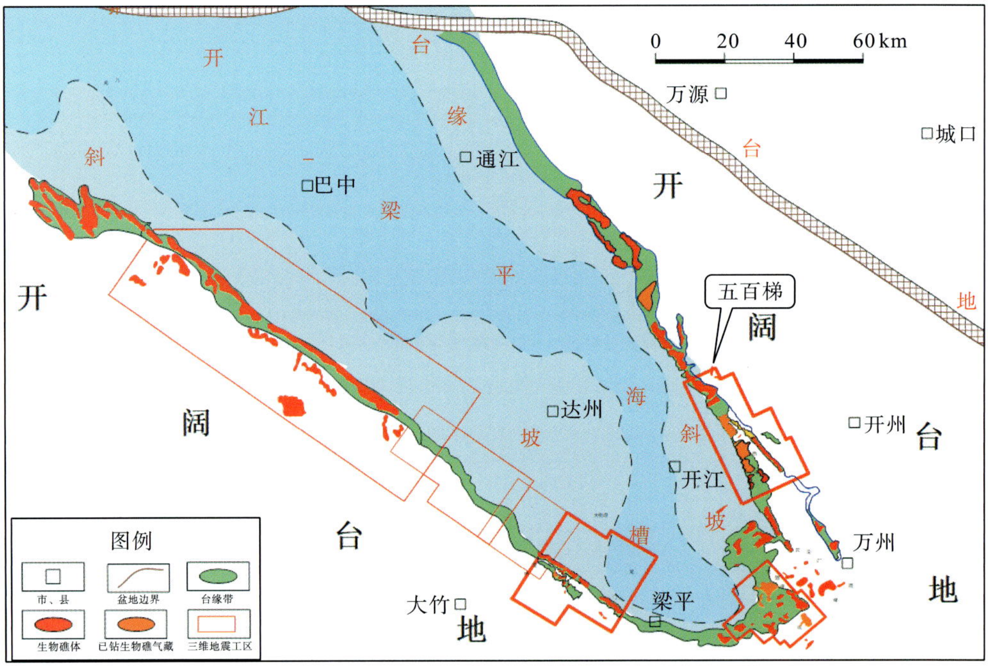

图 5-1　五百梯区位置图

一、地震资料品质分析

研究区主体反射层的品质较好，仅在研究区北部温泉井构造地震资料品质变差，其中剖面品质较差区多集中在测区北端温泉井构造的顶部及构造两翼(图 5-2)。对本区具代表性的上二叠统底界反射层，提取了全区信噪比属性(图 5-3)，可见到在目的层段的能量一致性较好。地震资料信噪比较高，以 I 类品质(黄色区域)为主，II 类品质(蓝色区域)主要位于研究区北部高陡构造区或断层位置。根据地震剖面地质效果评价标准进行地震资料品质评价，三维控制面积为 681.2km^2，评为一级剖面区的面积为 522.4km^2，一级剖面率为 76.7%，二级剖面区面积为 158.8km^2，二级剖面率为 23.3%。

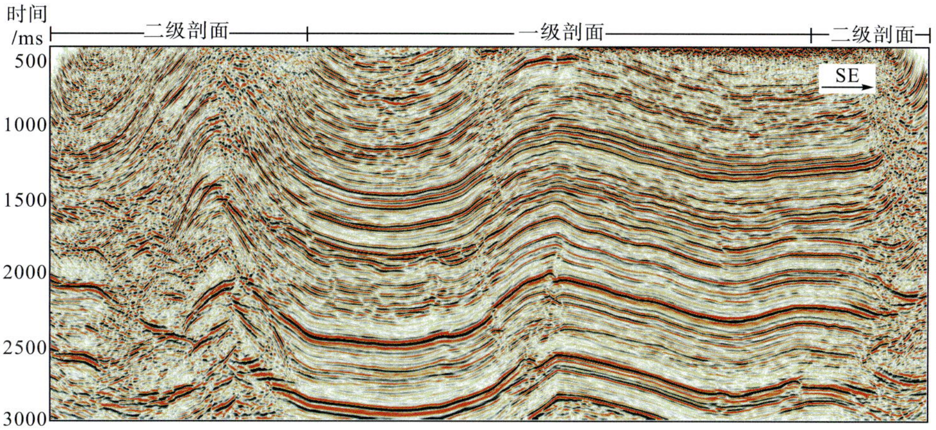

图 5-2 五百梯—罗顶寨区块地震资料剖面整体效果图(道号 700)

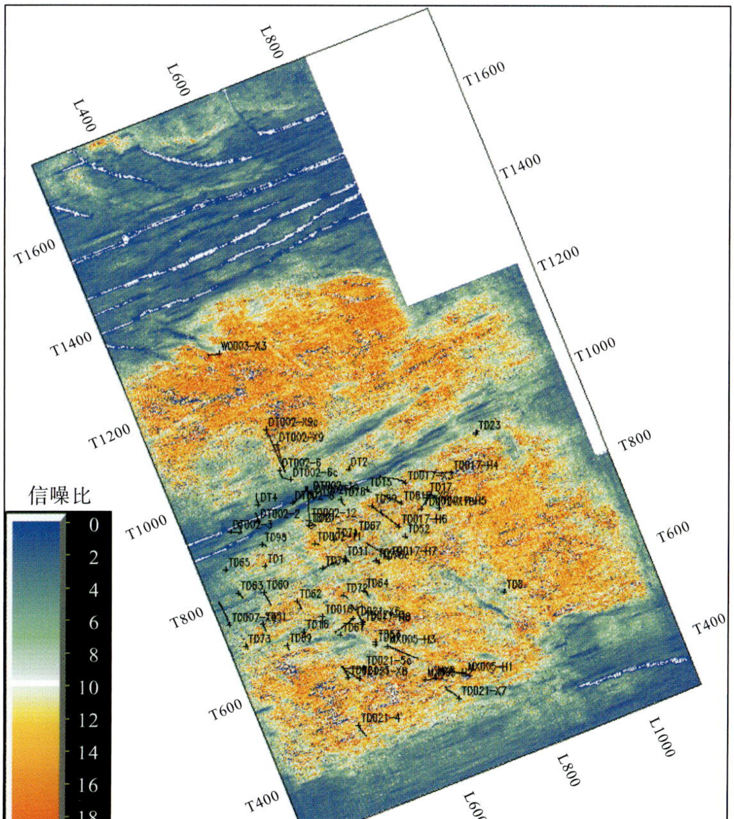

图 5-3 五百梯区块信噪比

二、构造样式

在区域构造背景认识的基础上，对断裂特征进行分析，建立合理的构造样式和解释方案，对研究区断裂进行解释和刻画，按断层所处构造部位进行平面组合。四川盆地东北部边缘构造演化主要经历了印支运动、燕山运动和喜山运动等时期的构造运动，研究区构造主要受印支运动和燕山运动的影响，构造运动强，逆断层发育，进入喜山运动早期，断裂进一步向上延伸。从地震剖面上分析，五百梯地区经历了多次构造运动时期，受 NW—SE 向挤压应力作用，在构造高部位两翼形成多个逆断层推覆构造，大断裂上盘多发育伴生次级断层，使得断层剖面组合多呈“Y”字形或反“Y”字形组合，断距较大。研究区南北区域断裂发育差异明显，南部五百梯构造带与温泉井地区相比变形程度和断距都相对较小，五百梯构造带在 NW—SE 向挤压应力作用下，目的层主要发育 SW—NE 向主控断裂和与之平行的次级断裂，以及 NW—SE 向或近 EW 向的次级断裂。区域主控断裂走向为 SW 向，其平面延伸方向与逆断层推覆构造走向平行，近 EW 向贯穿整个研究区，对研究区构造特征具有控制作用。伴生断层断距较小，与主控断裂平行发育平面延伸长度也相对较小(图 5-4)。

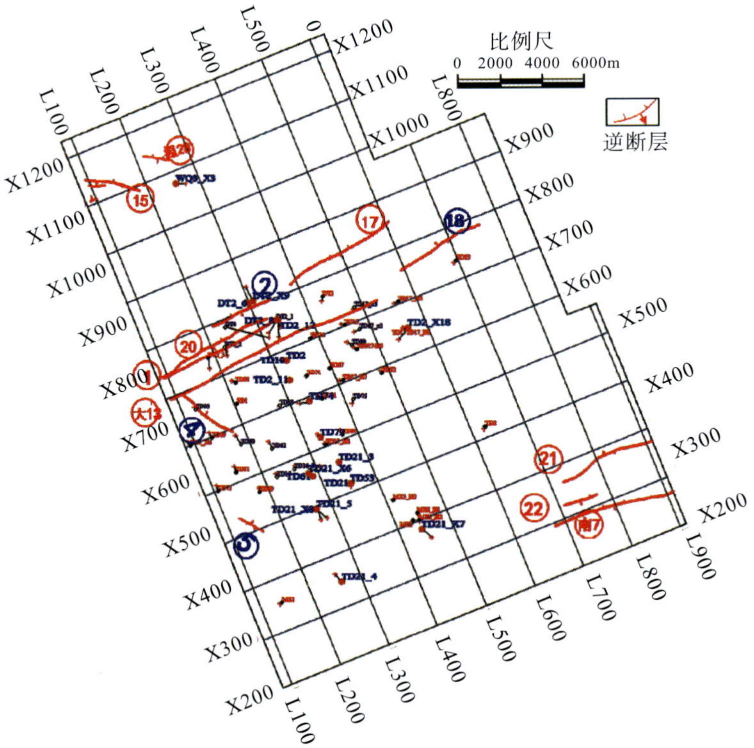

图 5-4　五百梯区长兴组顶断裂体系

断裂主要发育在该研究区中部五百梯构造，横向上较大的断层呈平行排列分布，较小的断层呈现出不同的排列方式，研究区主要断层要素见表 5-1。

表 5-1　五百梯区块主要断层要素表

断层编号	性质	所在构造部位	与构造轴线关系	断开层位	断层长度/km
F4	逆	大天池构造南翼	呈 70°角	T_1f_4—P_1l	2.5
F1	逆	大天池构造东北翼	平行	$T_1j_2^2$—P_1l	6.1
F13	逆	五百梯构造西北翼	平行	$T_1j_2^2$—P_1l	11.7
F20	逆	大天池构造东北翼	平行	$T_1j_2^2$—P_1l	6.1
F2	逆	大天池构造北翼	平行	T_1f_4—P_1l	3.5
F17	逆	南门场构造北翼	平行	T_1f_4—P_1l	5.4
F18	逆	大天池构造东南翼	平行	T_1f_4—P_1l	4.3

其主要断裂特征如下。

F1 断层：位于研究区中部五百梯构造带，为一条沿 SW—NE 向展布的逆断层，在研究区内延伸长度 6.1km，断裂倾向 SE，最大断距 250m，断层倾角较缓。

F13 断层：也称 TD76 北断裂，位于研究区中部五百梯构造带南翼，为一条沿 SW 向展布的逆断层，研究区内延伸长度 11.7km，断裂倾向 NW，断层倾角较陡，该断裂为一较陡箕状铲式由北向南推覆形成的断层，是研究区重要的控制断裂，对其一系列伴生逆冲断裂的形成具有重要作用，该断裂在剖面上断距由深到浅逐渐减小，其在浅层部位的断裂由西向东逐渐不发育，并没有贯穿整个研究区，地层起伏逐渐有变缓趋势。

F20 断层：位于研究区中部五百梯构造带，为一条沿 SW 向展布的逆断层，研究区内延伸长度 6.1km，断裂倾向 SE，最大断距 330m，断层倾角较陡。

F17 断层：位于研究区中部五百梯构造带南翼，为一条沿 SW 向展布的逆断层，研究区内延伸长度 5.4km，断裂倾向 SE，最大断距 70m，断层倾角较陡。

F18 断层：位于研究区中部五百梯构造带南翼，为一条沿 SW 向展布的逆断层，研究区内延伸长度 4.3km，断裂倾向 NW，最大断距 40m，断层倾角较陡。

研究区长兴组顶、底的断层发育具有继承性，平面断裂组合基本相同，仅小断层特征稍有差异。长兴组顶与长兴组底相比，断层的数量和组合关系有所不同，其断层的走向有较小的变化，F13 号断层向东延长了一段，中间出现 F3 号断层，F17 号断层和 F2 号断层也更发育。

三、生物礁识别及相带划分

（一）古地貌分析

利用残厚法绘制了长兴组沉积前后的古地貌，由图 5-5(a)可知长兴组沉积前研究区为缓坡沉积，水体深度自西向东逐渐变浅。受不同方向、期次断层影响，缓坡内局部可见沉积相对地貌较高部位(紫色区域)，沉积地貌高部位主要沿两个方向展布，即 NW—SE 向和 NE—SW 向，奠基了长兴组海槽的雏形，对后期礁滩体生长建造提供了基础。

长兴组古地貌[图 5-5(b)]反映了长兴组沉积模式及礁滩体建造，受礁滩体建造的影响，台地边缘沿 TD002-1 井—TD021-5 井一线及以东地区分布，呈 NNW—SSE 向展布，整体呈现出北窄陡、南宽缓的特征，中部地区台地边缘水体浅、能量高，礁滩体发育，形成礁滩复合体，连片分布，且以垂向加积作用为主。整体上台缘外带较台缘内带更适于礁滩建造，形成的沉积地貌更高。开阔台地内，整体以相对低能的滩间海沉积为主，礁滩复合体发育相对富集，形成二排礁分布。二排礁相较于台缘较窄、陡，二排礁复合体整体展布方向为 NW—SE 向，二排礁沉积继承了长兴组沉积前的高地貌，是在该沉积高地貌基础上进一步建造、演化。开阔台地内的其他区域偶见地貌高部位，可能为局部点礁。长兴组由于礁滩体的生长建造，形成了镶边明显的台地边缘及台内礁滩复合体分布带，但受水体深度、沉积前地形及断层的影响，不同区域礁滩体发育规模、分布范围具有较大差异性。

进一步详细研究发现，长兴组早中期高地貌格局已经形成[图 5-5(c)]，长三时期生物礁继续发育[图 5-5(d)]，形成了研究区现今的长兴组生物礁格局。图 5-5(d)显示晚期生长的礁体主要集中在台缘外带，台缘内带和二排礁发育相对较少，这意味着优质储层将会集中在台缘外带，这与区内高产井分布是一致的。

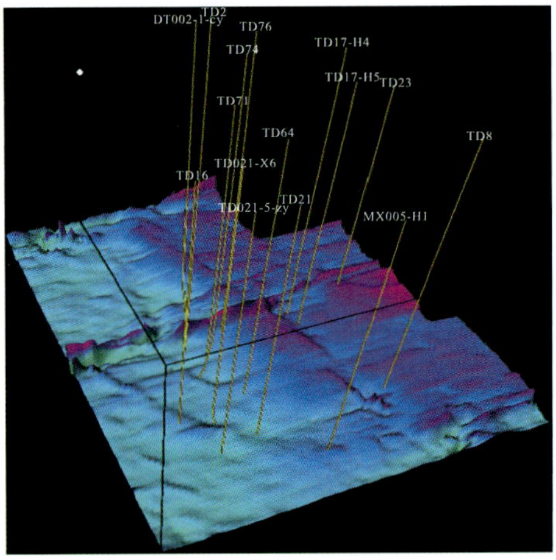

(a)长兴组沉积前古地貌

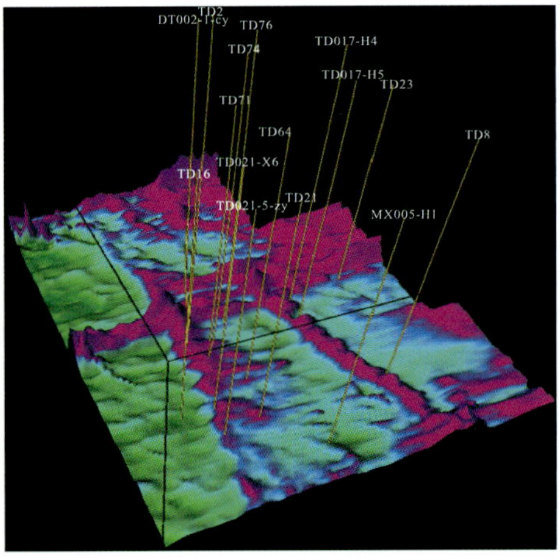

(b)长兴组古地貌

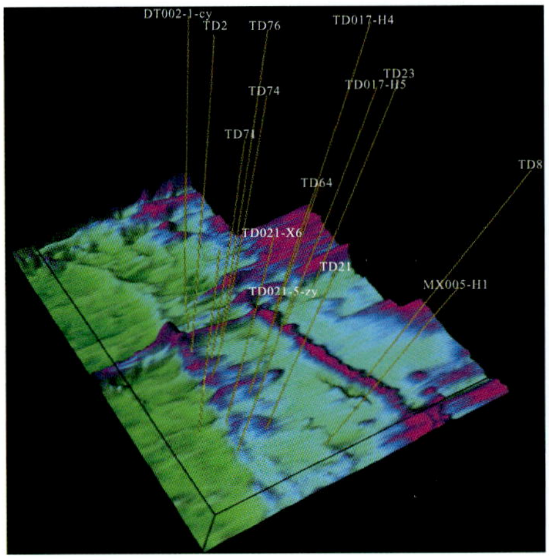

(c)长一段+长二段古地貌

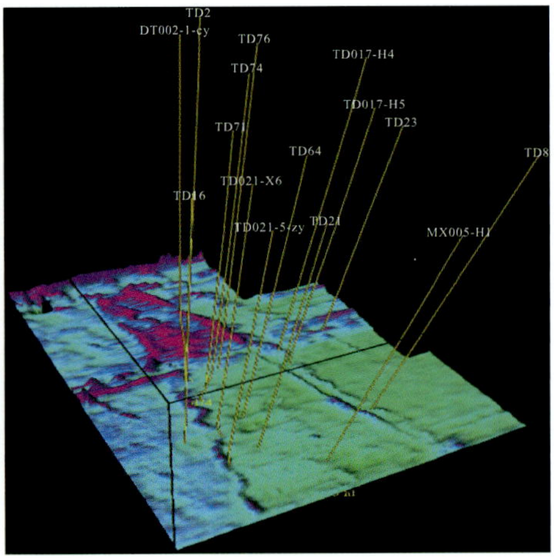

(d)长三段古地貌

图 5-5　五百梯区长兴组沉积前后古地貌

(二)地震相分析

由于生物礁的分布有一定的规律性，首先需要通过客观的方法研究生物礁的存在性及其分布规律。地震相分析时，时窗的选取是以目标层和相应的厚度为依据的，如果时窗开得过大，会包含不必要的信息；开得过小，则会出现截断现象，丢失有效成分。时窗的选取方法有固定时窗和沿两层滑动时窗两种。由于生物礁在纵向上的分布相对比较复杂，为了研究方便，研究生物礁的分布采用了三种实验方式的地震时窗。①通过 P_2l 或者 P_2ch 向上开时窗；②通过长兴组顶向下开时窗；③通过长兴组顶向下，同时 P_2ch 向上开时窗。

1. 针对第一排生物礁的地震波形分类

1)从下往上开时窗的研究地震相

P_2l 表现强波峰，连续反射，地震特征特别明显，是区内最为明显的地震标志层，容易追踪。其反映的生物礁特征相对比较客观，能够大概反映第一排生物礁的分布(图 5-6)。不利因素是 P_2l 层距离生物礁较远，其结果可能存在较大的误差，而 P_2ch 层距离长兴组生物礁稍微近一点，其结果误差会小一点。

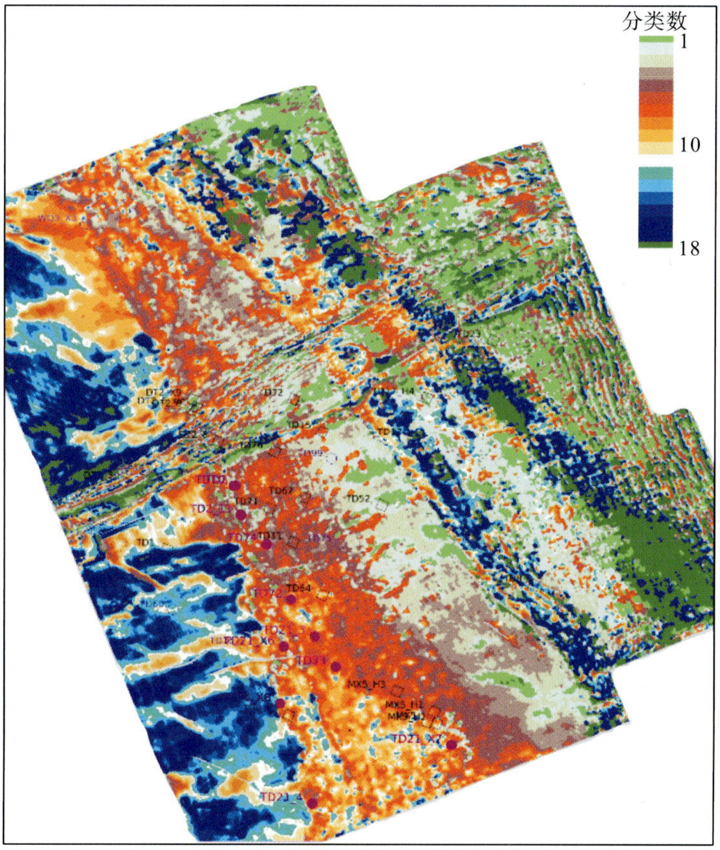

图 5-6　五百梯区长兴组波形分类图(P_2ch 向上开时窗)

2) 从上往下开时窗研究地震相

生物礁分布大都集中在长兴组的上部，利用靠近生物礁的层位为基础来分析地震相，能够精确细致地反映生物礁的分布特征，其前提是生物礁分布的主体位置的钻井较多，T_1f_1 的追踪在客观上比较准确。五百梯区长兴组钻井较多，统计有 58 口井的合成记录有效地标定了研究区龙潭组底和长兴组的顶和底，通过多井联合标定进一步验证了标定结果的准确性，保证了三维连片研究区地震层位的统一和精度，由此看出研究区地震层位标定比较准确和可靠。利用 T_1f_1 向下开时窗的方法制作的波形分类图与钻井测试结果较为符合（图 5-7），能够清晰地刻画出长兴组生物礁多排礁的分布范围。

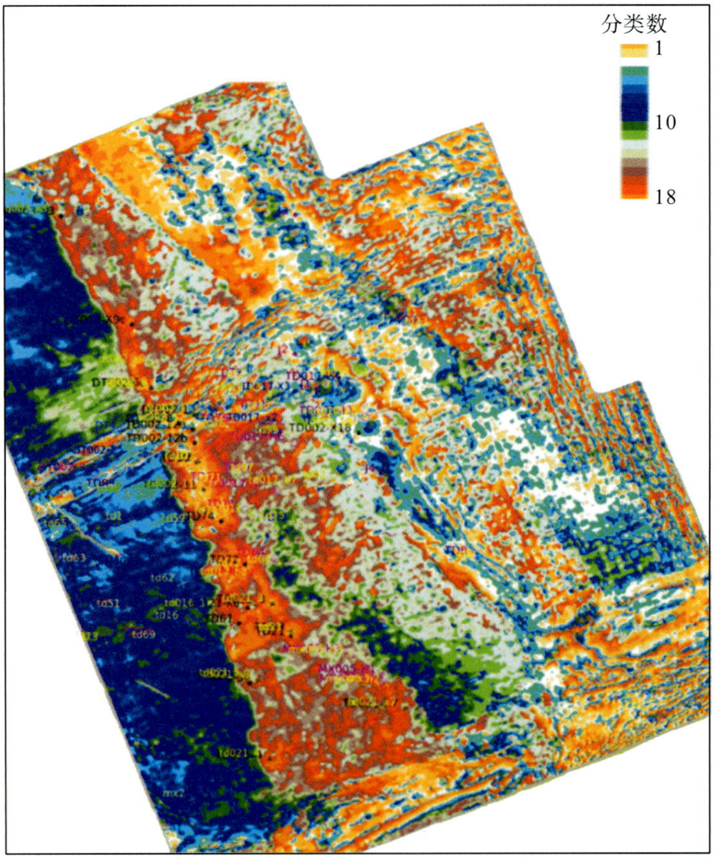

图 5-7 五百梯区长兴组波形分类图（T_1f_1 向下开时窗）

为了进一步突出生物礁的反射特征，采用拉平 P_2l 层位的地震剖面来描述（图 5-8）。可以看出，长兴组顶的反射（蓝色区域）振幅强，连续性好，易于识别。生物礁的特征（紫红色区域）是上凸，具丘状外形，地震时差增大，地震同相轴的连续性变差，相位变化大，频率有高有低，变化相对剧烈，礁间介于两者之间（蓝绿色区域），但没有上凸的外形。

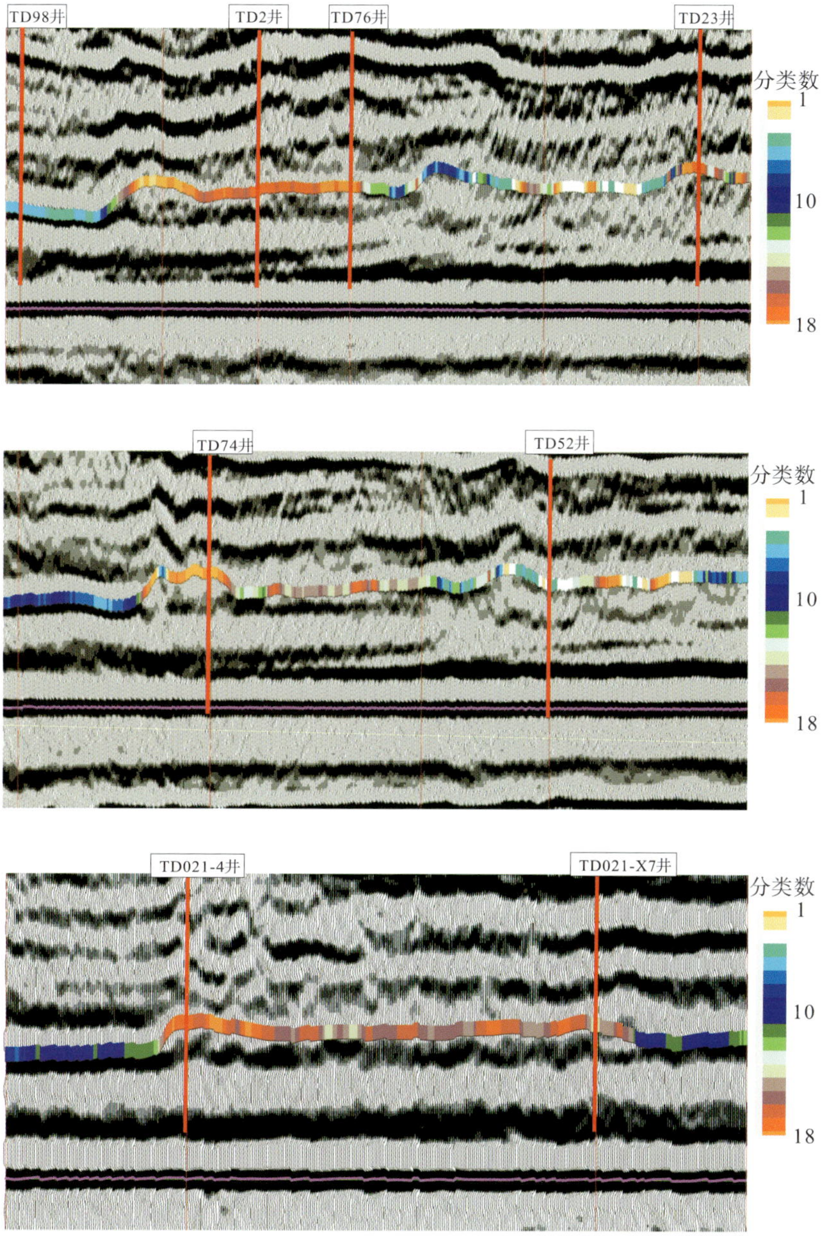

图 5-8　五百梯区长兴组波形分类图剖面图(T_1f_1 向下开时窗)

3) 通过长兴组顶向下，同时 P_2ch 向上开时窗研究地震相

由于生物礁多发育在长兴组的顶部，距离长兴组底较远，因此以长兴组顶底为基础来研究生物礁的分布，其精度有待提高。该研究方案(图 5-9)在分析第一排生物礁的分布方面好于第一种，而略次于第二种，可供参考。

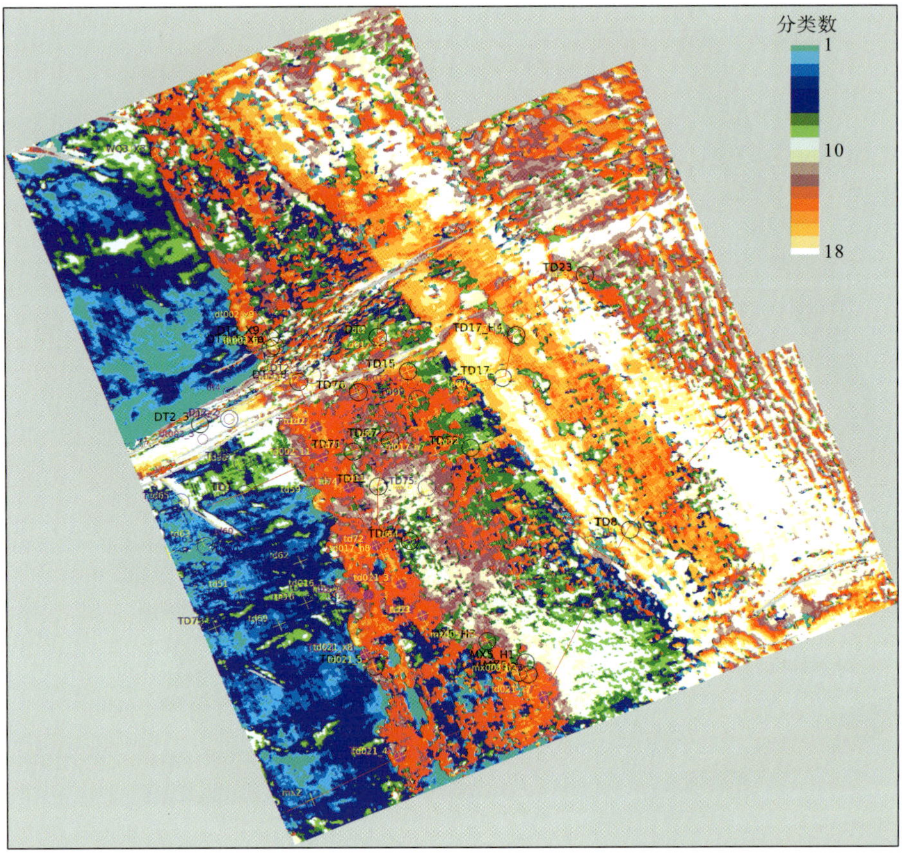

图 5-9　五百梯区长兴组波形分类图(T_1f_1 向下-P_2ch 向上开时窗)

2. 针对第二、三排生物礁的波形分类

第二、三排生物礁的研究难度相对较大，部分原因是其地震成像不如第一排生物礁的成像清晰，并且较第一排生物礁的规模小，钻井的数量少，对于认识第二、三排生物礁的分布受到一定的制约。另外，第三排生物礁分布位于三维地震工区的边缘位置，地震信号采集先天不足，也为地震信号的有效成像带来不利的因素。尽管如此，研究中采用了基于古地貌研究的科学思维方式，以沉积相对稳定的 P_2l 和 P_2ch 为基础，向上开时窗的方式，避免了因为 T_1f_1 在生物礁顶部地震追踪层位的不确定性带来的误差或错误。

从地层倾角图上可以识别出第二排和第三排生物礁的分布特征(图 5-10)。说明了在早期的长兴组地层倾角图上存在有规律的异常，因而说明第二、三排生物礁可能是客观存在的，下一步的工作是探索生物礁的详细分布。

1) 从下往上开时窗的研究地震相

针对第二、三排生物礁的研究，首先选择以 P_2l 底为基础，时窗 P_2l −92～−40ms 进行研究(图 5-11)。图中有两条褐色的分布区域，其方向为 NW 向，两条区域的距离是北西部近，南东部远，反映的生物礁分布的整体轮廓较清晰，并且非常细腻，与目前钻井结果吻合很好。由于 P_2ch 的地震资料品质相对很好，引入的人为误差很小，因此其结果很具有客观性。

2)从上往下开时窗和通过长兴组顶底，同时向下向上开时窗研究地震相

针对第二、三排生物礁，以长兴组顶为基础向下和从上往下(T_1f_1～P_2ch，-20ms)开时窗的效果，都较 P_2ch 向上开时窗(P_2ch，-70～-40ms)差，其分布范围略广，整体的生物礁的分布条带很明显，生物礁的分布不够细腻，并且长兴组顶地震品质较差，人为的因素较多，可能会引起较大的误差(图 5-12、图 5-13)。

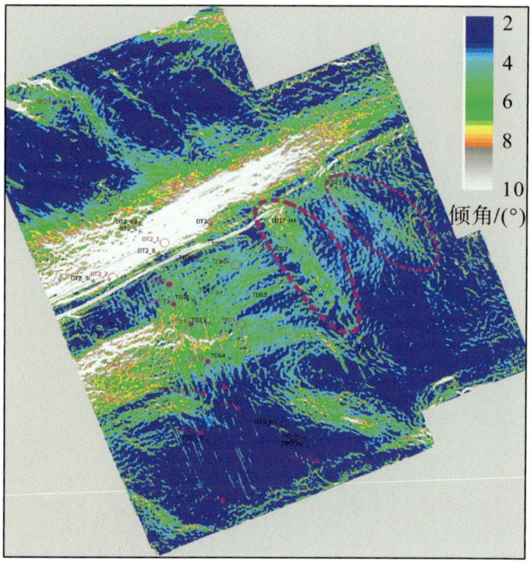

图 5-10　五百梯区长兴组地层倾角图

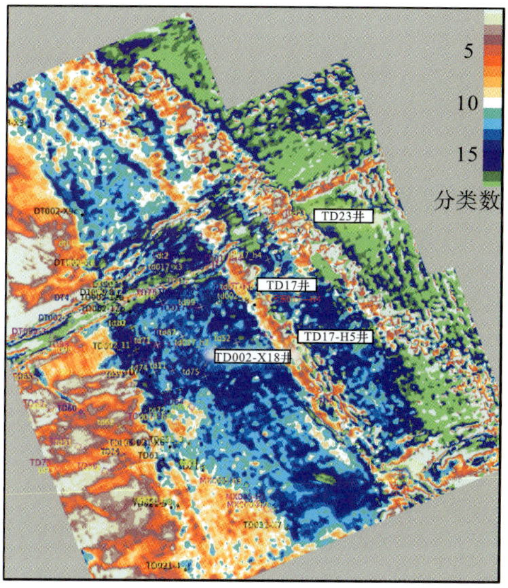

图 5-11　五百梯区长兴组第二、三排礁波形分类图(P_2ch 向上开时窗)

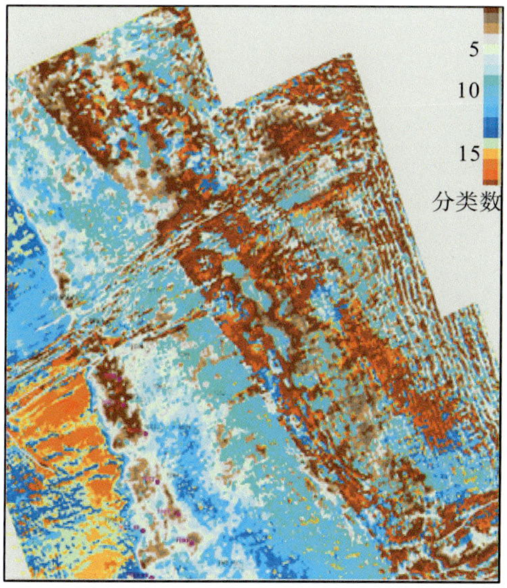

图 5-12　五百梯区长兴组第二、三排礁波形分类图(T_1f_1 向上开时窗)

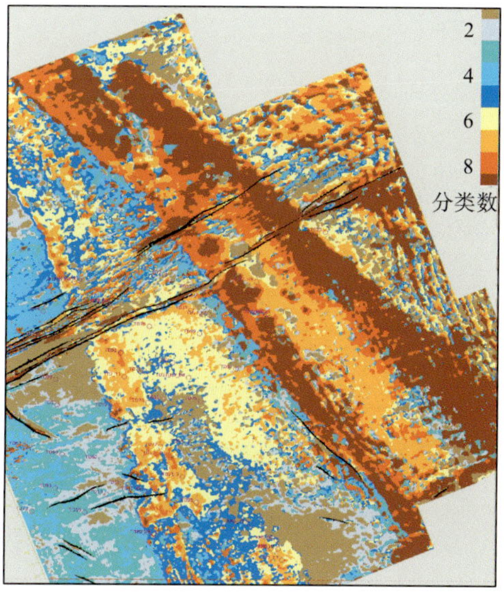

图 5-13　五百梯区长兴组第二、三排礁波形分类图(T_1f_1 向下-P_2ch 向上开时窗)

（三）地震属性分析

通过提取研究区多个地震属性，根据以上对生物礁地震异常识别结果，以及地质分析认识的结果，生物礁储层有利区集中在地震异常带内，依据这一结论，筛选出了对生物礁刻画较为敏感的属性（图 5-14）。从这四类属性中可以清楚地发现斜坡和台缘带的分界线，以及台缘礁和二排礁的展布条带，三排礁反映较前两排礁不明显，各个属性对于生物礁不同相带刻画细节有所不同，说明了单一属性对于相带刻画的不足，需要联合多个属性进行刻画。利用第三章提出的基于概率核融合属性技术对多个敏感属性进行融合，在提取不同属性的共性的同时，也保留了单个属性的独特性（图 5-15）。经过概率核融合后的属性，其中斜坡、台缘礁、礁间海、二排礁和三排礁横向展布特征更加清晰，有利于长兴组有利相带的划分。

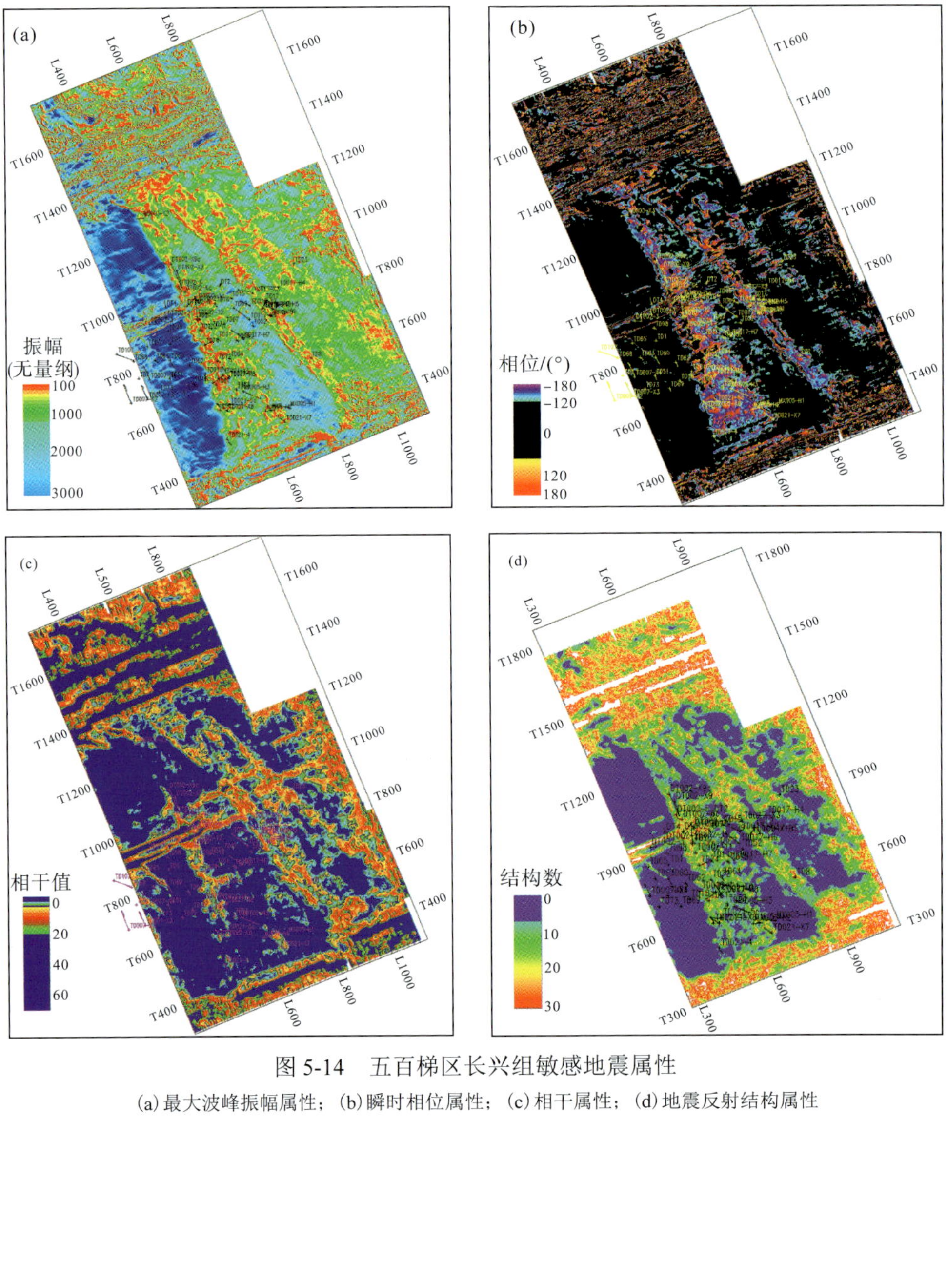

图 5-14　五百梯区长兴组敏感地震属性

(a) 最大波峰振幅属性；(b) 瞬时相位属性；(c) 相干属性；(d) 地震反射结构属性

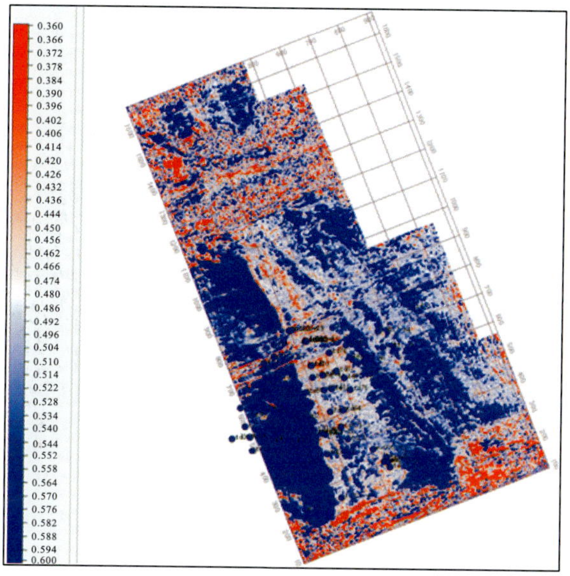

图 5-15　五百梯区长兴组融合属性

(四) 长兴组生物礁储层地震反演预测

研究区内测井曲线齐全的井有 60 口，绝大多数井钻至目的层长兴组，测井曲线相对较全，有声波、密度、伽马、电阻率、中子孔隙度以及自然电位曲线，测井解释曲线有孔隙度曲线，测井曲线质量满足储层反演要求。通过前面的测井响应特征分析，储层具有低速、低密度、低伽马、低阻抗和高孔隙度的测井响应特征。

从敏感参数分析来看，纵波阻抗叠置现象明显，原始纵波阻抗不能区分储层和非储层(图 5-16)，而从电阻率与自然伽马的交会图(图 5-17)中可以得出储层非储层在电阻率上具有

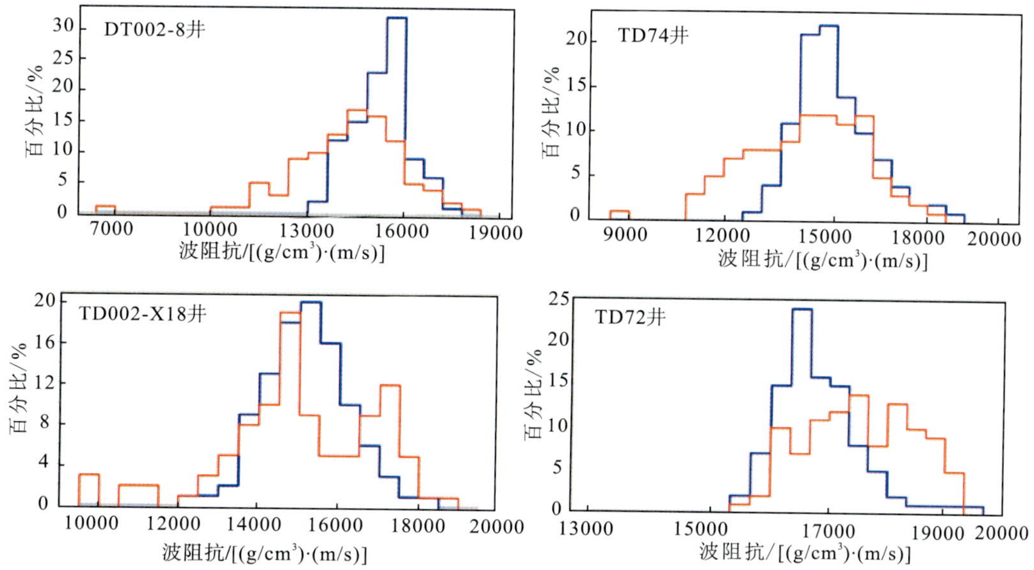

图 5-16　主要高产井纵波阻抗统计图

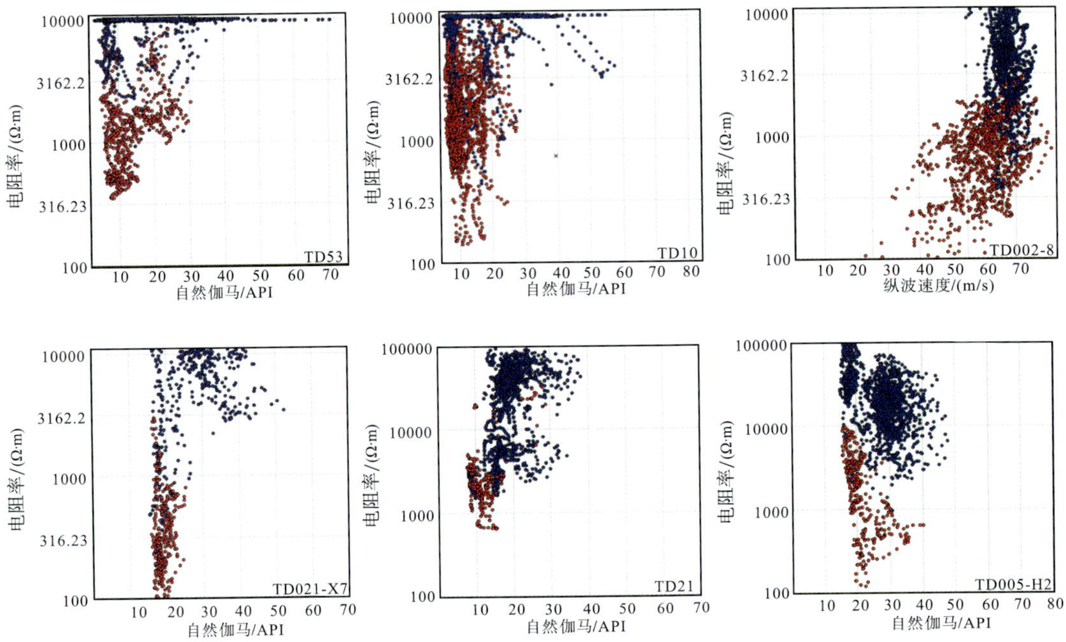

图 5-17 部分井电阻率与自然伽马的交会图

很明显的分异性，储层对应低电阻率。因此，尝试了利用电阻率对纵波阻抗进行重构，之后应用重构后的阻抗进行反演。

在反演方法的选择上，虽然研究区内井位多达 74 口，曲线井位也多达 60 口，但是井位分布极为不均衡。在前缘斜坡相带以及一排礁相带分布着 80%的井位，而在二排礁相带上仅有 4 口井，且仅有 1 口出气井。各个相带的地震反射特征有着明显的差异性，如果应用随机反演中所依靠的变差函数，那么非礁体相带井位则会由于距离较近的因素对礁体的预测产生较大的影响，使得生物礁发育相带储层预测不准确。同时由于生物礁储层的厚度较小，稀疏脉冲反演难以满足其纵向分辨率精度。地震波形指示反演的参照波形相似性和空间距离双因素的特性既满足了研究区井位分布不均衡，又满足了研究区内各相带地震反射特征差异明显的特质，同时其可调节的截止频率也满足了长兴组生物礁储层较高分辨率的要求。综上所述，针对本研究区长兴组生物礁储层几个特性，采用电阻率拟声波地震波形指示反演这一方法寻找优质储层，同时结合伽马反演进一步寻找有效储层，确定有利勘探目标。

从直接波阻抗反演剖面来看(图 5-18)，直接波阻抗反演剖面不符合地质规律以及钻测井资料，误差较大，在已有钻测井资料上无储层的地方出现大套储层；在礁前礁间不利于生物礁发育的相带发育大规模连片储层。经仔细分析得出，由于所选井位储层与非储层阻抗值存在大面积重合叠置，使得地震资料与测井资料无法建立稳定映射关系，需进一步优化反演方法。

经过电阻率重构后的反演井组拟波阻抗值在储层与非储层之间存在着很明显的分异性(图 5-19)，且门槛值约为 17640 $(g/cm^3)\cdot(m/s)$，其中生物礁储层的拟波阻抗值小于 17640 $(g/cm^3)\cdot(m/s)$，而非储层的拟波阻抗值基本大于 17640 $(g/cm^3)\cdot(m/s)$。利用拟电阻率声波曲线进行拟电阻率阻抗反演，从反演剖面(图5-20)可以看到，储层的纵横向展布特征合理，储层与非储层的拟电阻率阻抗差异明显，储层的拟电阻率阻抗值域范围与非储层的拟电阻率阻抗值域范围有较明显的区分(图中暖色为低拟电阻率阻抗的储层，而冷色为高拟电阻率阻抗的非储层)。根据钻测井资料，长兴组上部分布连片低速低密度泥质灰岩，其表现出的极低阻抗在反演结果中也得以呈现。

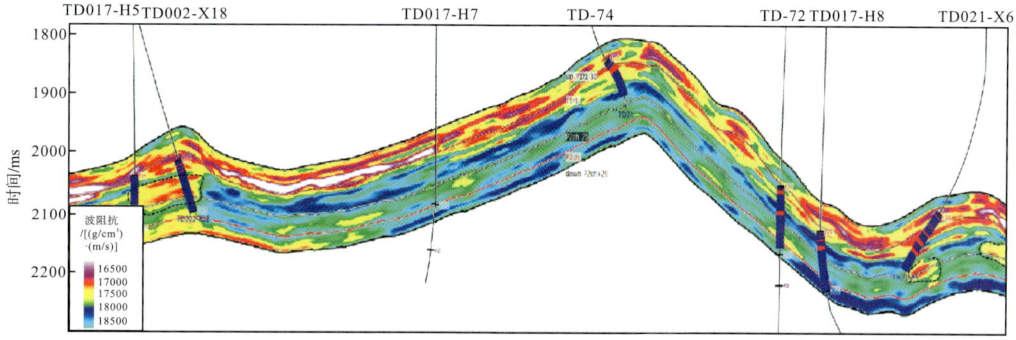

图5-18　直接波阻抗反演连井剖面

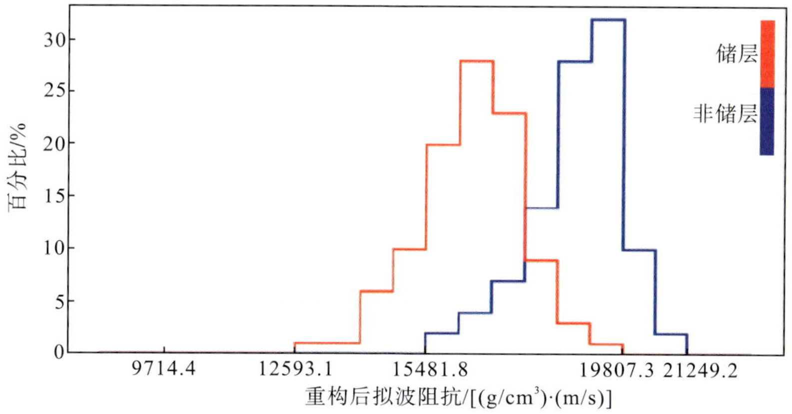

图5-19　反演井组重构后拟波阻抗直方图

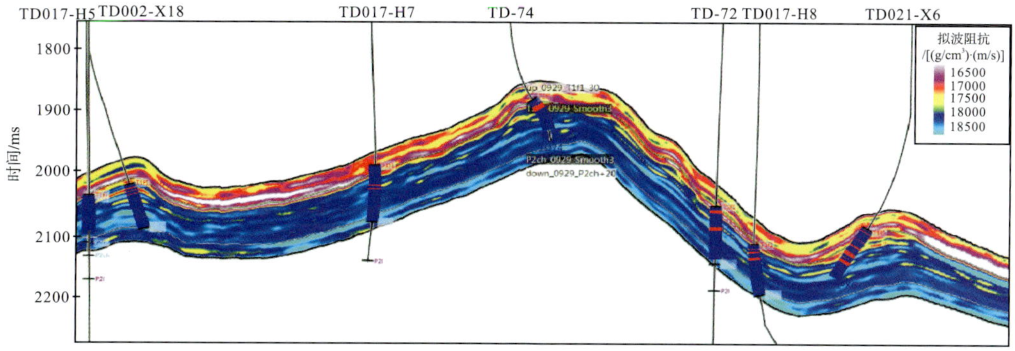

图5-20　拟电阻率阻抗反演连井剖面

对泥质含量最为敏感的是自然伽马值，对研究区内所有的伽马曲线进行优选，并进行去除异常值、标准化后，以原始地震资料作为网络的输入，通过神经网络技术手段建立起地震资料与 GR-log 之间的非线性映射关系，从而获得研究区的 GR-log 参数反演信息。图 5-21 是伽马参数反演的连井剖面，从剖面上可以看出，长兴组上部有着大套的高泥质灰岩，可以作为优质盖层。在长兴组内部也有着零星分布的高泥质，这影响着储层预测的准确性。这些特性符合地质规律与钻测井资料，证明了伽马反演合理可靠，可以用作下一步工作。根据伽马参数反演体，设置体门槛值，将伽马反演体作为遮挡体，将伽马归一化之后的值高于 0.25 的从拟阻抗体中滤掉(图 5-22)，从而精确消除了泥质对储层识别的影响(孙文艳等，2019)。

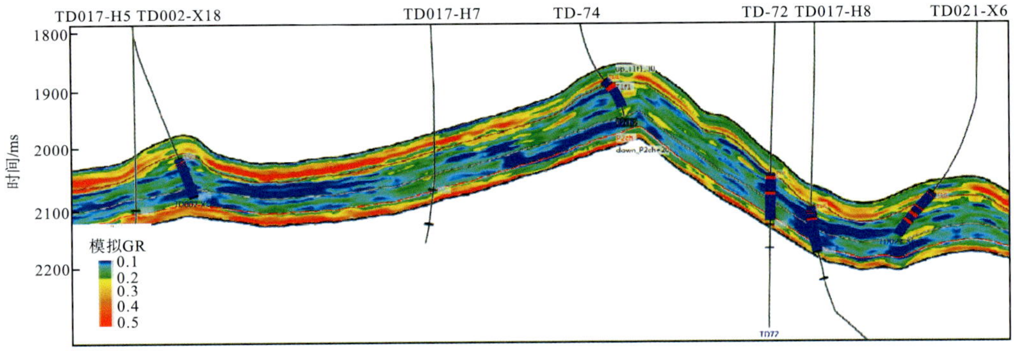

图 5-21　伽马参数反演连井剖面

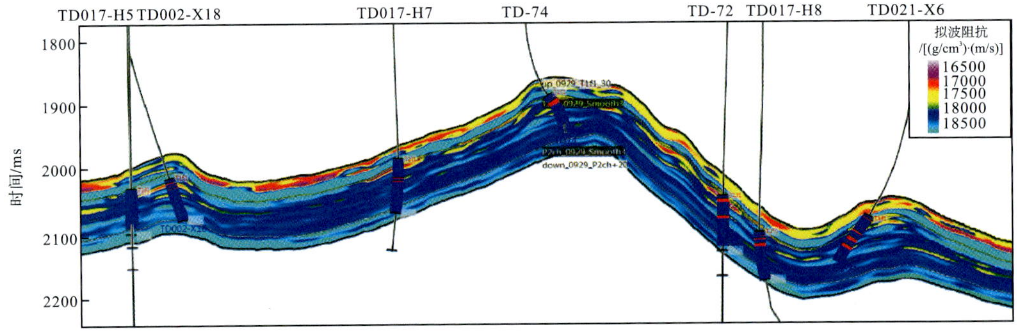

图 5-22　去泥质后拟电阻率阻抗反演连井剖面

以地震层位为约束，结合实际地质情况和反演结果，合理选择最优的时窗范围，提取研究区内长兴组生物礁储层的储层时间域厚度平面图(图 5-23)，经过去泥质孔隙度约束后的长兴组有效储层厚度图中，暖色代表厚度厚，冷色代表厚度薄。从图中可以看出，研究区北部受制于高陡构造带和资料品质原因，出现极其杂乱的特征。在研究区南部主体区域，储层发育明显呈 NW—SE 向条带状展布，与前期有利相带和古地貌特征相似。在第一排礁之后的礁后滩独立发育储层，形成独立发育生长的点礁、块礁。

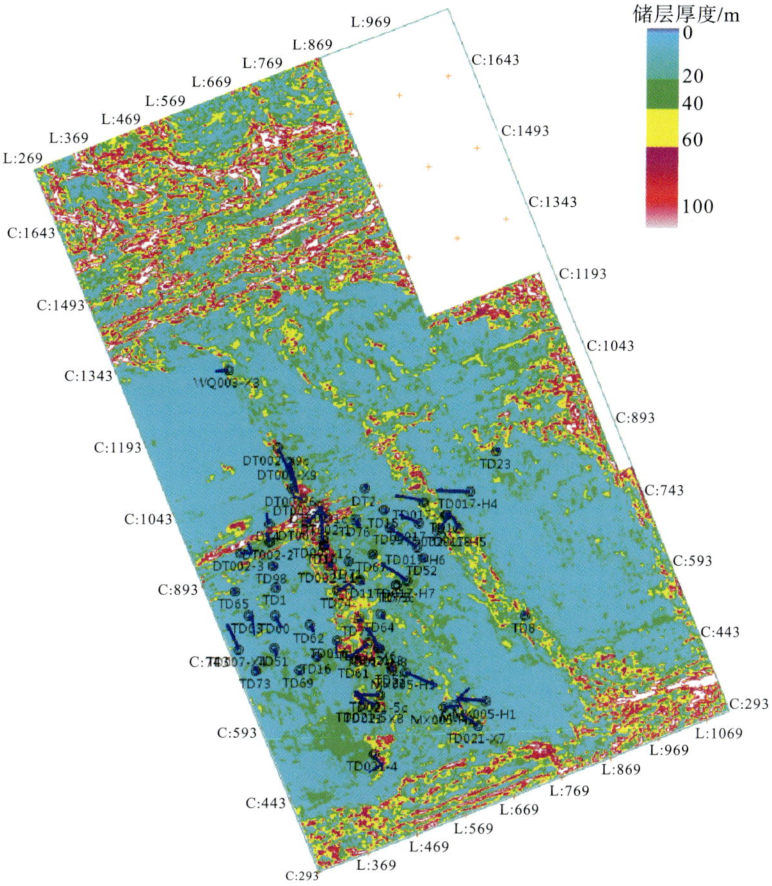

图 5-23　五百梯区长兴组储层时间域厚度图

(五)长兴组生物礁储层含气性检测

此次油气检测是利用叠后频率梯度斜率来进行预测的，其在研究区内高产气井、非气井、水井分异明显(图 5-24)，可以明显地指示研究区长兴组中上部储层含气性。DT002-8 井是测试产能高达 $70\times10^4 m^3/d$ 以上的高产井位，其频率衰减梯度为负值，且斜率大于 TD74 井，而TD017-H7 出水井表征出频率衰减正值，以上特征充分验证了频率衰减方法的可靠性与适用性。

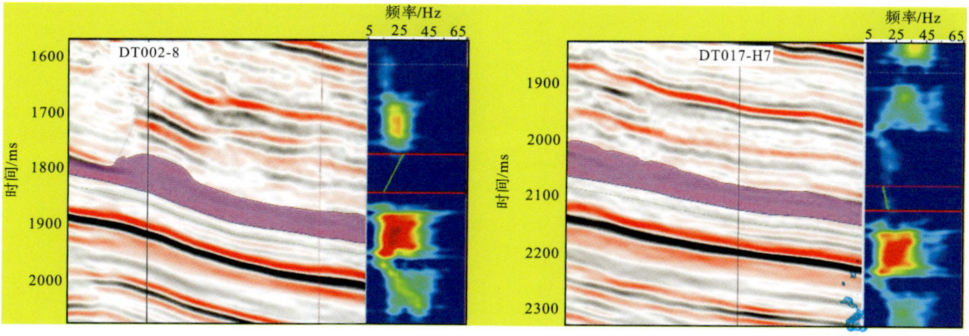

图 5-24　产气井(左)与水井(右)DFT 频谱图

根据计算的含气性数据结果，结合生物礁的储层预测结果与沉积微相的划分，分析生物礁内部有利的含气区，形成了研究区长兴组中上部频率衰减梯度平面图(图 5-25)，图中暖色调表征频率梯度为负值的区域，而根据油气梯度衰减理论，负值区域即为含气性有利区域；冷色调对应正值区域，即为含气性不利区域。在暖色调中，从黄色到橙色再到红色，频率梯度负值绝对值变大，即表示含气性更好。从整体来看，研究区南部含气有利区(暖色调)呈现条带状展布，同相带分布类似；前缘斜坡与礁间海相带为冷色调不利区，与地质规律相符。

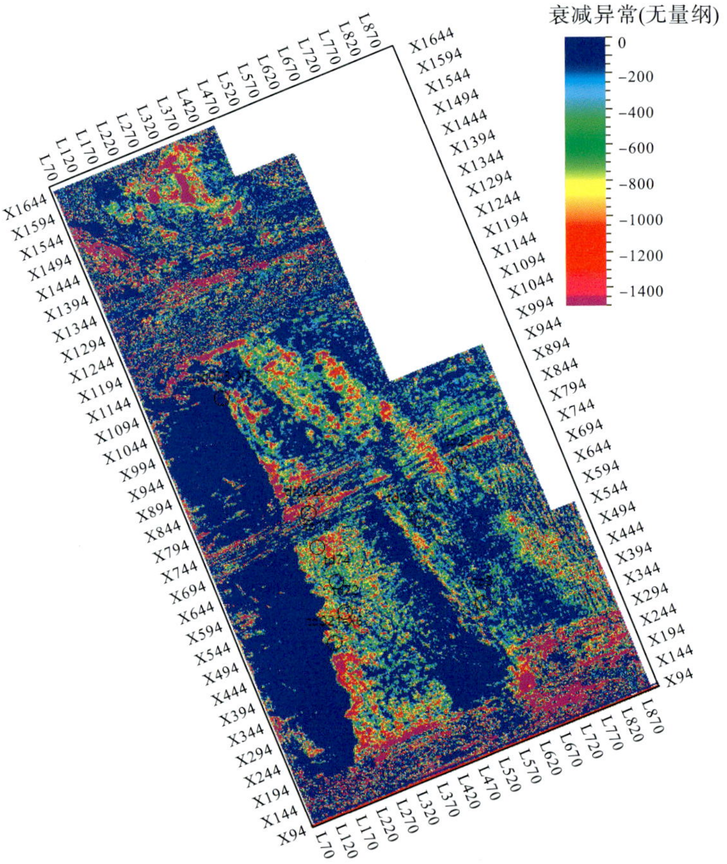

图 5-25　五百梯区长兴组中上部频率衰减梯度图

储层的形成、发育和分布受多种因素影响和控制，现今储层的发育规模和分布特征正是这些因素相互叠加的结果，就是所谓的“叠合概率法”。其原理就是将影响储层发育和分布的若干因素视为相互独立的地质事件，现今储层的分布正是这些相互独立的地质时间共同作用的结果。

一般而言，碳酸盐岩储层的分布预测研究需要考虑油气显示、测试成果、孔隙度、有效厚度、渗透率、沉积微相、裂缝发育情况等多种因素，实际操作过程中，可以将相关性较好的因素合并，或二者取其一。就本区而言，结合长兴组生物礁储层的特征，这里主要考虑这些因素：生物礁地震异常范围、古地貌高点区域、有利地震相带范围、波阻抗低值异常区域、油气检测的强衰减区域、测试成果因素和沉积相等。依据以上因素大致刻画出14个生物礁异常体(图5-26)，包括台缘礁、二排礁、三排礁以及礁后滩等相区。研究显示一排礁还有勘探潜力可以挖掘，二排礁、三排礁由于地震特征不明显，可用井位较少，具有一定的不确定性，勘探风险相对较大。

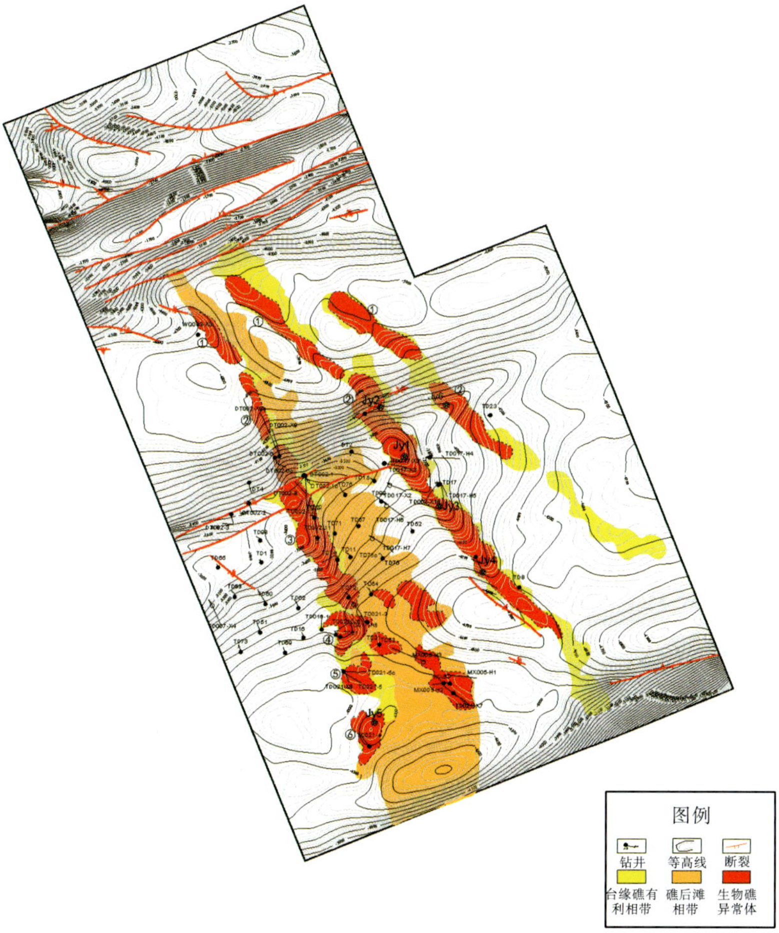

图5-26　五百梯区长兴组生物礁综合评价图

第二节　双家坝—龙门区块长兴组生物礁勘探实践

双家坝—龙门区块位于四川盆地开江—梁平海槽西侧南端，横跨七里峡构造带，东翼断下盘双家坝潜伏构造、大天池构造带，西邻蒲包山构造带，西北接七里峡构造主体，属于开江—梁平海槽西侧的生物礁发育有利相带(图5-27)。

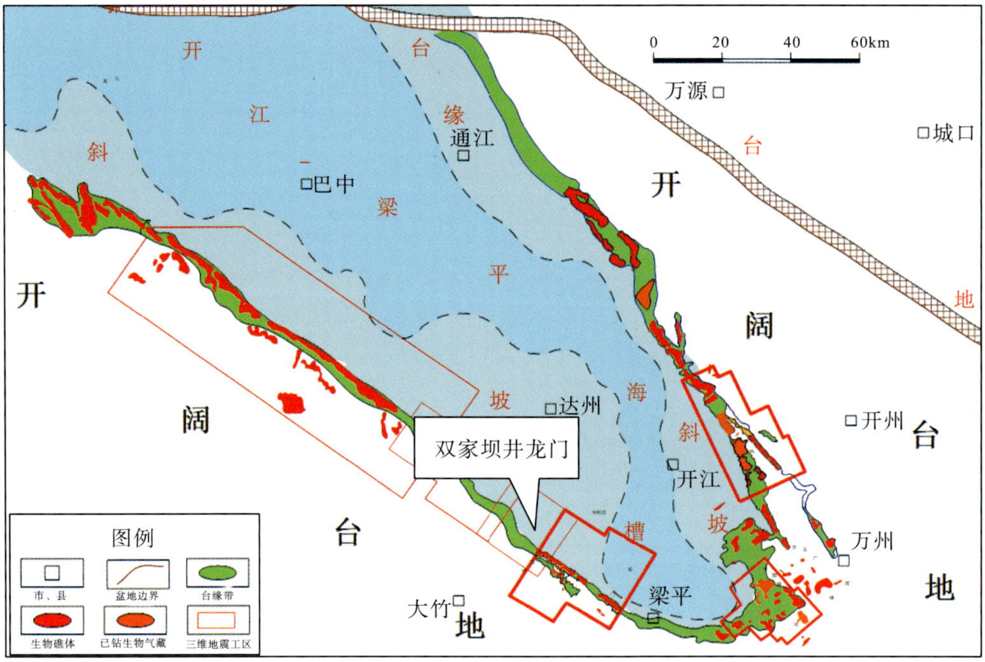

图 5-27 双家坝—龙门区块位置图

一、资料品质分析

研究区三维资料处理所获的叠前时间偏移剖面，纵向上侏罗系至寒武系各反射层的反射品质较好，信噪比和分辨率较高。横向上看，在测区大部分区域的反射层品质较好，资料的信噪比较高，波组特征清楚，能量稳定，连续性好，较清晰地展示了地腹侏罗系至寒武系各反射层的地质情况(图 5-28)。蒲包山构造的东南翼、七里峡构造南段轴部、大天池

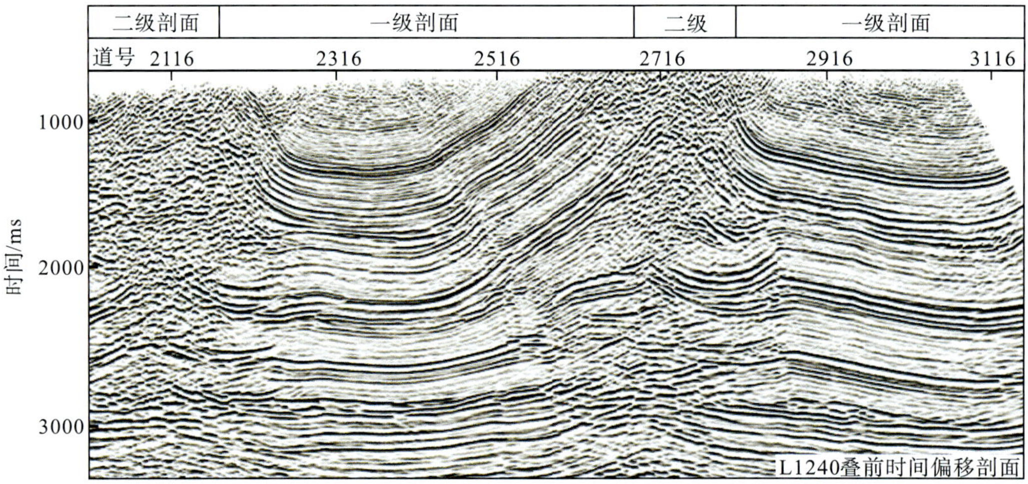

图 5-28 双家坝—龙门地区资料品质剖面

构造轴部由于出露雷口坡组灰岩剖面信噪比降低，资料品质差，同相轴连续性较差，波形特征不明显。根据剖面质量评价技术规程要求，针对主要目的层进行了品质评价。其中飞四段底界一级剖面区面积近 700km^2，一级剖面率约 85%，二级剖面区面积近 130km^2，二级剖面率约 15%，能够满足后期地质任务要求(图 5-29)。

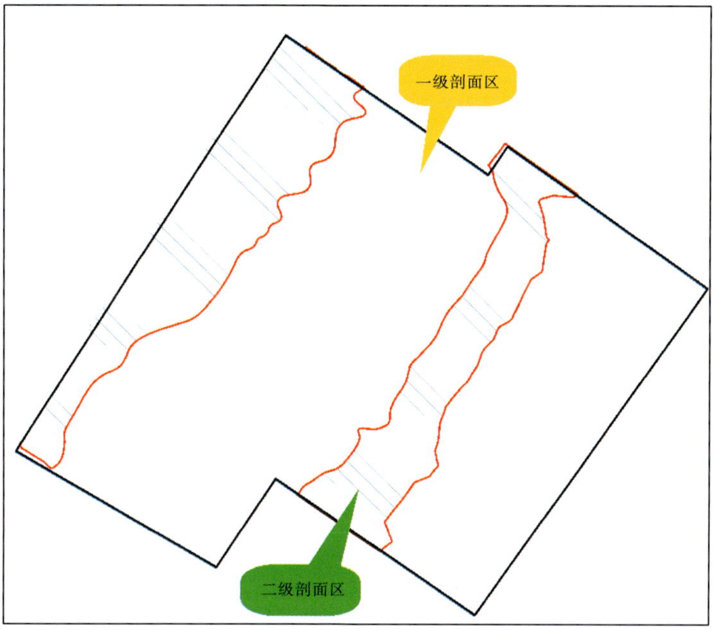

图 5-29　双家坝—龙门地区资料品质图

二、区域构造样式

研究区横跨两个构造带，由西向东即七里峡构造带、大天池构造带，七里峡构造呈东北向展布，研究区位于七里峡构造南段，从地面出露来看，七里峡构造带北西翼地层较缓，地层倾角为 35°～65°，南东翼地层较陡，地层倾角达到 70°～80°，局部已出露雷口坡组地层。大天池构造东翼陡带大①号逆冲断层下盘的潜伏构造，龙门—明达潜伏构造为长轴背斜，由明达、龙门和龙门北三个潜伏高点组成，主高点为明达潜伏高点，在飞四段底界—下二叠统底界之间均存在龙门、明达两个潜伏高点，该潜伏构造隆起幅度较低，两翼地层倾角较小，为 20°～30°，西北翼伴有 3 条断距为几十米的小断层(图 5-30)。

研究区属于川东中隆高陡构造区，在构造应力强烈的挤压作用下形成的褶皱和断裂复杂，发育大、中、小不同落差的逆断层较多，共计有 17 条逆断层(图 5-31，表 5-2)，其主要特征如下。

(1) 纵向上表现为嘉四 ^{3} 以上的浅层，褶皱形态简单，断裂不发育，断层少，落差小，延伸长度短。嘉四 ^{2} 至志留系之间的二叠、三叠系逆断层十分发育(中层构造)，总体特征为规模大、数量多、延伸远、断开层位多，一般向上断开嘉陵江组内部，往下消失于志留系之中。

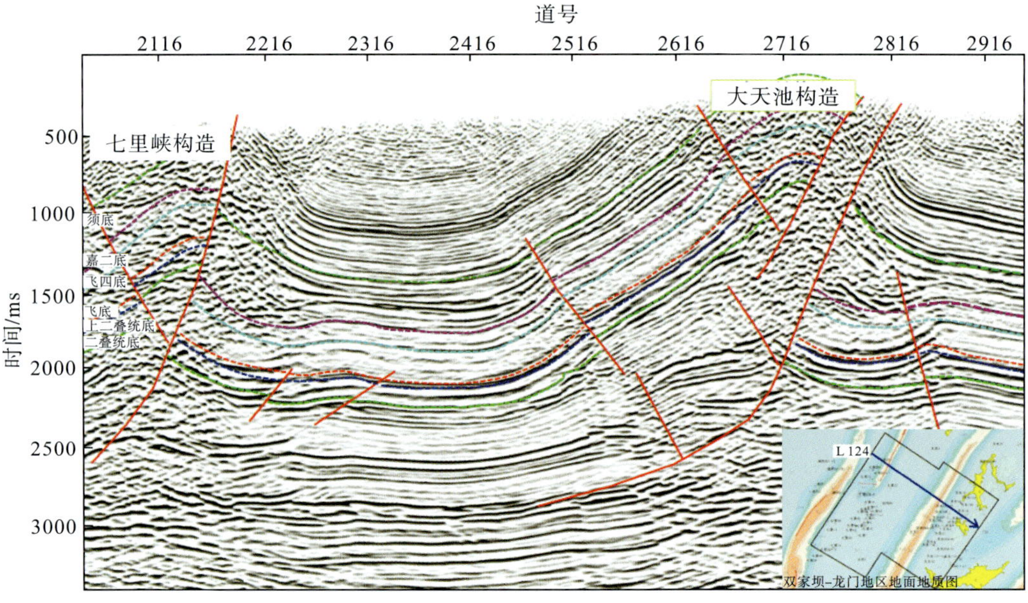

图 5-30 双家坝—龙门地区构造样式

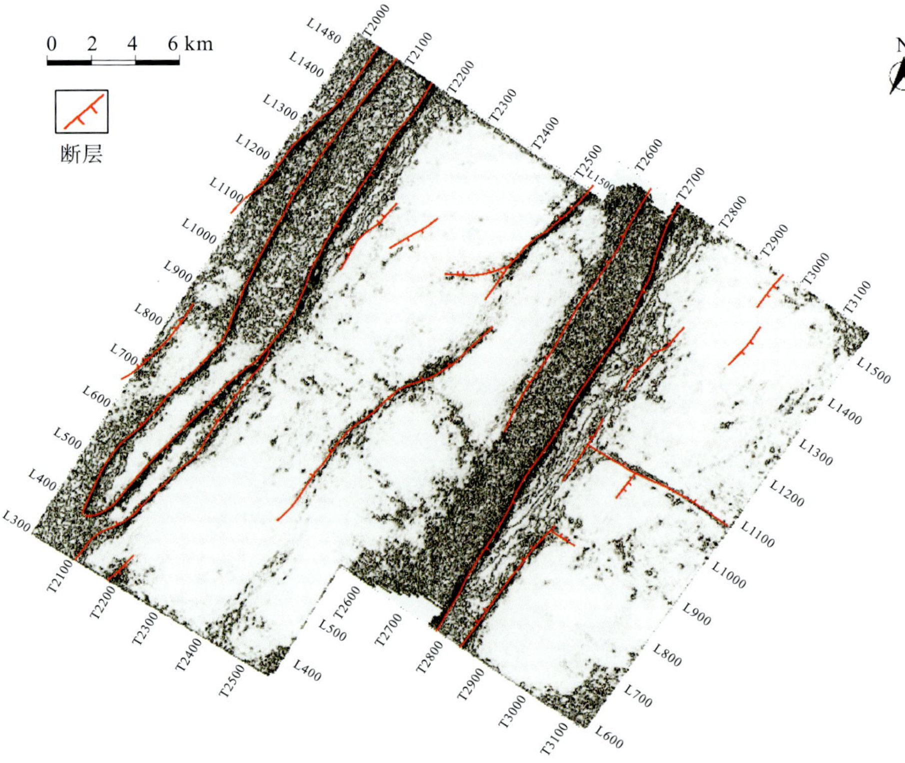

图 5-31 双家坝—龙门飞四段底界沿层相干与构造图

表 5-2　断层要素简表

断层编号	性质	所在构造部位	断开层位	断层长度/km	落差范围/m	消失部位		产状
						向上	向下	倾角方向
七里①	逆断层	七里峡	T_1j_2—P_1l	27.87	400～675	T_1j	S	北西
七里③	逆断层	七里峡	T_1j_2—P_1l	28.13	750～2300	T_1j	S	南东
七里⑳	逆断层	七里峡	T_1j_2—P_1l	4.47	25～75	T_1j	S	北西
七里㉑	逆断层	七里峡	T_1j_2—P_1l	2.89	100	T_1j	S	南东
七里㉒	逆断层	七里峡	T_1j_2—P_1l	6.80	25～50	T_1j	S	北西
七里⑤	逆断层	七里峡	T_3x—P_1l	5.24	200	J_1z	S	北西
七里⑥	逆断层	七里峡	T_1j_2—P_1l	11.39	500～875	T_1j	S	南东
双①	逆断层	双家坝	T_1j_2—P_1l	15.59	200～425	T_1j	S	南东
双②	逆断层	双家坝	T_1j_2—P_1l	2.21	225	T_1j	S	北西
大①	逆断层	大天池	T_1j_2—P_1l	24.58	2575～3425	T_1j	€$_2g$	南东
大⑥	逆断层	大天池	T_1j_2—P_1l	14.40	200～275	出露	S	南东
罗⑤	逆断层	大天池	T_1j_2—P_1l	7.11	0～125	T_1f	S	北西
罗⑥	逆断层	大天池	T_3x—P_1l	14.20	250～400	出露	S	北西
大⑱	逆断层	大天池	T_1j_2—P_1l	4.42	25	T_1j	S	南东
大⑳	逆断层	大天池	T_1j_2—P_1l	7.18	225～625	T_1j	S	南东
大㉚	逆断层	大天池	P_1l	7.11	0～50	P_1q	S	北西
大③	逆断层	大天池	T_1j_2—P_1l	6.69	200～875	T_1j	S	南东

(2) 平面上断层走向均为北东向组系，较大的断层常与构造高带伴生，规模较小的断层则多位于局部构造两翼或构造较缓部位。

主要断层描述如下。

(1) 七里①逆断层。该断层发育于七里峡构造西北翼，倾向北西，断面倾角 65°～80°，该断层控制高桥潜伏构造的形态和构造幅度。向上消失于嘉陵江组内，向下消失于志留系内，南端延伸至高桥以西、向北延伸出研究区，区内长度约 27.87km，落差 400～675m。

(2) 七里③逆断层。该断层发育于七里峡构造东北翼，倾向南东，断面倾角 60°～70°，该断层控制高桥潜伏构造的形态和构造幅度，向上消失于嘉陵江组内，向下消失于奥陶系内，南端延伸至高桥以西、向北延伸出研究区，区内长度约 28.13km。

(3) 双①号逆断层。该断层发育于双家坝潜伏构造的西北翼，倾向南东，对双家坝潜伏构造的构造形态、轴线展布、圈闭大小以及油气聚集具有较大的控制作用。断开嘉二^{2}底～下二叠统底界，向上消失于嘉陵江组内，向下消失于志留系，向北延伸到五家沟附近，向南延伸出研究区，区内长约 15.59km，落差 200～425m。

(4) 大①号逆断层。该断层发育于大天池构造主体南东翼，是大天池构造延伸最长、落差最大的断层，断层将大天池构造分割成上、下盘的构造格局，在上盘保留了与地面构造相似的主体构造格局，整体表现出挤压、抬升、上冲的构造特征，在下盘则形成了受次一级断裂控制的潜伏构造。大①号断面倾向北西，断层倾角 50°～70°，走向近北东向，与构造轴向一致，对大天池构造的形态、高点位置、圈闭规模有控制作用。大①号断层上陡下缓，倾角为 20°～50°，断开须家河组至志留系，向上消失于侏罗系内，向下消失于志留系内，向北东和南西延伸出研究区，区内长度约 24.58km，落差范围 2575～3425m。

(5) 大⑥号逆断层。该断层发育于大天池构造的西北翼，倾向南东，断面倾角 50°～70°，该断层控制大天池构造的形态和构造幅度，向上消失于侏罗系内，向下消失于志留系内，南端延伸至龙门以西、向北延伸出研究区，区内长度约 14.40km，落差 200～275m。

三、生物礁识别及相带划分

(一) 古地貌分析

图5-32为利用残余厚度法恢复的双家坝—龙门地区长兴组末期的古地貌立体显示图，图上可以清晰地反映沉积相带的变化，图中左侧的时间厚度值约 120ms，表现为绿色至淡黄色，对应台地相。中部有一条带的时间厚度值稍大，为 120～185ms，表现为橙色和红色，对应台缘相。图中右侧时间厚度值减小，小于 100ms，表现为淡蓝色、蓝色至紫色，对应斜坡-海槽相。同时古地貌图可以有效反映生物礁的平面展布特征，古地貌的高代表台缘生物礁和台地生物礁，生物礁主要发育在台缘带，台地相带发育较少，礁群之间及礁群内单礁体的边界较清晰。

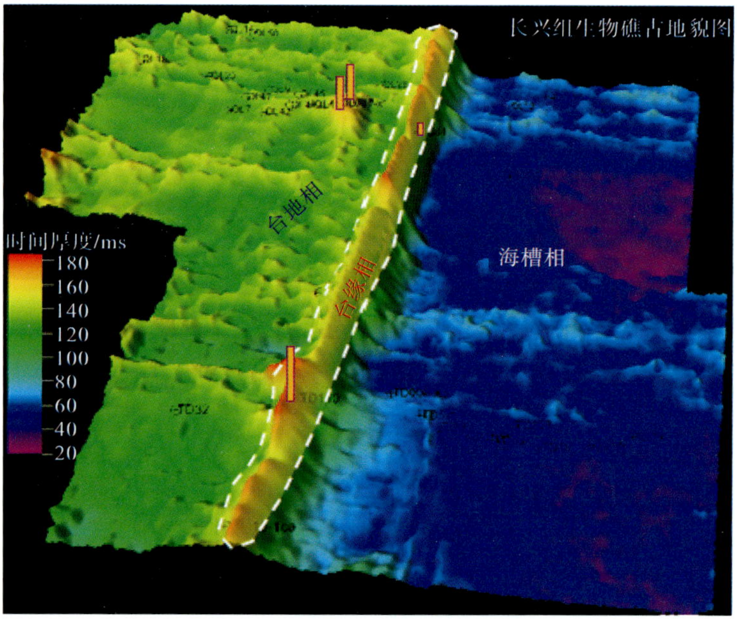

图 5-32 长兴组生物礁沉积末期古地貌图

（二）地震属性

由于生物礁特殊的地震相特征，利用各种地震属性是进行生物礁识别的快速有效的方法。从图 5-33 的长兴组顶界均方根振幅切片可见台缘边界比较清楚。

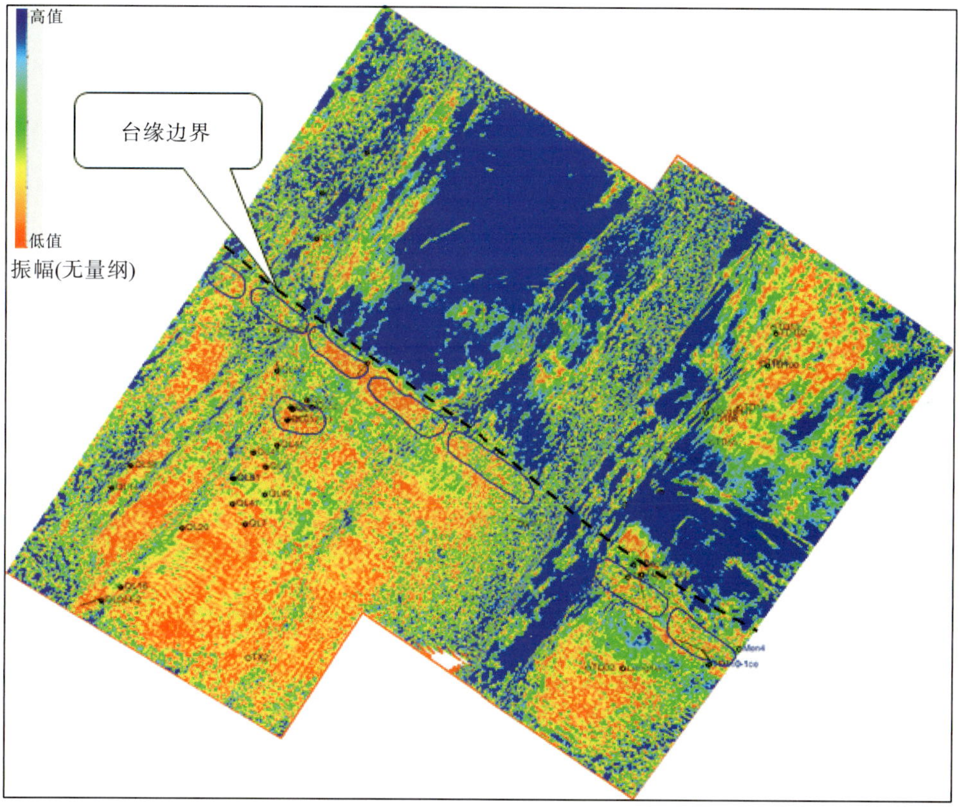

图 5-33 双家坝—龙门地区长兴组顶界均方根振幅属性

基于生物礁内部反射杂乱、丘状上隆的反射特征，在生物礁预测中对长兴组进行了相位、振幅、波峰数等地震属性的提取，通过拉平剖面结合进行分析，最终优选出瞬时相位以及波峰数属性两种属性，能够较好地反映出生物礁的分布范围，结合属性及古地貌刻画出了双家坝—龙门区块的长兴组生物礁相带图(图 5-34、图 5-35)。

通过以上古地貌、地震反射特征以及多属性分析，能够识别生物礁特征，可清晰地刻画台缘及生物礁边界。因此利用古地貌图确定生物礁范围，由瞬时相位及波峰数属性准确刻画生物礁边界，调整长兴组顶部层位，通过多次迭代精细刻画礁体平面分布。依据上述属性特征明确了该区长兴组地震有利相带及生物礁分布情况。

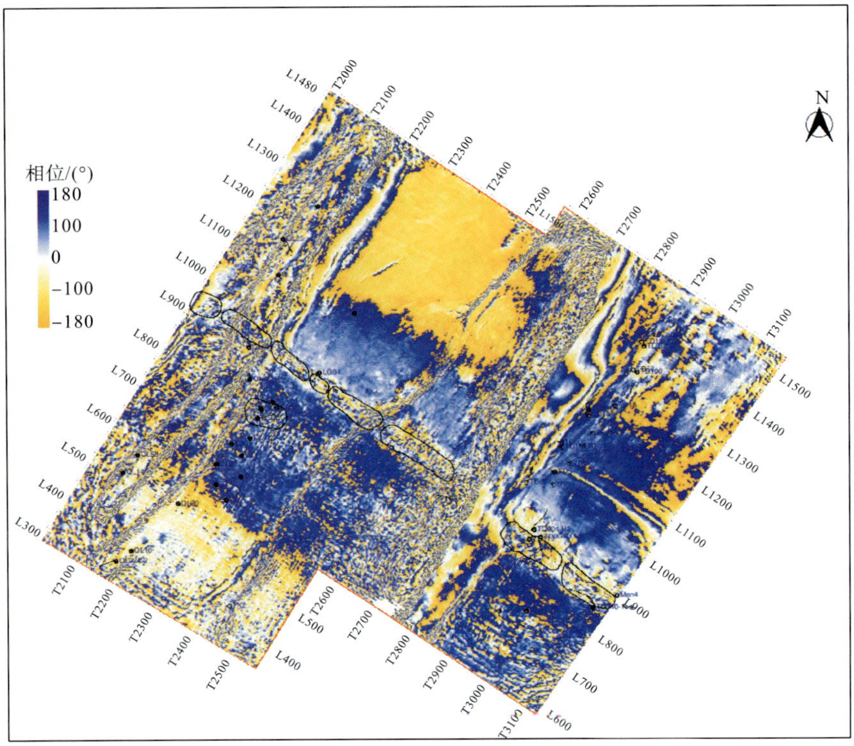

图 5-34 双家坝—龙门长兴组瞬时相位属性

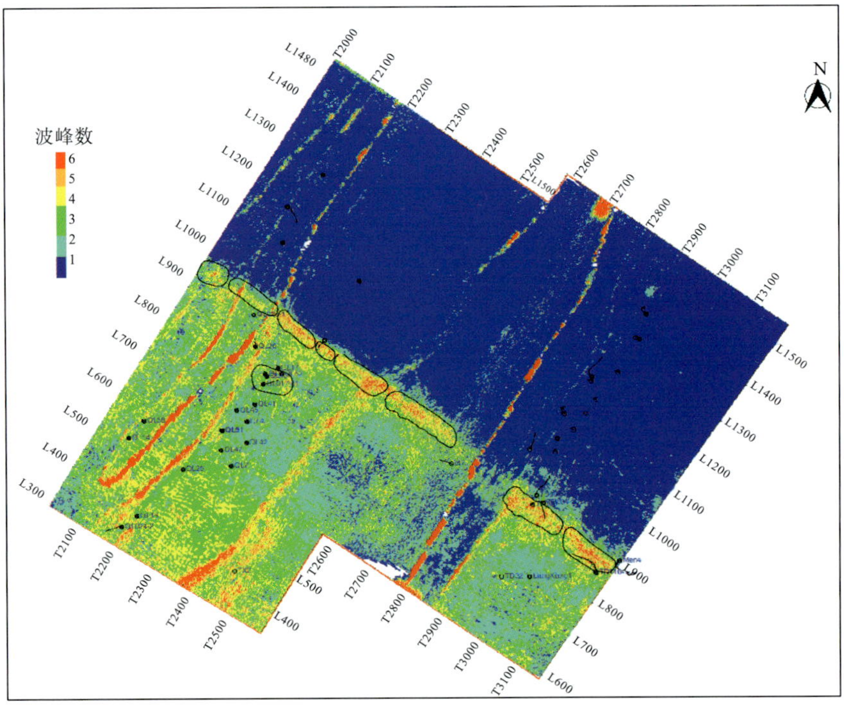

图 5-35 双家坝—龙门长兴组波峰数属性

四、长兴组生物礁储层波阻抗反演

对于长兴组生物礁储层地震反演主要采用了约束稀疏脉冲反演方法，这种反演方法受初始模型的影响小，忠实于地震数据，反映储层的横向变化可靠。

1. 测井曲线标准化

为了使测井信息在该研究区范围内具有统一的刻度，增强其可比性，以提高解释精度，采用直方图法对测井曲线进行标准化处理，其依据是在具有相同沉积环境的沉积物，其岩性、电性往往类同，也就是反映同一套地层的某种测井曲线响应特征的频率直方图或频率交会图特征在不同井上是相同的或相似的。

2. 反演可行性分析

通过对储层段的波阻抗与自然伽马交会分析(图 5-36)，区域内生物礁储层段的波阻抗范围为 12000～16500 (g/cm^3)·(m/s)，碳酸盐岩围岩储层波阻抗＞16500 (g/cm^3)·(m/s)，因此利用阻抗差异能够划分储层与非储层。

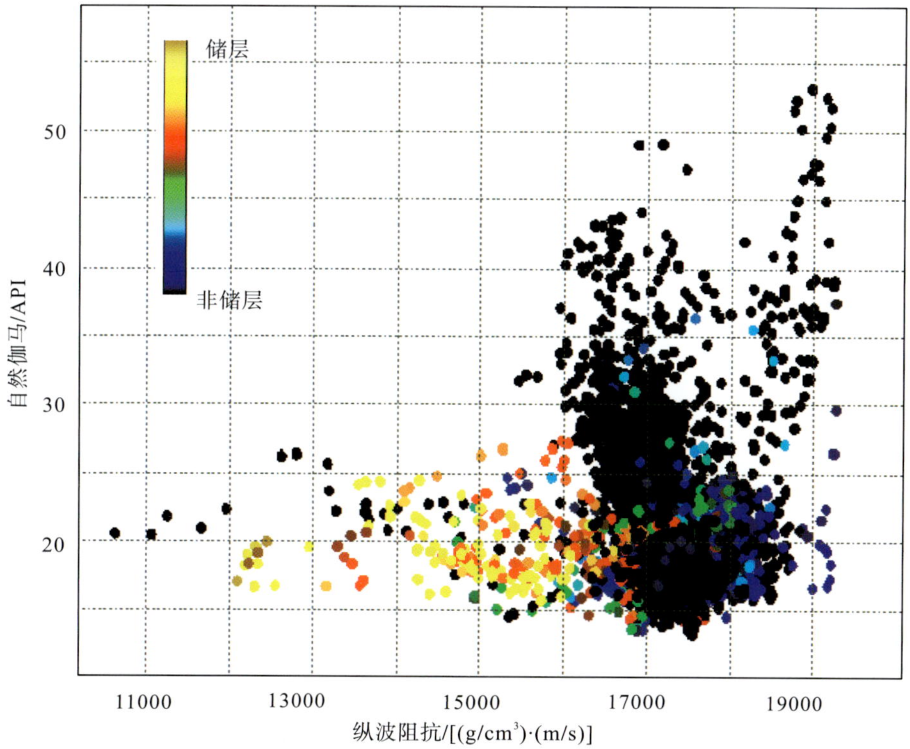

图 5-36 储层与非储层段波阻抗与自然伽马交会分析

3. 层位标定

根据研究区钻井地质、声波测井资料，对区内 20 口井分别制作了合成记录，对过井地震剖面中连续稳定或较稳定、能量较强的反射波组进行了标定，最终选择标定较好的 15 口井求取了能够反映全区特征的子波，以控制全区的反演。

4. 反演结果及分析

生物礁储层与围岩在波阻抗上存在一定的差异，在地震剖面上以“杂乱反射”的形式表现出来，结合前面的分析，针对长兴组生物礁储层进行叠后波阻抗反演(图 5-37、图 5-38)。

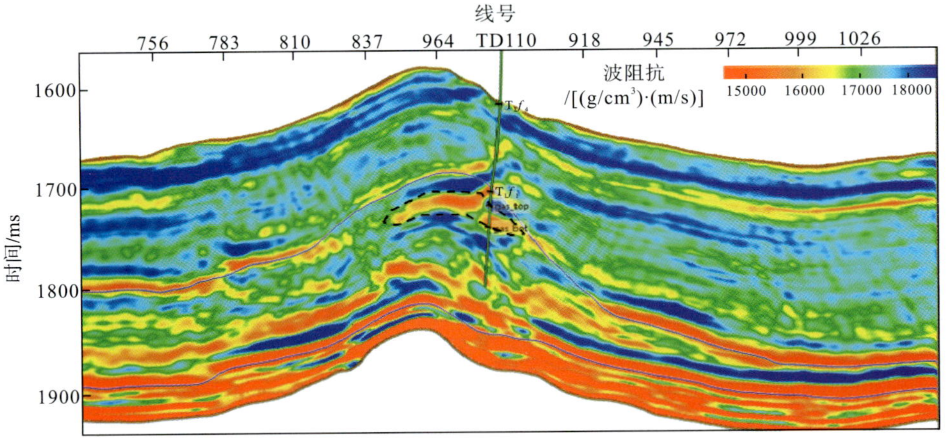

图 5-37 过 TD110 井线波阻抗反演剖面

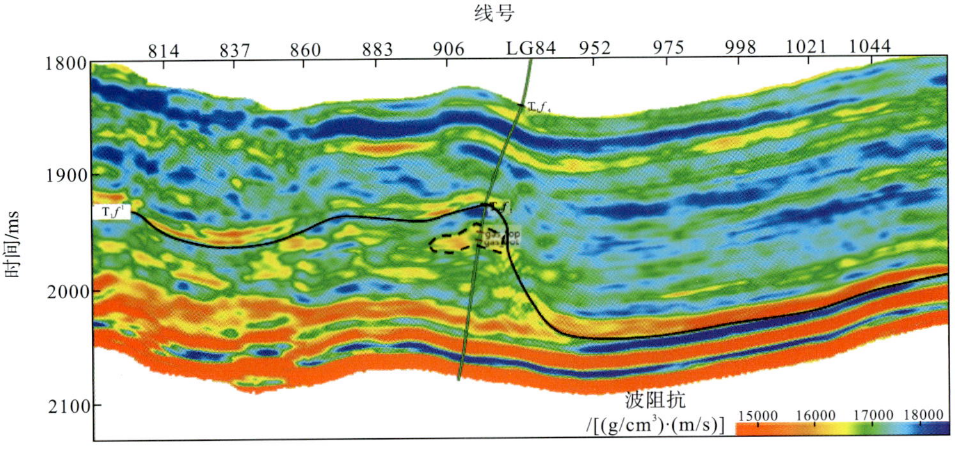

图 5-38 过 LG84 井线波阻抗反演剖面

反演剖面整体背景以蓝绿色为主，生物礁储层为红黄色的线性条带。总体上看，长兴组生物礁储层波阻抗反演结果符合地质情况，阻抗高低变化特征与测井曲线高低变化特征趋势吻合较好，与储层发育区域对应。储层横向分布特征明显，纵向特征清晰，总体可反映出长兴组生物礁储层的变化特征。

结合储层敏感参数，利用波阻抗反演结果得到储层厚度，并结合长兴组顶界构造图、长兴组沉积相带分布和生物礁圈闭范围，对双家坝—龙门地区生物礁有利区进行刻画（图 5-39）：生物礁圈闭主要分布在构造相对平缓的台地边缘相区，沿台缘相分布，在槽道附近发育台内礁，刻画礁体 9 个，面积约为 $30km^2$。

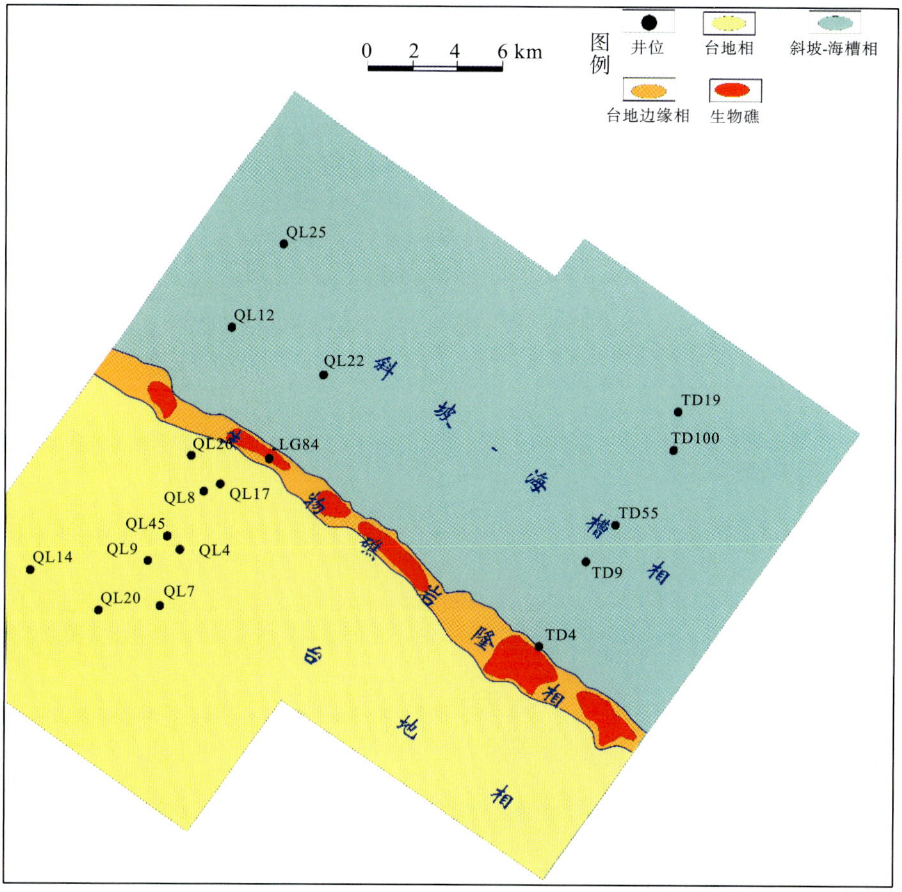

图 5-39　双家坝—龙门地区长兴组生物礁综合评价图

第三节　大猫坪区块长兴组生物礁勘探实践

大猫坪区块处于四川盆地开江—梁平海槽东侧生物礁相带分布区，区内台缘和台内生物礁发育，长兴组生物礁气藏勘探开发成果显著，多次地震勘探成果均显示，大猫坪区块仍存在多个未钻生物礁异常体，表明大猫坪区块长兴组生物礁气藏勘探开发仍然具有良好前景。

长期地震勘探也表明开江—梁平海槽东侧生物礁地震响应模式比较清晰，长兴组生物礁地震异常钻探成功率较高，因此进一步佐证了古地貌分析、地震异常分析研究是长兴组生物礁气藏勘探开发的关键，研究区内长兴组沉积相大致可以划分为缓坡相、开阔台地相、台地边缘相、斜坡-海槽相等几个单元（图 5-40）。

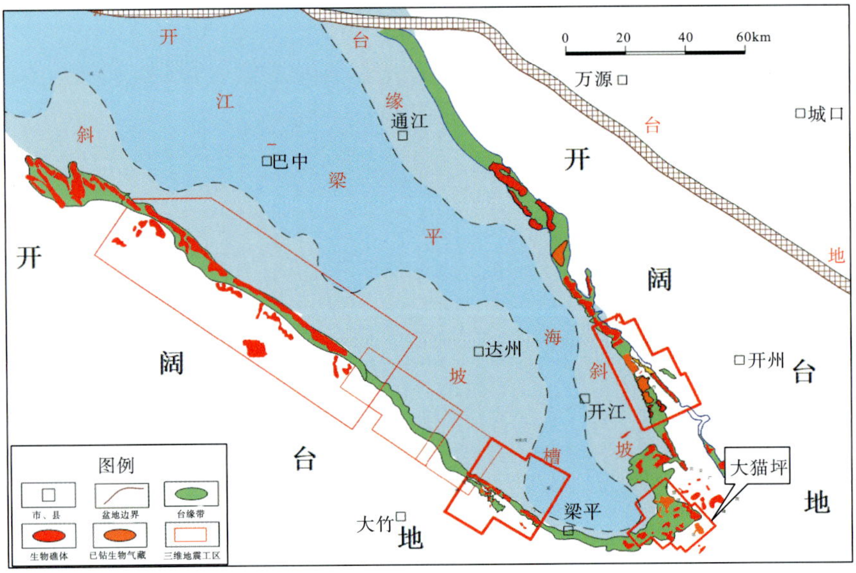

图 5-40 大猫坪区块位置图

一、资料品质分析

对研究区内二叠系长兴组目的层进行资料品质分析，地震资料纵向上整体分辨率和信噪比较高，反射成层性好，波组特征明显，构造形态完整，断点清晰，易于对比追踪（图 5-41），地震资料的有效频带为 10～60Hz，主频为 30Hz。在平面上，地震资料呈明显的环带状分布，为向斜构造特征，断裂较少，反射特征明显，连续性好，构造特征清楚，易于对比追踪。

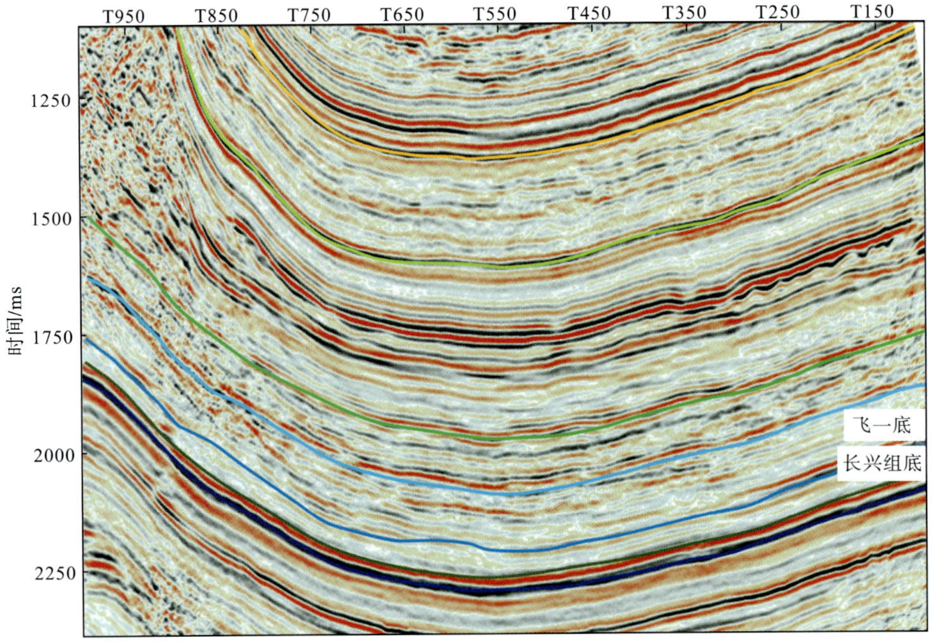

图 5-41 大猫坪西—大猫坪地区 Line810 地震剖面

二、区内构造样式

研究区整体为一个向斜构造，断层不发育，主要为研究区上部的云安场附近发育有四条断层。断层的延伸方向为 SW—NE 走向，为逆断层，呈平行排列。研究区北部为两条大断层，平面延伸距离较长，西部两条断层平面延伸距离较短(图 5-42、表 5-3 和表 5-4)。

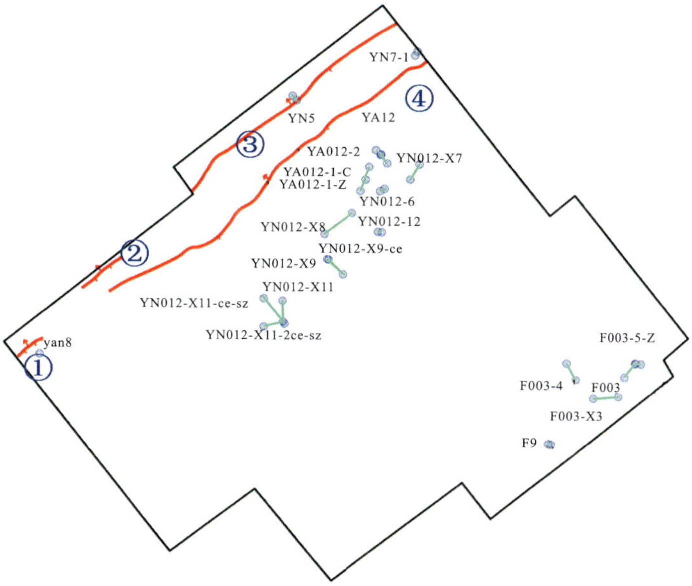

图 5-42　大猫坪西—大猫坪地区长兴组顶界反射层断裂平面分布图

表 5-3　大猫坪西—大猫坪地区长兴组顶界断裂要素表

序号	性质	走向	倾向	断距/m	研究区内延伸长度/km
①	逆断层	SW—NE	NW	5～10	1.85
②	逆断层	SW—NE	NW	5～10	2.28
③	逆断层	SW—NE	NW	10～15	13.63
④	逆断层	SW—NE	NW	10～15	19.73

表 5-4　大猫坪西—大猫坪地区长兴组底界断裂要素表

序号	性质	走向	倾向	断距/m	研究区内延伸长度/km
①	逆断层	SW—NE	NW	5～10	1.81
②	逆断层	SW—NE	NW	5～10	2.43
③	逆断层	SW—NE	NW	10～15	13.6
④	逆断层	SW—NE	NW	10～15	19.8

总体上看，这些断层具有以下共同特征。

(1)均为逆断层，断层走向与构造走向平行呈 NE 向展布。

(2)从平面展布上看，断层多分布在构造两翼陡缓转折部位或近轴部，控制了构造的形态和规模，并且断层规模较大、延伸较远。

(3)从纵向上看，断层主要发育于地腹中层构造中，向下断裂强度减弱，向上未能断穿地表。

三、生物礁识别及相带划分

(一)古地貌分析

由于在生物礁发育的位置，会使长兴组地层厚度局部增大，在平面上形成地层厚度的异常分布区带，根据大猫坪地震资料解释成果，绘制了长兴组地震反射地层厚度平面分布图(图 5-43)，综合分析，钻遇生物礁井分布在地层厚度异常区位置，大猫坪主体生物礁具有明显的异常分布特征，且礁体分布平面上呈现环带状，为一个环礁。

在长兴组地层内部，根据生物礁期次分析结果，对长兴组生物礁期次划分界面进行地震精细层位解释后，得到早期礁的厚度图(图 5-44)。其在平面上同样具有明显的厚度异常分布区域，长兴组早期生物礁平面分布特征与晚期礁相比具有明显的继承性发育，即早期生物礁的发育对晚期生物礁的生长提供了较好的场所。

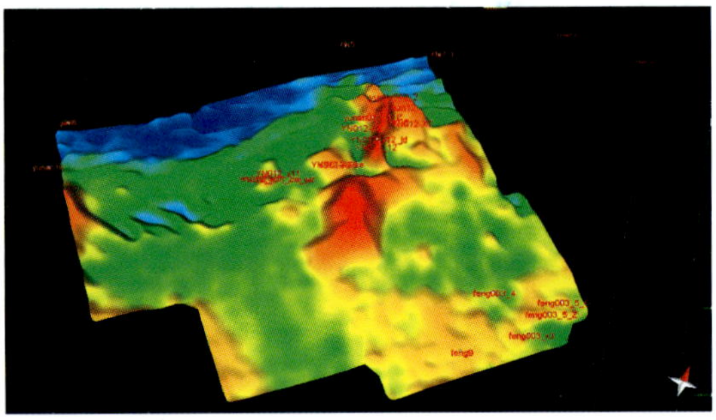

图 5-43　大猫坪西—大猫坪地区长兴组生物礁地层厚度图

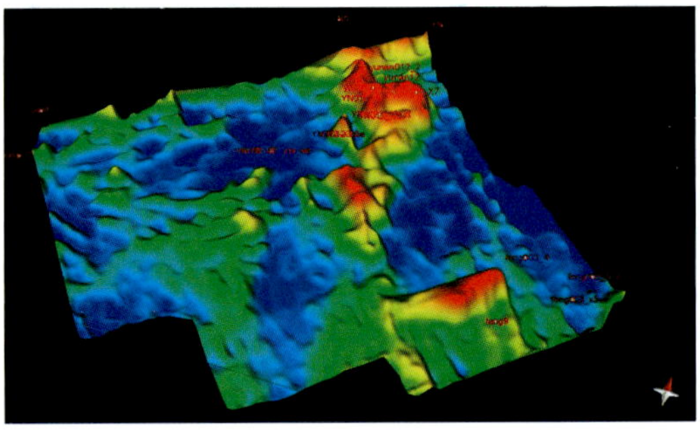

图 5-44　大猫坪西—大猫坪地区长兴组早期生物礁地层厚度图

(二)地震相分析

基于第三章和本章的认识，提取了大猫坪区块早期礁和晚期礁基于波形分类的地震相平面图以及长兴组沿层瞬时振幅属性图(图 5-45、图 5-46 和图 5-47)，从图中能够较好地识别出台地边缘相带的分布范围，在早、晚期长兴组地震相平面分布图上，生物礁主要表现为弱振幅断续反射特征，与强振幅连续的海槽相具有明显的差异，且地震相中生物礁相的分布范围与古地貌图具有明显的一致性。生物礁有利相带的地震波形明显区别于其他相区。早期生物礁平面分布范围呈条带状，晚期礁具有明显的继承性发育，主要集中在研究区北部。

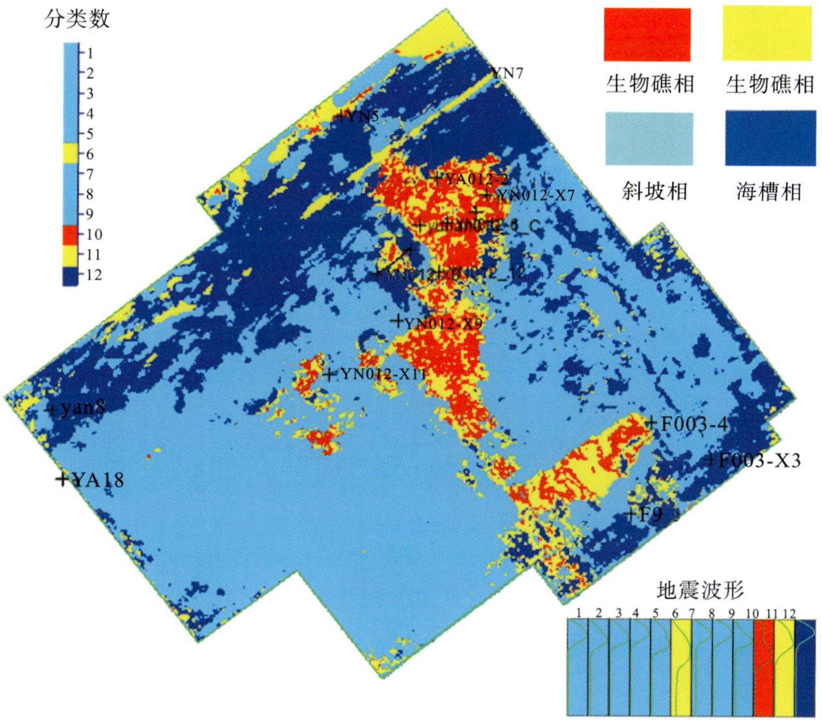

图 5-45 大猫坪西—大猫坪地区长兴组早期礁地震相平面图

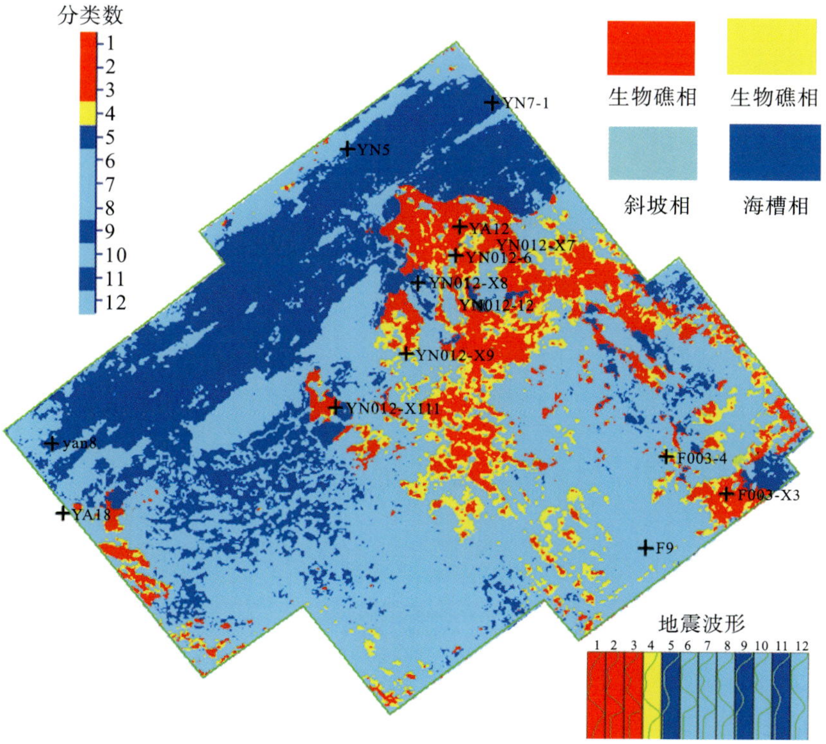

图 5-46 大猫坪西—大猫坪地区长兴组晚期礁地震相平面图

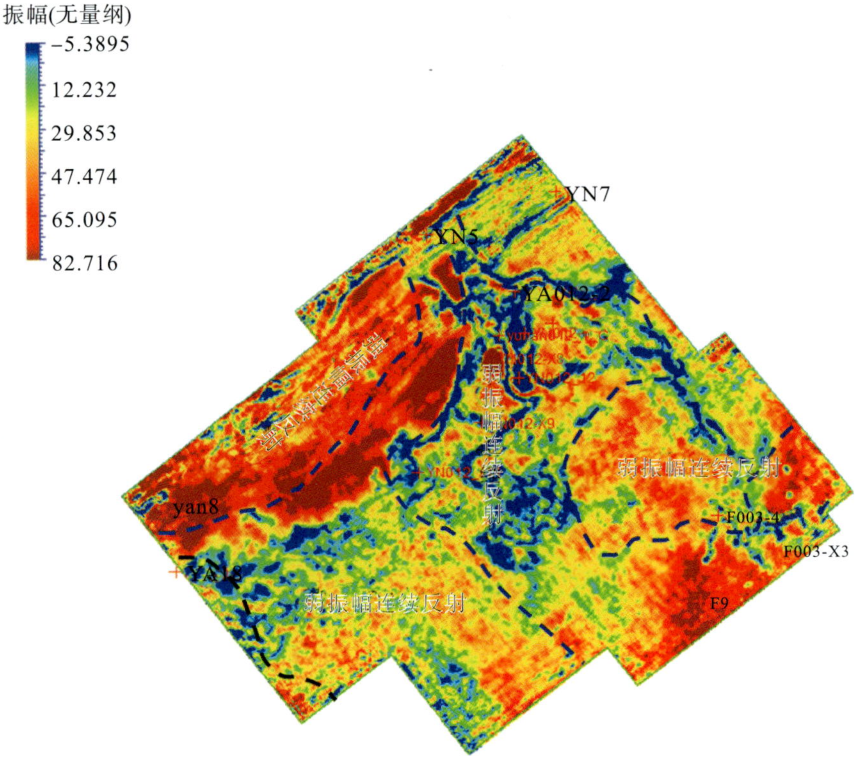

图 5-47 大猫坪西—大猫坪地区长兴组沿层瞬时振幅属性与地震相分布图

(三)沉积相带划分

大猫坪生物礁位于开江—梁平海槽东侧，在其槽口附近，为发育在碳酸盐台地相与开江—梁平海槽边缘的较大型环海槽台地边缘礁的一部分，在对大猫坪地区长兴组的地震相、地震属性及古地貌综合分析的基础上，结合岩性资料、钻井资料及单井相分析，研究区内云安场生物礁主要分布在研究区中部由东北向西南延伸的台地边缘相带，地震资料显示，其主要反射特征为弱断续反射，内部表现为断续或杂乱地震反射特征，顶界上凸，整体表现为丘状，时间厚度明显增大，研究区内云安场已钻遇生物礁井均分布在此相带上。研究区下部的高峰场生物礁在地震剖面上表现为无明显丘状反射特征，长兴组顶界断续反射，内部为空白弱反射或杂乱反射，主要以点礁分布。由于地震反射特征的差异和地层沉积等，把长兴组地层分为晚期和早期两套，结合地震属性、古地貌分析、地震相分析等技术，划分了早、晚两期生物礁的地震有利相带(图 5-48 和图 5-49)。综合分析大猫坪长兴组生物礁发育受沉积相带控制，主要分布在台地边缘有利相带内，在台地相也有局部点礁分布。

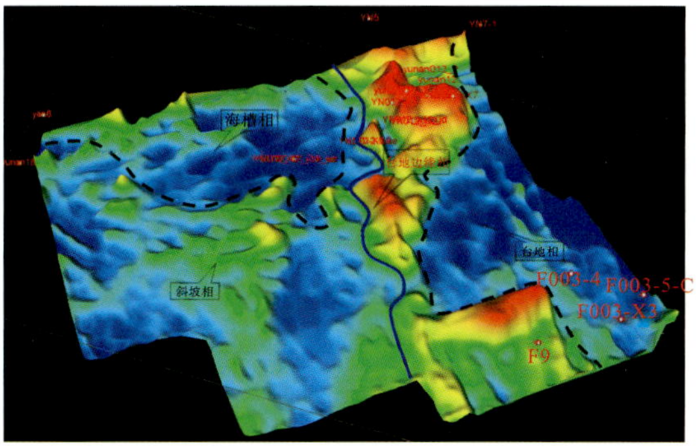

图 5-48　大猫坪西—大猫坪地区长兴组早期礁地震有利相带

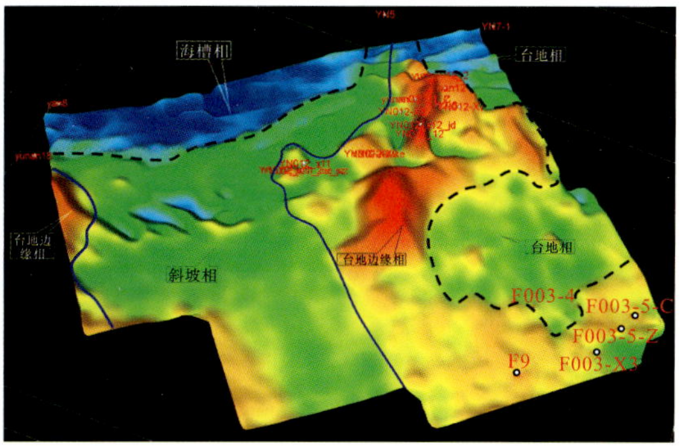

图 5-49　大猫坪西—大猫坪地区长兴组晚期礁地震有利相带

四、叠前反演应用

叠后波阻抗反演利用叠后地震资料进行分析，方便快捷，但其在研究储层物性和流体方面受到限制。大猫坪区块的研究表明在同沉积序列内纵波阻抗在致密灰岩与储层白云岩有部分的叠置，无法精确区分储层，同为云岩的气水层和气层在纵波阻抗上几乎完全叠置，无法进一步确定流体性质，而叠前同时反演可以降低此种多解性。

（一）资料预处理

大猫坪区块叠前 CRP 道集数据主要存在以下几个问题：①随机噪声干扰严重，目的层（红框内）在小、中、大偏移距范围内均受到强烈的随机噪声的干扰。②大偏移距道集拉伸畸变严重。③由于碳酸盐岩储层对地震波的响应具有各向异性的特点，导致其同相轴未校平，存在剩余时差，且随着偏移距的增加，同相轴上翘更加严重。④能量分布不均匀，近偏移距和远偏移距的能量低，中等偏移距地震反射振幅能量高，而 AVO 不可能出现此类特征，该现象的存在会导致后续对地震数据进行角度叠加时出现角度划分不合理、角度叠加道集分辨率低等问题。针对以上几个问题，以“保幅”为核心，采用了“去噪—拉平—切除”的组合方法对叠前道集进行优化，使之能够揭示地下介质的 AVO 特征，为后续的烃类检测和反演工作提供高质量的地震资料。

图 5-50（b）中原始道集［图 5-50（a）］经过超道叠加，随机噪声已经基本上被压制，且较好地保存了叠前道集有效波的信息。之后将超道叠加后的数据进行拉平，所采用的是非地表一致性剩余静校正法，选取目的层范围 1600～2300ms，采用 36ms 的时窗长度，移动步长 12ms，得到图 5-50（c），使原本在大偏移距产生的同相轴上翘问题得到解决。最后采用“内切除和外切除”的方法，去掉 800ms 以内的数据及 4500ms 以外的数据，在不损害有效波的情况下使 CRP 道集符合 AVO 的变化特征［图 5-50（d）］。

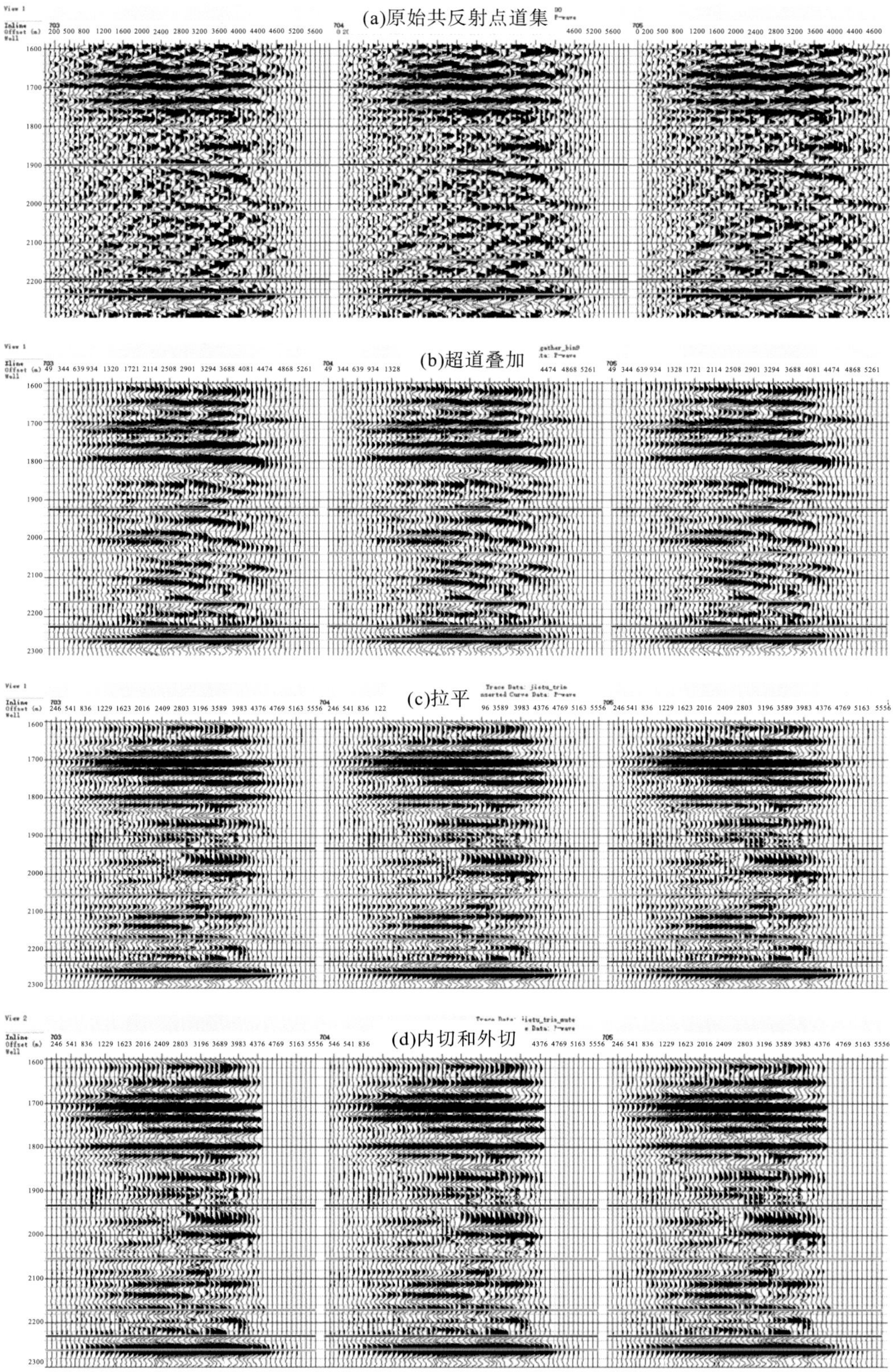

图 5-50　地震数据共反射点(CRP)道集优化

（二）横波估算

1. 测井资料纵横波分析

通过阵列声波测井获得的横波时差是比较准确的，也是最直接的方法，但研究区内只有三口井具有横波信息，包括 YN012-6 井、YN012-X7 井、YN012-X8 井，数据较少难以完成后续反演工作。因此还需要对其他井的横波信息进行预测。通过对这三口井目的层的测井曲线进行交会分析，发现其纵、横波速度大体上呈线性关系（图 5-51），拟合公式如下。

$$V_S = 0.405217V_P + 817.016 \tag{5-1}$$

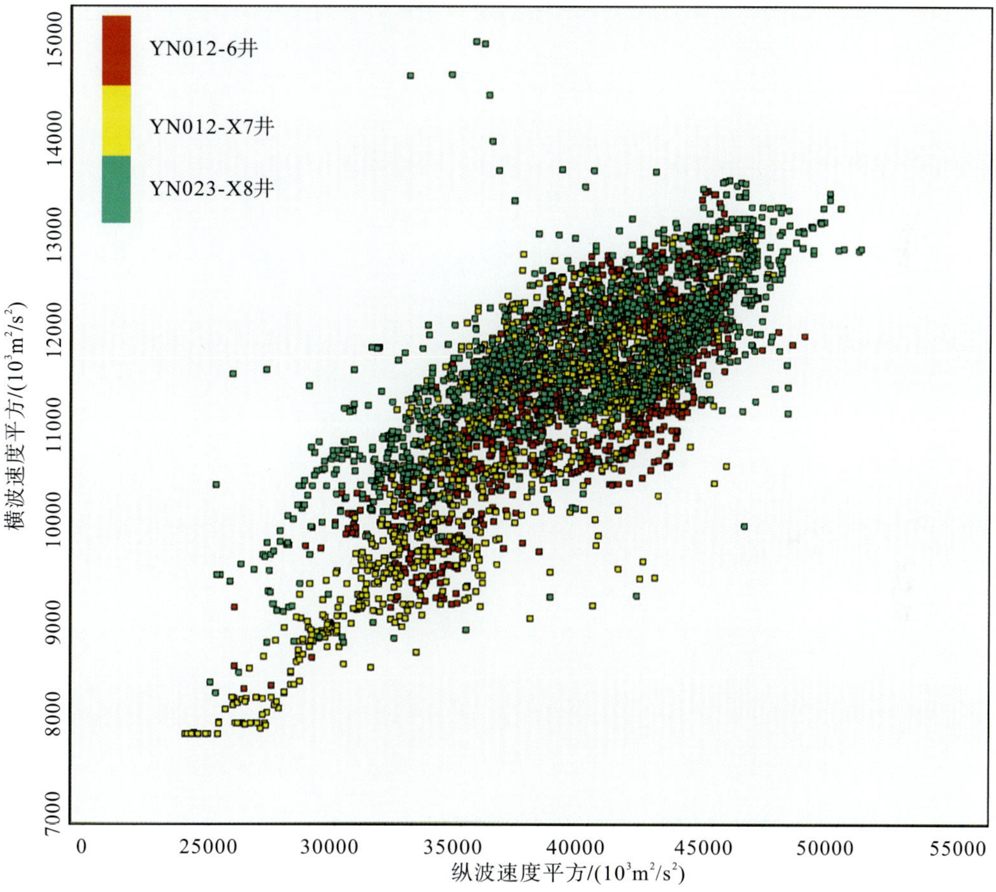

图 5-51　YN012-6 井、YN012-X7 井、YN012-X8 纵横波速度关系

由于式（5-1）的拟合形式太过简单，不能精确地表示纵横波的速度关系。因此采用克里夫（Krief）法，即通过计算纵波速度的平方与横波速度的平方确定拟合公式，同时考虑到声波曲线是三条指示地层孔隙度的曲线之一，因此在拟合中引入孔隙度。图 5-52 为 YN012-6 井、YN012-X7 井、YN012-X8 井三口井纵横波速度与孔隙度之间的关系：随着孔隙度的增加，拟合的斜率（横、纵波速度比）增加，图上灰色点代表孔隙度小于 2%的灰

岩地层，拟合出的纵、横波速度关系为

$$V_S^2 = 0.23522V_P^2 + 1808 \tag{5-2}$$

绿色点代表孔隙度在 2%到 8%的地层，表示孔隙性一般的白云岩，拟合出的纵、横波速度关系为

$$V_S^2 = 0.230278V_P^2 + 2736.76 \tag{5-3}$$

紫色点代表孔隙度大于 8%的地层，表示孔隙较大的白云岩，拟合出的纵、横波速度关系为

$$V_S^2 = 0.2674V_P^2 + 1188.4 \tag{5-4}$$

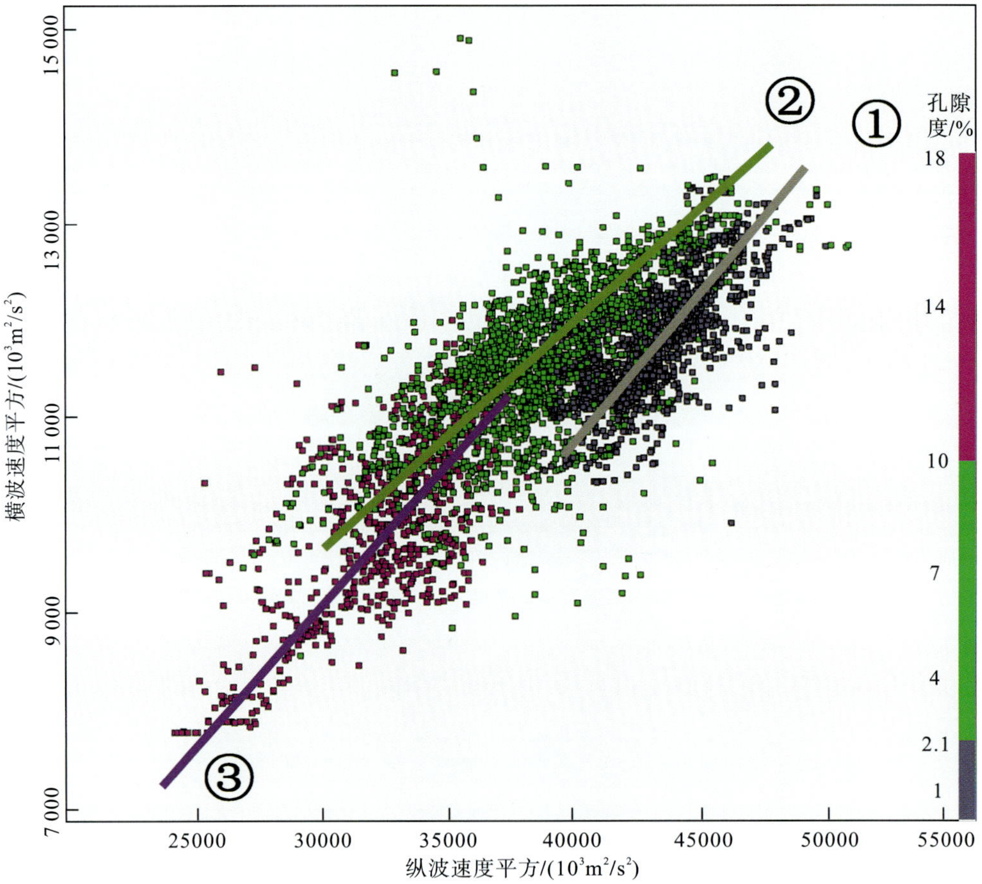

图 5-52 YN012-6 井、YN012-X7 井、YN012-X8 井纵、横波速度与孔隙度的关系

图中①、②、③分别对应式(5-2)、式(5-3)和式(5-4)

从拟合的公式中可以看出不同孔隙度下的纵、横波速度关系有明显不同，由于该研究区目的层长兴组的生物礁普遍存在晚期礁较早期礁发育好的情况，即存在顶部储层发育好，中下部储层发育差的特点，因此需要根据孔隙度曲线的值确定横波速度的拟合公式（周路等，2018）。

2. 岩心资料纵、横波速度分析

利用研究区 5 口井的 22 块岩心取样进行岩石物理实验，分别测试了纵波时差、横波时差、孔隙度及泊松比等参数，由于实测岩心受温度压力等各方面的影响，与测井结果存在系统误差，图 5-53 为 YN012-12 井和 YN012-6 井实测岩心数据与测井数据的误差分析，可以看出除 YN012-6 井在深度 4821.9m 处存在测试异常值外，纵波速度的误差值在不同深度上都稳定在 1600m/s，属于岩心测试时的系统误差。

根据测试数据，提取纵、横波时差数据，拟合纵、横波速度之间的关系(图 5-54)，从图上可以看出由岩石物理实验得到的纵、横波速度也基本呈线性关系，拟合公式为

$$V_S = 0.4806V_P + 381.82 \tag{5-5}$$

根据测井资料拟合纵、横波的思路，将测试数据的结果按照孔隙度的不同进行分类，但由于岩心测试采样点有限，仅在 YN012-2 井 4793.17～4794.74m 的深度上存在孔隙度为 7.56%的采样点，无法拟合较大孔隙度下的纵、横波速度关系。对于孔隙度小于 2%和 2%～8%的岩样，测试数据充足，采用 Krief 的方法进行拟合(图 5-55)，当孔隙度小于 2%时得到的拟合公式为

$$V_S^2 = 0.1792V_P^2 + 3247.5 \tag{5-6}$$

当孔隙度大于 2%且小于 8%时，得到的拟合公式为

$$V_S^2 = 0.2349V_P^2 + 1437.6 \tag{5-7}$$

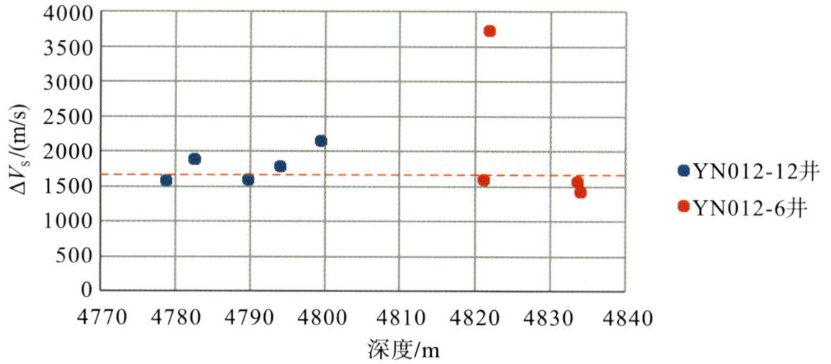

图 5-53　YN012-12 井、YN012-6 井深度-纵波速度误差关系图(周路等，2018)

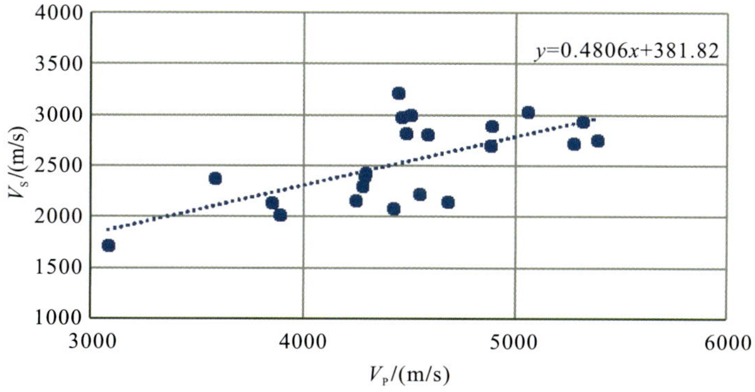

图 5-54　岩心测试数据纵、横波速度关系(周路等，2018)

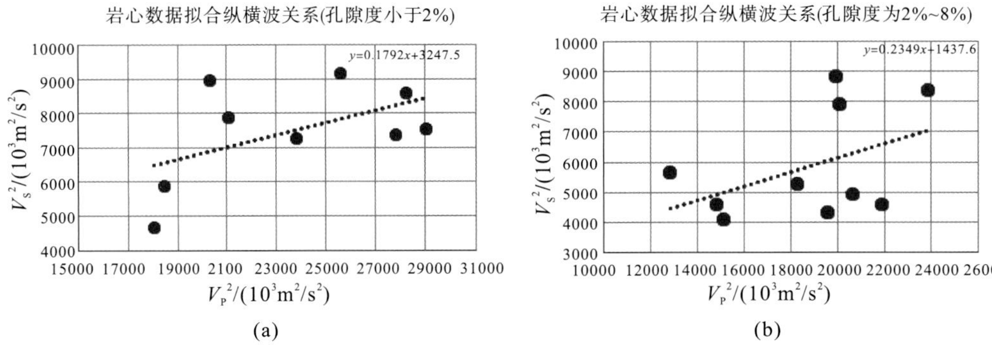

图 5-55　岩心数据纵横波速度拟合(孔隙度小于 2%)(a)以及岩心数据纵横波拟合(孔隙度为 2%～8%)(b)(周路等，2018)

可以看到该拟合公式的斜率和截距与低孔隙度下的测井曲线拟合公式十分接近，一方面证实了岩心数据测试的准确性，另一方面也基本可以用来估算出目的层长兴组在致密灰岩段及孔隙度较小时云岩的横波速度。

3. 横波速度精细拟合

通过对以上测井数据和岩心测试结果分析，对于孔隙度大于 8%的地层有统一的计算公式，但对于孔隙度小于 8%的地层还需要进一步比较。如表 5-5，设计三种横波计算方法，并应用于 YN012-6 井和 YN012-X8 井，如图 5-56 和图 5-57 所示，图中第一列为孔隙度曲线，作为计算横波资料的首要依据，蓝色曲线表示原始横波资料，红色曲线分别表示三种方法拟合的横波结果。可以看出：当地层孔隙度＞8%时，三者采用同一公式进行计算，结果与原曲线也表现出较大的相似性；当地层孔隙度＜8%时，三者拟合的横波趋势基本一致，但仅使用岩心拟合的横波速度偏小，仅使用测井拟合的横波速度偏大，经过将岩心和测井资料的结合，多次修正拟合公式中的系数和常数，使得最后拟合出的横波速度和原始资料误差最小。

表 5-5　横波计算方法总结表

横波计算公式	地层孔隙度小于 2%	地层孔隙度为 2%～8%	地层孔隙度大于 8%
公式一：仅用岩心数据	$V_S^2=0.1792V_P^2+3247.5$	$V_S^2=0.2349V_P^2+1437.6$	
公式二：仅用测井数据	$V_S^2=0.23522V_P^2+1808$	$V_S^2=0.230278V_P^2+2736.76$	$V_S^2=0.2674V_P^2+1188.4$
公式三：测井+岩心数据	$V_S^2=0.2092V_P^2+2446.5$	$V_S^2=0.22543V_P^2+2909.5$	

由于研究区内长兴组地层白云岩、灰岩薄互层发育，孔隙度纵向变化大，为了获得准确的横波信息，应引入地层孔隙度曲线，综合岩心和测井资料的拟合关系，为研究区内缺乏横波资料的井完成高质量的横波预测。

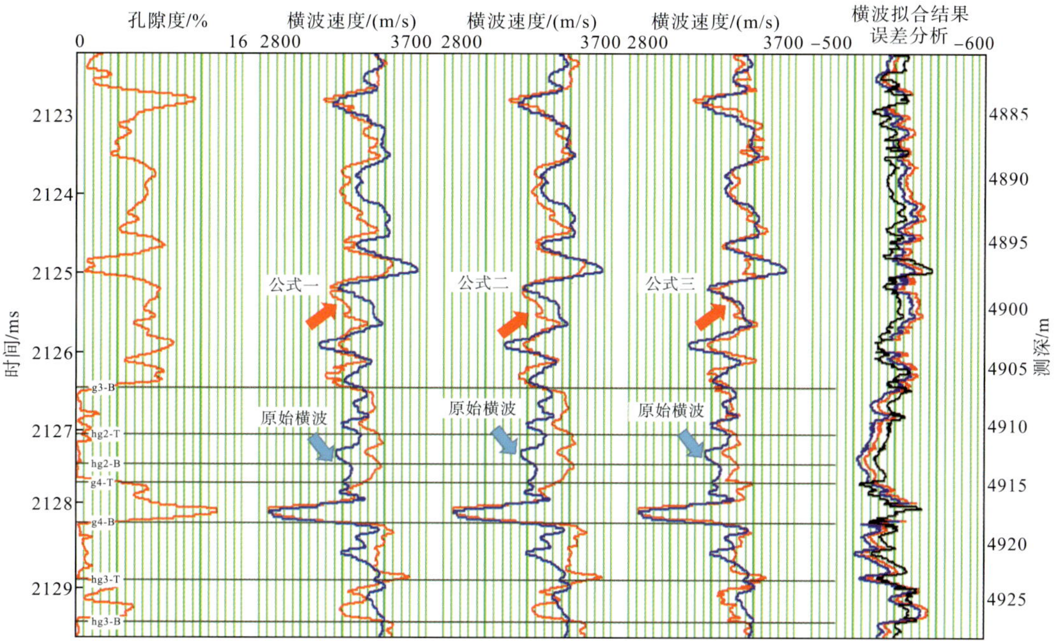

图 5-56 YN012-6 井横波资料拟合比较

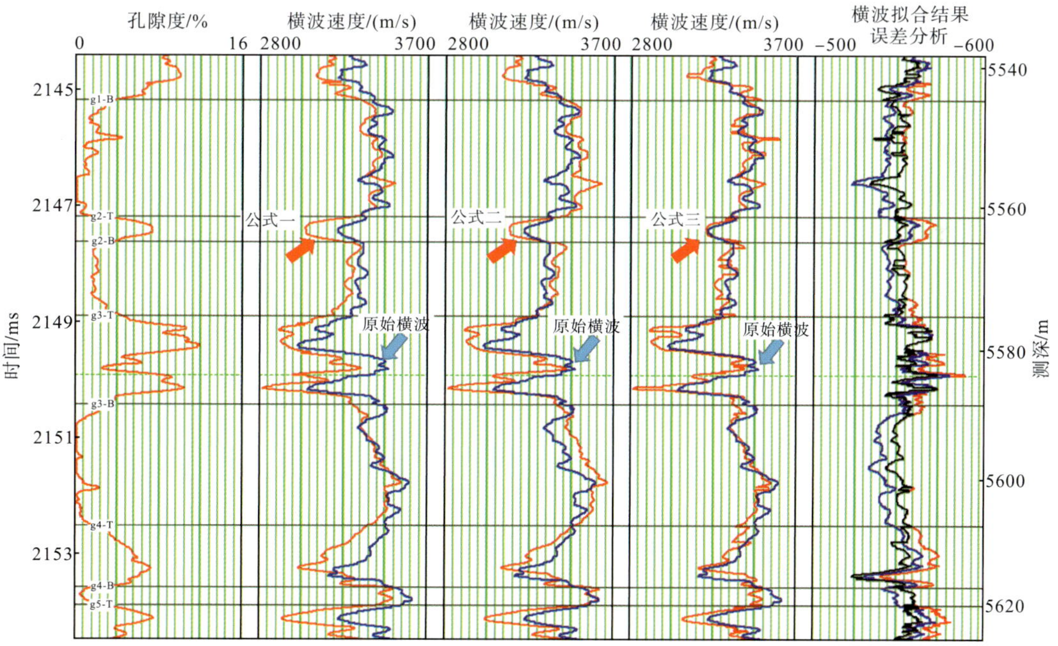

图 5-57 YN012-X8 井横波资料拟合比较

（三）AVO 正演模拟

1. 单井正演模型及 AVO 分析

根据测井资料的统计，非储层的速度为 6100～6600m/s，储层速度为 5800～6200m/s，结合目的层长兴组的地震主频 30Hz，估算地震的纵向分辨率至少为 45m。由于长兴组地层埋藏深，纵向分辨率低，并且考虑到 AVO 对大套地层的识别效果好，因此选取了研究区中有较厚气层的井进行正演分析。

图 5-58～图 5-60 为 YN012-6 井、YN012-X7 井、YN012-12 井的测井曲线及 AVO 正演结果，选取主频为 30Hz 的里克子波分别对气层进行正演模拟，从测井曲线上看，储层处的密度、纵波速度、横波速度和泊松比均有明显降低，孔隙度基本大于 8%，在正演道集上表现为气层顶部振幅随偏移距增大而减小，在梯度截距剖面上表现为 $P<0$，$G>0$，属于第Ⅳ类 AVO，且研究区内多数井气层都是此类特征。另一种气层 AVO 趋势如图 5-61，从测井曲线上看，气层密度基本不变，纵横波速度和泊松比较围岩只有很小的变化，同样选取 30Hz 里克子波对 YN012-X8 井的第一个气层进行正演模拟，可以看出气层顶表现为振幅随偏移距增大而增大的特征，属于第Ⅲ类 AVO，在梯度截距剖面上表现为 $P<0$，$G<0$。YN012-12 井水层的 AVO 特征如图 5-62，从测井曲线上看，水层位于礁储层的下部，密度、纵横波速度和泊松比都有所下降，但下降幅度不如气层明显，从正演道集可以看出水层顶部表现为振幅随偏移距增大而减小，表现为第Ⅳ类 AVO，在截距梯度剖面上表现为 $P<0$，$G>0$。可以看出无论是气还是水，在储层处都表现为 $P<0$，因此可以利用截距 P 属性预测储层，而气和水存在相同的 AVO 特征，对流体性质的识别可能产生错误。

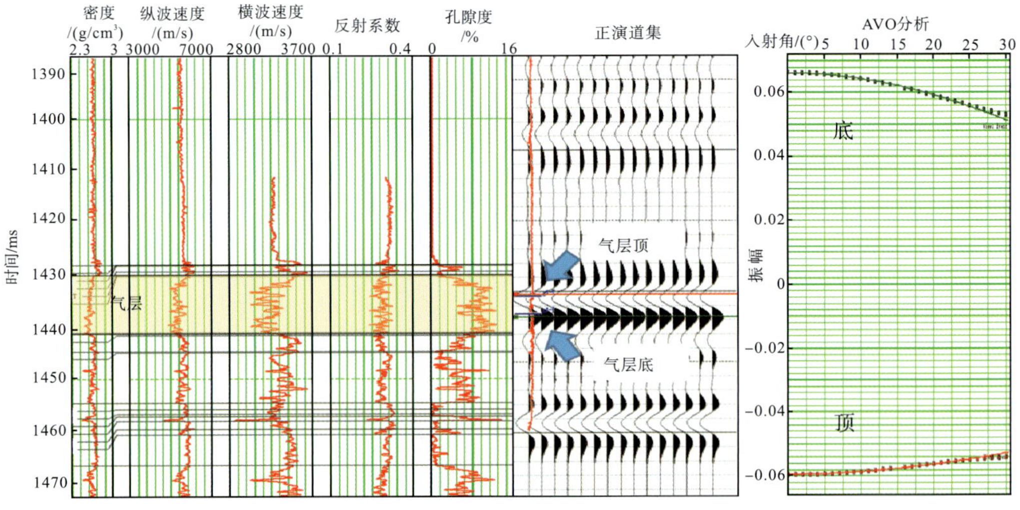

图 5-58 YN012-6 井气层 AVO 正演模拟

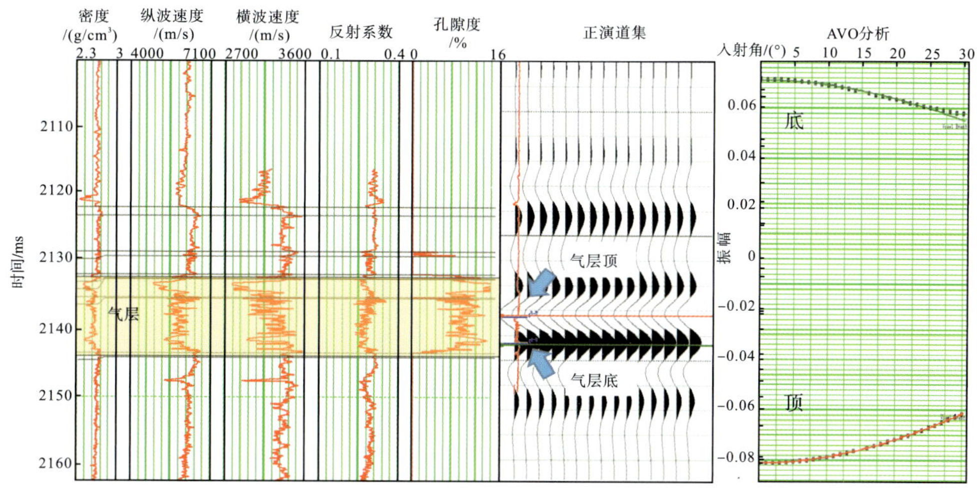

图 5-59 YN012-X7 井气层 AVO 正演模拟

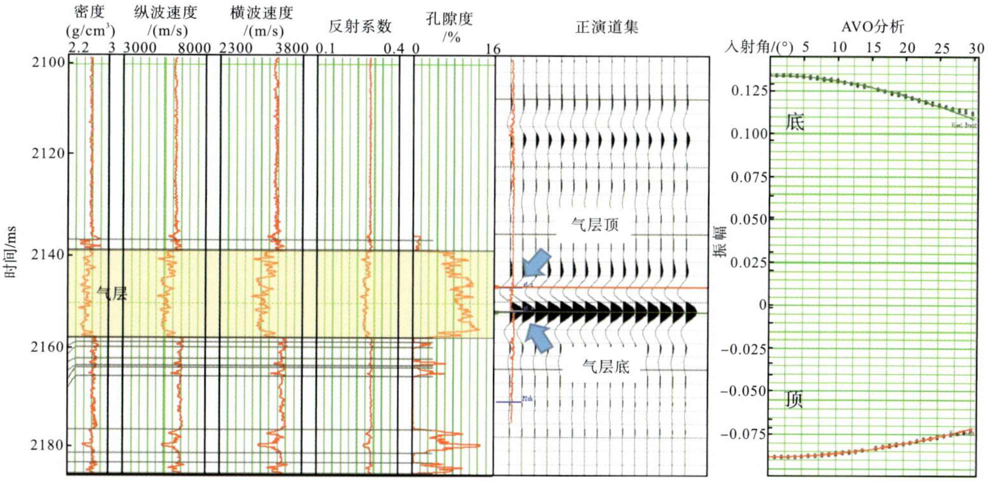

图 5-60 YN012-12 井气层 AVO 正演模拟

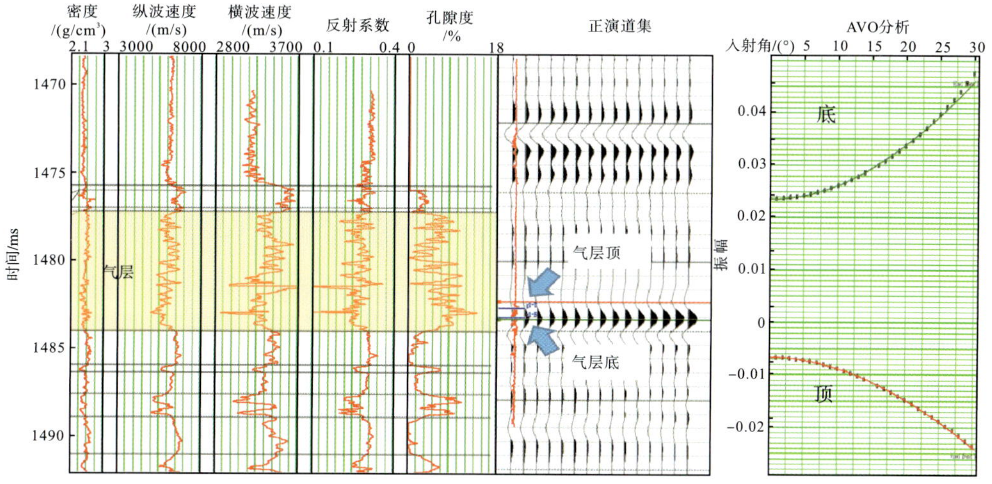

图 5-61 YN012-X8 井气层 AVO 正演模拟

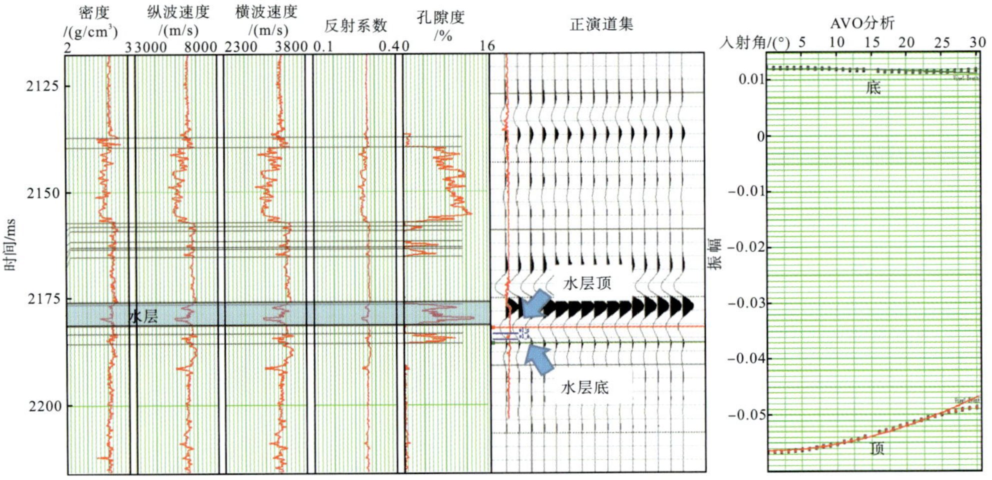

图 5-62 YN012-12 井水层 AVO 正演模拟

2. 流体替换

由于研究区内的两口高产井 YN012-6 和 YN012-X8 表现出两种不同的 AVO 特征，为确定产生这种现象的原因，对 YN012-X8 井的第一个气层(4824.60～4860.50m)进行流体替换，如图 5-63，其中蓝色表示原始测井曲线，红色表示替换后的测井曲线，根据前文单井 AVO 分析，替换前气层处密度变化不明显，纵横波速度和泊松比略有下降，气层顶部振幅随偏移距的增大而增大；替换后使储层含气饱和度不变，孔隙度增大为 10%，密度、纵横波速度和泊松比都有明显下降，气层顶部振幅随偏移距的增大而增大。针对研究区中的储层，得出结论：在碳酸盐岩中，随着孔隙度的增加，密度、纵横波速度和泊松比都有所降低，其中纵波速度较横波速度下降得更多，且 AVO 特征将从第Ⅲ类转化为第Ⅳ类。

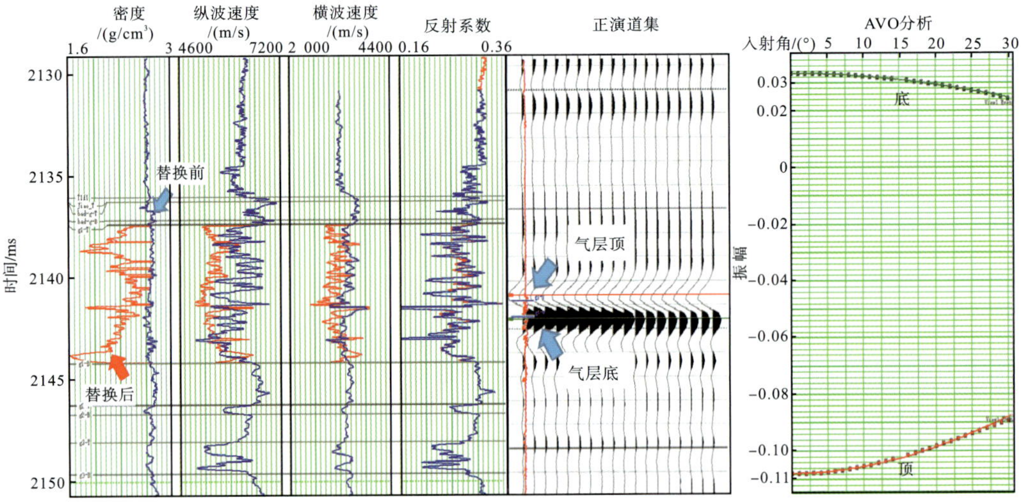

图 5-63 YN012-X8 井替换后测井曲线及 AVO 正演记录

考虑到研究区生物礁的发育受沉积微相、古地貌和成岩作用共同影响，储集层发育程度不尽相同，推测研究区气层存在两种 AVO 趋势的原因，可能与含气饱和度和储集层孔隙度有关，因此对研究区储集层进行流体替换，在保证只有一个变量的情况下，分别得到变含气饱和度 AVO 响应和变孔隙度 AVO 响应(图 5-64)，结果表明：当储层孔隙度不变时，将含气饱和度从 5%增大到 95%，储层顶部始终表现为第III类 AVO；当保持储层含水饱和度不变，将孔隙度从 2%增大到 18%时，储层顶部 AVO 类型由第III类过渡到第Ⅳ类，即第Ⅳ类 AVO 的孔隙度要高于第III类气层的孔隙度。因此研究区内具有第III类或第Ⅳ类 AVO 异常的均可能是含气的响应，而水层的第Ⅳ类 AVO 异常则不明显，不如第Ⅳ类 AVO 的气层明显。

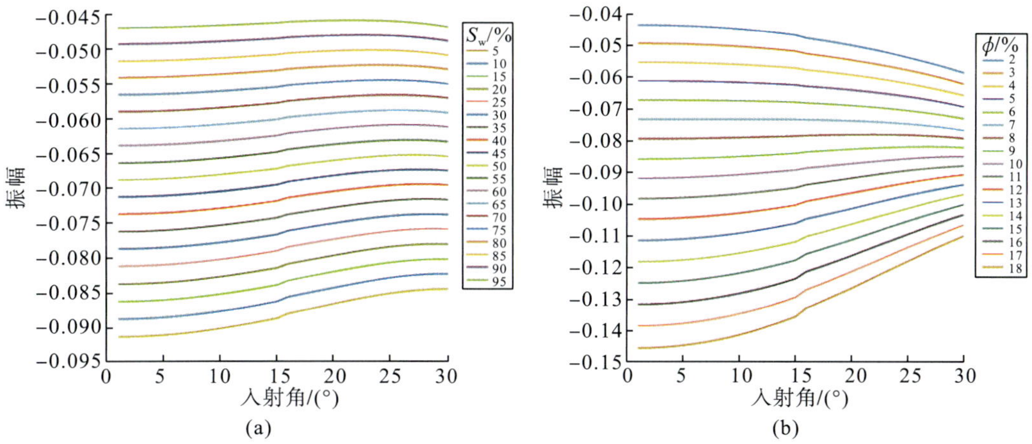

图 5-64　变含气饱和度 AVO 变化趋势(a)及变孔隙度 AVO 变化趋势(b)(周路等，2018)

(四)敏感因子优选

从井点出发，使用经标准化后的测井曲线，对研究区内 13 口关键井进行岩石物理参数交会分析(图 5-65)，优选出对研究区储层及流体敏感的弹性参数，并确定各参数的值域范围，结果表明：研究区长兴组生物礁主要发育白云岩储层，包括含气白云岩和含水白云岩，非储层岩性主要为致密灰岩，其中，灰岩的纵波速度、密度明显大于白云岩，含水白云岩的速度、密度稍大于含气白云岩。对储层比较敏感的参数是纵横波速度比，白云岩的纵横波速度比为 1.65～1.94，灰岩的纵横波速度比为 1.90～1.98；对气水较敏感的参数是流体因子 λ_p，得到气层的流体因子值为 60～120，水层的流体因子值为 110～140。综合四个交会图可知研究区储层与围岩的物性存在一定差别，而气水间的采样点存在大量叠置，将低孔隙度气层(孔隙度＜4%)和低含气饱和度(含气饱和度＜50%)的采样点去除，重新制作纵横波速度比-流体因子 λ_p 交会图(图 5-66)。气层与水层的采样点在纵轴 λ_p 上的叠置明显变少，说明流体因子 λ_p 是识别富含气云岩的敏感参数。

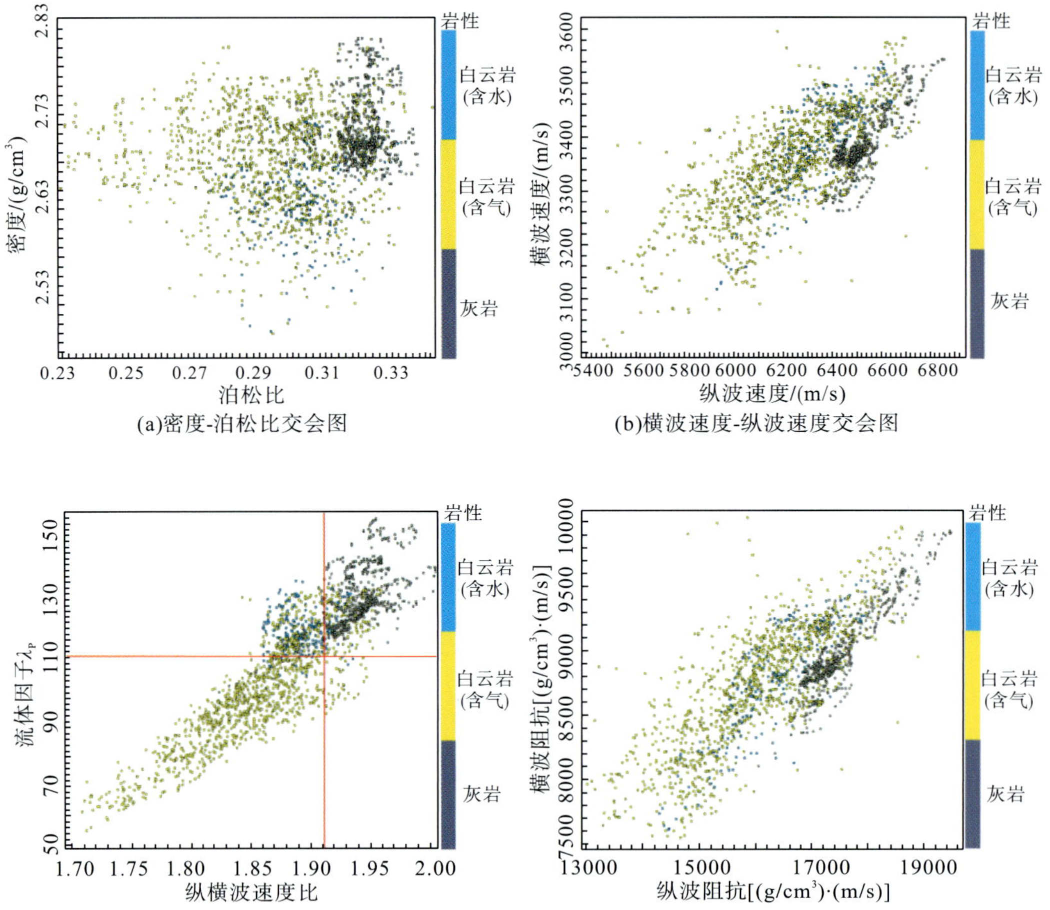

(a)密度-泊松比交会图 (b)横波速度-纵波速度交会图

(c)纵波速度比-流体因子λ_p交会图 (d)横波阻抗-纵波阻抗交会图

图 5-65 研究区储层及流体岩石物理参数敏感性分析

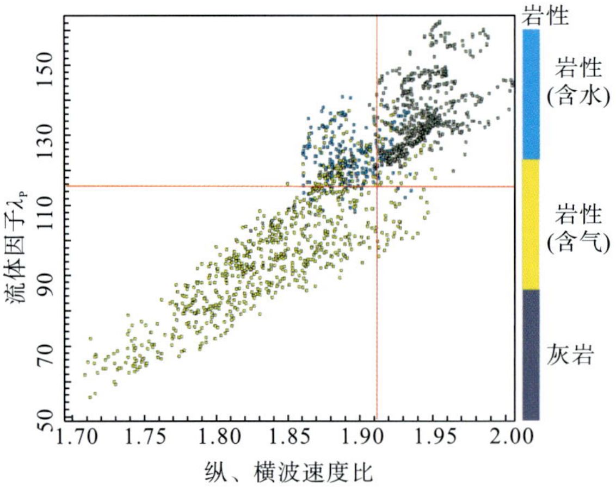

图 5-66 高孔隙度含气云岩、含水云岩与灰岩交会图

（五）大猫坪地区储层预测及气水识别

通过叠后剖面识别的生物礁，采用 AVO 属性分析和叠前同时反演两种方法对礁储层进行验证，并对礁内流体性质进行判断，基本思路是先利用预处理后的 CRP 道集进行 AVO 属性分析，确定有利的储层及气水分布范围，再引入测井信息进行叠前反演，进一步圈定储层及有利气层的分布区域。

1. 大猫坪地区生物礁储层分布特征

1）AVO 属性分析

根据前文单井 AVO 正演分析结果，研究区内气井少数为第Ⅲ类 AVO 响应，多数为第Ⅳ类 AVO 响应，水井也是第Ⅳ类 AVO 响应，在 P 和 G 的属性剖面上，气层顶界面的显示可能为 $P<0$，$G>0$ 或 $P<0$，$G<0$，水层顶界面的显示为 $P<0$，$G>0$；因此对于研究区内的储层，无论是含气还是含水，都表现为 $P<0$，因此从 7 种组合的 P、G 属性中选取截距 P 属性进行研究区内的储层识别。

图 5-67 为两条截距 P 属性连井剖面，其中红色和黄色区域代表截距低值，即生物礁储层白云岩发育区；蓝色表示截距高值，即礁间致密灰岩的分布。从图上可以看出，生物礁储层多发育在长兴组顶部，如 YN012-6 井、YN012-X7 井、YN012-X9 井及 YN012-X11 井都可以看到储层处明显的低值异常，而在图 5-67（a）中海槽相内部则没有低值 P 的异常。但是这种方法对生物礁边界难以识别，对储层的识别较差，说明该方法对储层识别不适用。

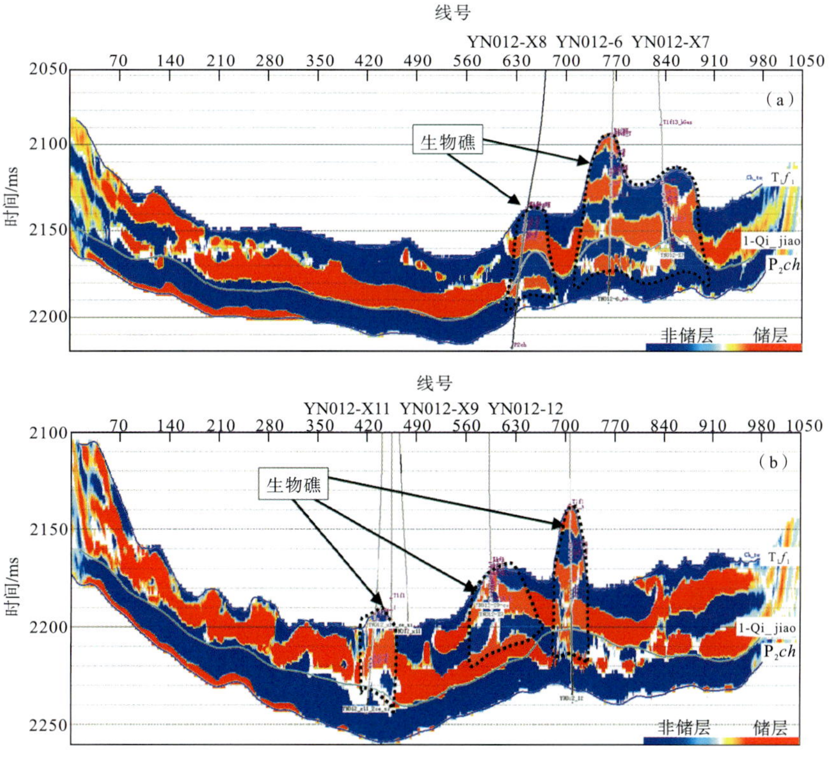

图 5-67　截距 P 地震属性连井剖面

2) 叠前同时反演

根据前文对储层敏感参数的分析：密度、纵横速度比及纵波阻抗是识别生物礁储层的敏感因子，其中密度和纵横波速度比是较好的敏感因子。

图 5-68(a)为 YN012-X8 井-YN012-6 井-YN012-X7 井的叠前密度反演剖面，其中红色代表密度低值，解释为白云岩；黄色代表密度值稍高，解释为灰质白云岩或白云质灰岩；蓝色代表密度高值，解释为非储层致密灰岩。从图上可以看出 YN012-6 井与 YN012-X7 井所在的主体环礁在长兴组早期已经发育。YN012-X8 井由于气层密度偏大，导致储层特征在叠前密度剖面上不明显。图 5-68(b)为 YN012-X11 井-YN012-X9 井-YN012-12 井的叠前密度连井剖面图，其中 YN012-X9 井及 YN012-X11 井靠近海槽，早期礁体均不发育，在长兴组晚期，礁开始发育，但储层物性差，在剖面上显示为黄色。工业气井 YN012-12 井与 YN012-6 井、YN012-X7 井同属环礁，早期礁体发育，且在晚期礁顶部存在良好储层。

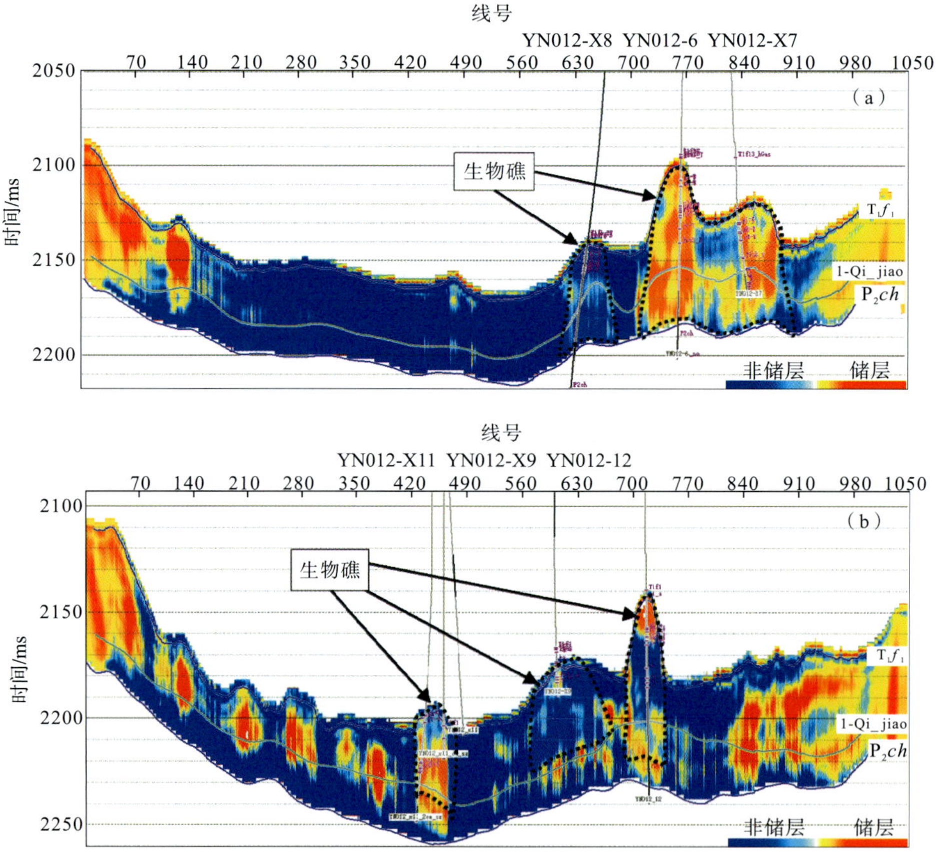

图 5-68 叠前密度反演连井剖面

图 5-69(a)和(b)分别为两条叠前纵横波速度比连井剖面，红黄色代表纵横波速度比低值，蓝色表示高值。YN012-X8 井生物礁处纵横波速度比低值异常明显，与礁间致密围岩差别大，但高产气井 YN012-6 井与 YN012-12 井处储层识别较差。因此，引入横波速度对第III类 AVO 的气层识别效果好，但对于第Ⅳ类 AVO 的气层识别效果不好。

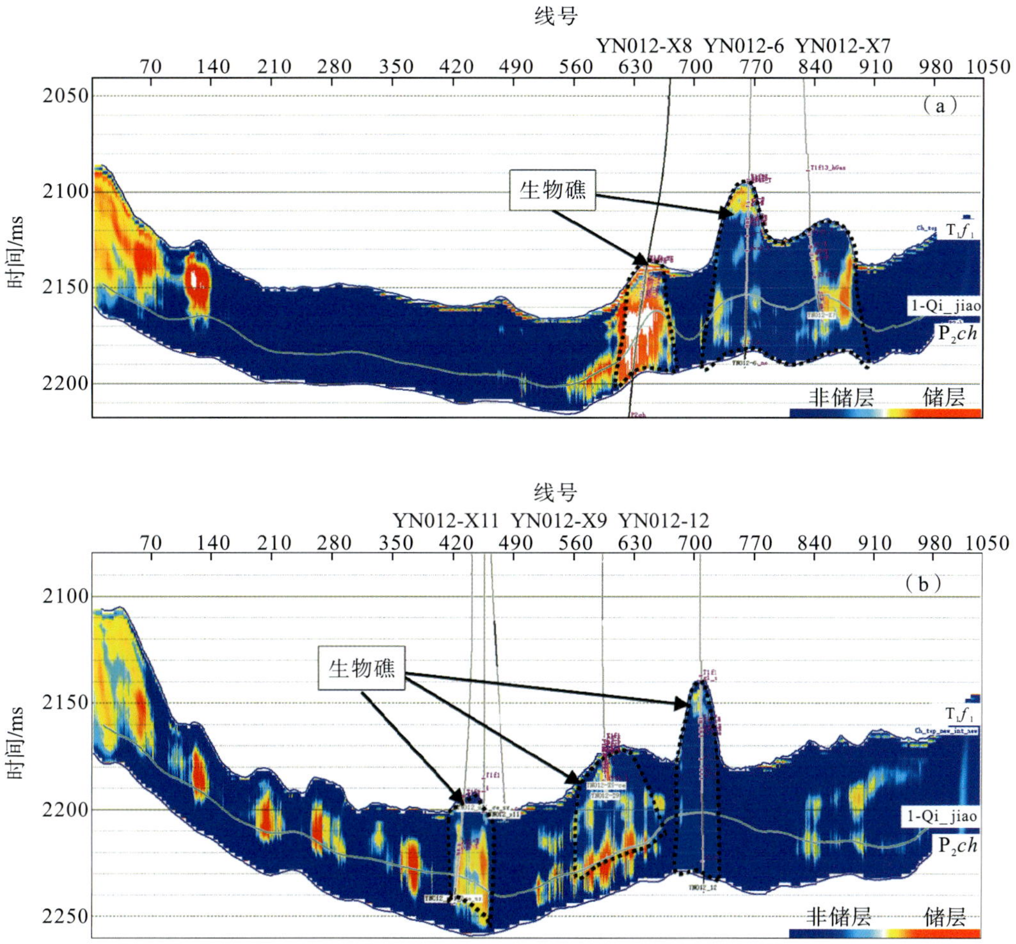

图 5-69　叠前纵横波速度比连井剖面

通过对叠前同时反演结果的对比分析：三种弹性参数的反演结果比较近似，其中叠前密度和叠前纵横波速度比对生物礁边界的刻画更加清晰，与已知钻井的吻合程度也更高。但叠前纵横波速度比反演对早期礁储层识别效果不如叠前密度反演好。

2. 大猫坪地区流体性质预测

1) AVO 属性分析

根据储层 AVO 属性的特征，研究区内气层顶界面显示为 $P<0$，$G>0$ 或 $P<0$，$G<0$，水层顶界面的显示为 $P>0$，$G<0$，因此 $(P+G)_{水}>(P+G)_{气}$。从组合的 P、G 属性中优选出类泊松比 $(P+G)$ 地震属性进行研究区内的气水识别。图 5-70(a) 和 (b) 分别为两条类泊松比连井剖面，该属性受地震数据的影响较大，对高产气井的识别效果好，但对水井 YN012-X9 井的识别效果差。可以看出该方法对环礁边界的识别较差，表明仅使用地震数据(不使用测井信息)识别气水存在局限性。

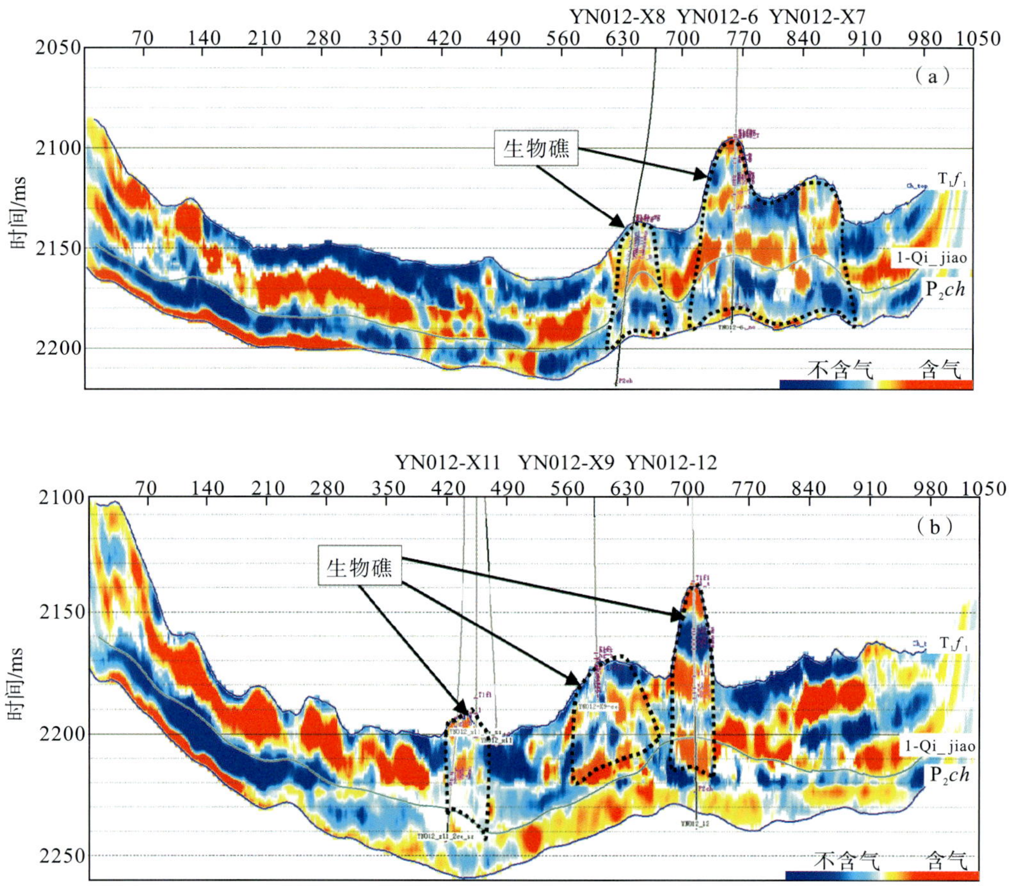

图 5-70　*P+G* 叠前地震属性连井剖面

(a)类横波 *P+G* 属性(YN012-X8 井—YN012-X7 井)；(b)类横波 *P+G* 属性(YN012-X11 井—YN012-12 井)

2)叠前同时反演

根据前文对气水识别的敏感参数分析，认为流体因子 LR 是识别生物礁内气水分布的敏感因子：$LR = Z_P^2 - 2Z_S^2$，表达式中包含了识别礁储层的密度信息和横波信息，反映了流体的弱剪切性。当储层含有流体时，流体因子 LR 为低值。图 5-71(a)和(b)分别为两条流体因子 λ_p 反演连井剖面，其中，红色表示含气饱和度较高，黄色表示含气饱和度稍差，蓝色表示含水储层及非储层。结合生物礁储层预测认为流体因子 LR 与高产井之间有很好的对应关系。在气水同层井 YN012-12 井中，叠前密度反演剖面上可见表征储层的明显密度低值，然而在流体因子 λ_p 反演剖面上水层的流体因子低值不明显，而顶部气层 λ_p 低值依然明显，因此使用流体因子 λ_p 确定研究区内气水的分布是有效的。

根据反演剖面，将各个参数的反演结果与已知钻井进行吻合率比较，结果如表 5-6。对于晚期礁，储层采用纵横波速度比、气水识别采用流体因子 λ_p 的效果更好。因此需要结合纵横波速度比和流体因子 λ_p 来圈定有利区。

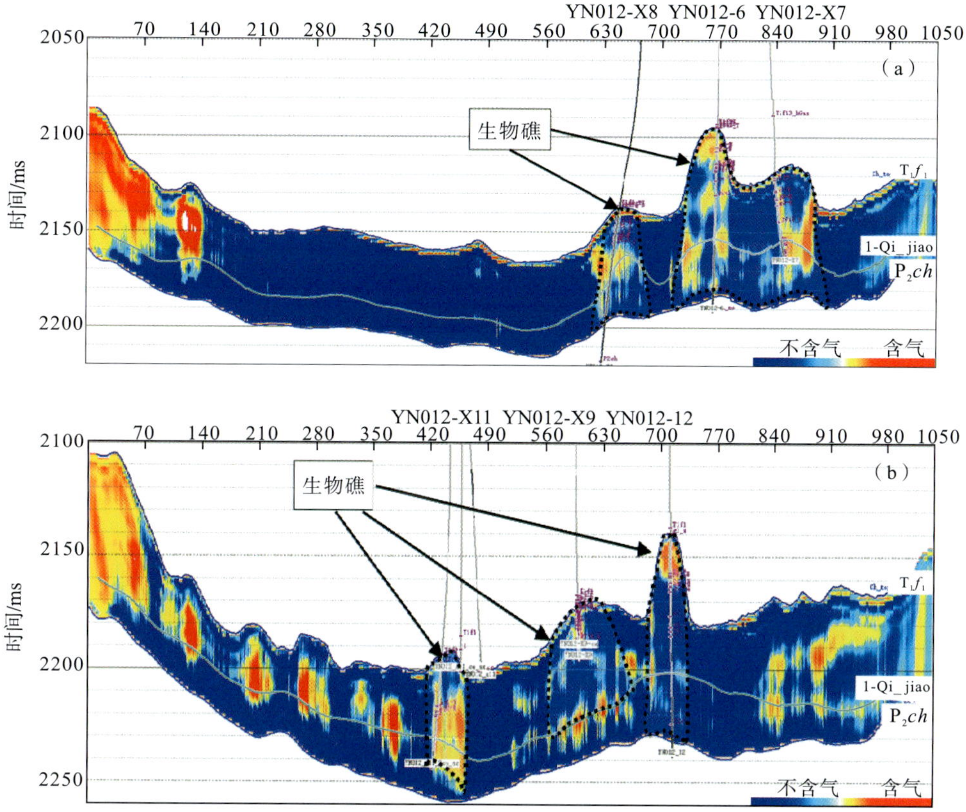

图 5-71　叠前流体因子 λ_p 反演连井剖面图

表 5-6　叠前反演各参数吻合率统计表

井名	近似产量/10^4m^3	储层特征参数				气水特征参数	
		P	密度	纵横波速度比	纵波阻抗	*P+G*	流体因子 LR
YN012-12	40	吻合	吻合	吻合	吻合	吻合	吻合
YN012-6	80	不吻合	吻合	吻合	吻合	吻合	吻合
YN012-X7	90	吻合	吻合	吻合	不吻合	吻合	吻合
YN012-X8	80	不吻合	不吻合	吻合	不吻合	吻合	吻合
YN012-X9-ce	2	吻合	不吻合	不吻合	不吻合	吻合	不吻合
YN012-X11-2ce	8	吻合	吻合	吻合	吻合	吻合	吻合
YA012	60	吻合	吻合	吻合	吻合	不吻合	吻合
YN012-1-C	100	吻合	吻合	不吻合	吻合	不吻合	吻合
YN012-1-Z	微气	吻合	吻合	吻合	吻合	不吻合	吻合
YA012-2	40	吻合	吻合	不吻合	吻合	不吻合	吻合
F003-4	—	吻合	吻合	吻合	吻合	吻合	吻合
F003-X3	60	不吻合	不吻合	不吻合	不吻合	吻合	不吻合
F003-5	—	不吻合	吻合	不吻合	不吻合	不吻合	不吻合
吻合率		69.2%	76.9%	61.5%	61.5%	61.5%	76.9%

(六)大猫坪区块有利区综合评价

对大猫坪地区连片三维地震数据开展叠前同时反演，得到流体因子数据体，提取长兴组顶部向下 15ms 层段内流体因子的平均振幅值[图 5-72(a)]，图中除三维地震边界处资料不可靠外，研究区长兴组顶部气层平面图分布有利区具有较明显的规律性，结合长兴组顶界构造图、长兴组沉积相带分布和生物礁圈闭范围[图 5-72(b)]认为：生物礁圈闭主要分布在构造相对平缓的台地边缘相区，且含气检测有利区与生物礁圈闭发育区基本符合。研究区北部含气检测有利区与已发现的生物礁气藏范围吻合度较好，并且研究区中部和东部新发现 A、B、C 等 3 个含气有利区，其中 A 有利区位于研究区中部新发现生物礁圈闭的主体部位，紧邻研究区北部环礁气藏，纵横波速度比和流体因子低值异常明显，过该长兴组顶部生物礁主体部位的角道集地震记录显示明显具有Ⅳ类 AVO 异常特征，多种信息都反映 A 有利区生物礁储集层发育，富含气特征明显，含气有利区预测面积达约 9km^2，可作为下一步研究区长兴组生物礁气藏勘探开发的重点目标。B、C 有利区位于研究区台地相，属于规模较小的点礁分布区。

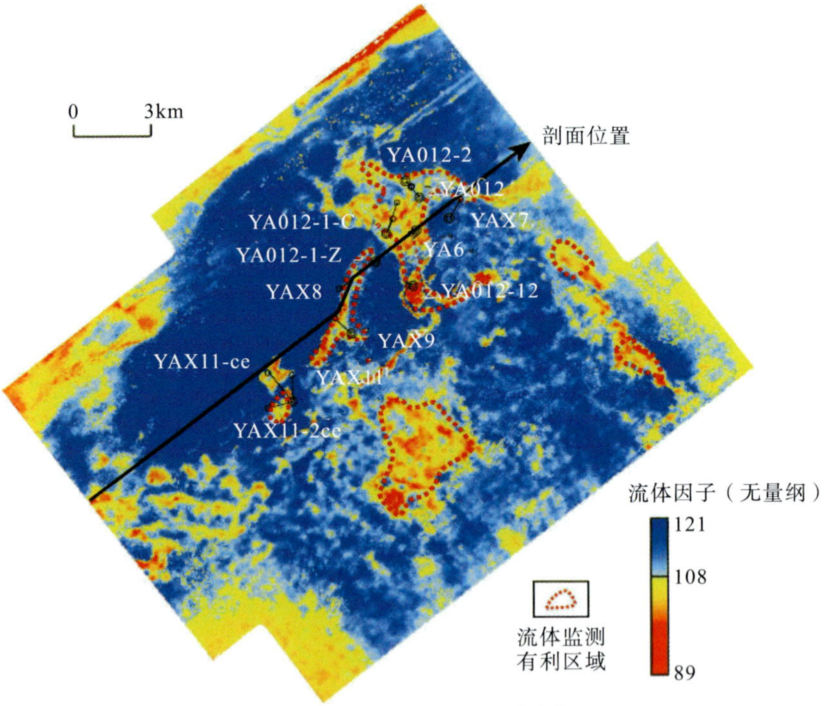

(a)大猫坪区块叠前流体因子预测平面图(据周路等，2018)

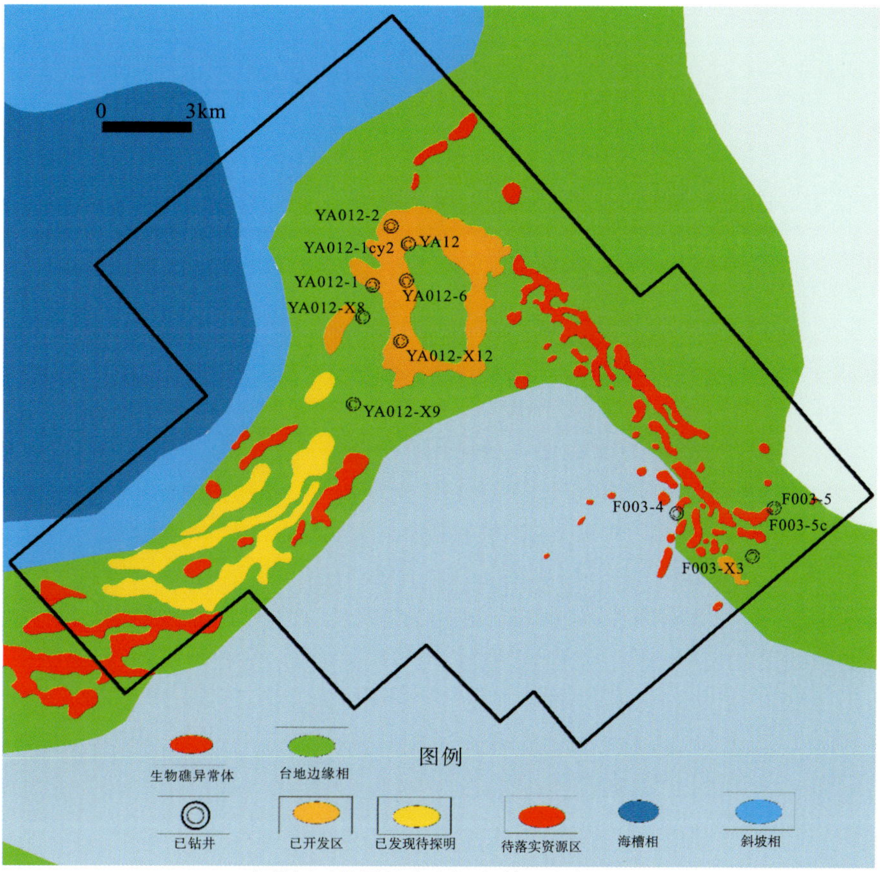

(b)大猫坪区块圈闭及含气有利区叠合图

图 5-72　大猫坪区块生物礁气藏有利区综合评价图

参考文献

蔡正旗，刘其明，张廷山，等，2003. 铜锣峡构造中南段长兴组储层特征及评价[J]. 西南石油学院学报，25(3)：8-11.

蔡正旗，秦启荣，刘其明，等，2003. 铜锣峡构造中南段长兴组裂缝性储层综合预测[J]. 石油学报，24(3)：42-45.

陈更生，曾伟，杨雨，等，2005. 川东北部飞仙关组白云石化成因探讨[J]. 天然气工业，25(4)：40-41.

陈宗清，2008. 四川盆地长兴组生物礁气藏及天然气勘探[J]. 石油勘探与开发，35(2)：148-163.

邓瑛，陈明良，徐姣，等，2016. 川东地区地震老资料连片处理解释总结报告[R]. 成都：中国石油集团川庆钻探工程有限公司地球物理勘探公司.

韩雨桥，2005. 铁山南气田长兴生物礁气藏的储层地质特征研究[J]. 天然气勘探与开发，28(4)：1-5.

何鲤，罗潇，刘莉萍，等，2008. 试论四川盆地晚二叠世沉积环境与礁滩分布[J]. 天然气工业，28(1)：28-32.

何骁，赵松，黄雪松，等，2017. 深层碳酸盐岩礁滩气藏储层成藏机理及勘探开发对策研究——以川东北黄龙场地区为例[M]. 北京：科学出版社.

何治亮，魏修成，钱一雄，等，2011. 海相碳酸盐岩优质储层形成机理与分布预测[J]. 石油与天然气地质，32(4)：489-498.

何治亮，云露，尤东华，等，2019. 塔里木盆地阿-满过渡带超深层碳酸盐岩储层成因与分布预测[J]. 地学前缘，26(1)：13-21.

洪海涛，王一刚，杨天泉，等，2008. 川东地区长兴组沉积相和生物礁气藏分布规律[J]. 天然气工业，28(1)：38-41.

胡东风，王良军，黄仁春，等，2021. 四川盆地中国石化探区油气勘探历程与启示[J]. 新疆石油地质，42(3)：283-290.

黄捍东，罗群，王春英，等，2006. 柴北缘西部中生界剥蚀厚度恢复及其地质意义[J]. 石油勘探与开发，33(1)：44-48.

贾承造，赵文智，邹才能，等，2007. 岩性地层油气藏地质理论与勘探技术[J]. 石油勘探与开发，34(3)：257-272.

贾承造，赵政璋，杜金虎，等，2008. 中国石油重点勘探领域——地质认识，核心技术，勘探成效及勘探方向[J]. 石油勘探与开发，35(4)：385-396.

蒋志斌，王兴志，张帆，等，2008. 四川盆地北部长兴组—飞仙关组生物礁分布及其控制因素[J]. 中国地质，35(5)：940-950.

金若谷，1989. 一种深水沉积标志——“瘤状结核”及其成因[J]. 沉积学报，7(2)：51-60.

金若谷，沈桂梅，须湘官，等，1986. 四川广元二叠系—三叠系界线粘土岩沉积特征及成因探讨[J]. 岩石矿物学杂志，5(2)：107-118.

金之钧，2005. 中国海相碳酸盐岩层系油气勘探特殊性问题[J]. 地学前缘，12(3)：15-22.

康保平，黎华继，廖开贵，等，2008. 四川盆地东部板东构造长兴组生物礁的研究[J]. 石油天然气学报，30(5)：204-206.

雷卞军，强子同，文应初，1994. 川东及邻区上二叠统生物礁的白云岩化[J]. 地质论评，40(6)：534-541.

李登华，唐跃，殷积峰，等，2006. 川东黄龙场构造上二叠统长兴组生物礁特征与潜伏礁预测[J]. 中国地质，33(2)：427-434.

李凤杰，郑荣才，罗清林，等，2007. 四川盆地东北地区长兴组米兰科维奇周期分析[J]. 中国矿业大学学报，36(6)：805-810.

李红亮，汪华，史习杰，1999. 四川盆地川东地区上二叠统礁白云石的类型及其特征[J]. 天然气勘探与开发，22(3)：25-28.

李文成，彭嫦姿，杨鸿飞，2014. 横波预测技术在 YB 地区的应用[J]. 地球物理学进展，29(4)：1695-1700.

李亚红，2002. 四川盆地东北部三叠系飞仙关组碳酸盐岩储层高分辨率层序地层学分析与储层预测[D]. 北京：中国地质大学.

刘海林，徐明华，李灿平，2002. 川东黄龙场构造长兴组生物礁分布地震预测研究[J]. 物探化探计算技术，24(2)：106-110.

刘宏，谭秀成，唐昱哲，等，2017. 开江—梁平海槽东侧长兴组气水预测[R]. 成都：西南石油大学.

刘树根，罗志立，1991. 倒转构造及其在四川构造地质研究中的意义[J]. 四川地质学报，11(4)：239-242.
马永生，蔡勋育，赵培荣，等，2010. 四川盆地大中型天然气田分布特征与勘探方向[J]. 石油学报，31(3)：347-354.
马永生，牟传龙，谭钦银，等，2006a. 关于开江—梁平海槽的认识[J]. 石油与天然气地质，27(3)：326-331.
马永生，牟传龙，郭旭升，等，2006b. 四川盆地东北部长兴期沉积特征与沉积格局[J]. 地质论评，52(1)：25-29.
马永生，2007. 四川盆地普光超大型气田的形成机制[J]. 石油学报，28(2)：9-14.
彭鹏，2012. 建南3D叠前地震属性方法的比较与研究[D]. 荆州：长江大学.
强子同，文应初，唐杰，等，1990. 四川及邻区晚二叠世沉积作用及沉积盆地的发展[J]. 沉积学报，8(1)：79-90.
邱健，杨智仁，2002. 地震资料目标处理解释技术在川东高陡构造地区应用中的典型实例[J]. 天然气勘探与开发，25(3)：43-56.
任兴国，罗利，姚声贤，等，2000. 川东地区生物礁测井预测方法研究[J]. 石油勘探与开发，27(1)：2-10.
单文琅，傅昭仁，宋鸿林，1991. 大陆韧性伸展构造系统解析纲要[J]. 地球科学：中国地质大学学报，16(5)：515-522.
沈平，徐仁芬，李宗银，等，1998. 川东五百梯气田成藏条件及高效勘探经验[J]. 天然气工业，18(6)：7，20-24.
沈平，赵佐安，曾云贤，等，2007. 川东北部飞仙关组鲕滩气藏的发现及气藏特征[J]. 西南石油大学学报，32(1)：1-4，137.
四川油气区石油地质志编写组，1989. 中国石油地质志卷十：四川油气区[M]. 北京：石油工业出版社.
四川油气田发展简史编写组，2008. 四川油气田发展简史：1958—2008[M]. 成都：四川科学技术出版社.
孙文艳，向雪梅，王彬权，等，2019. 五百梯—罗顶寨区块三维地震老资料处理解释[R]. 南京：中国石油化工股份有限公司石油物探技术研究院.
谭秀成，2007. 多旋回复杂碳酸盐岩储层地质模型——以川中磨溪构造嘉二气藏为例[D]. 成都：成都理工大学.
谭秀成，罗冰，江兴福，等，2012. 四川盆地基底断裂对长兴组生物礁的控制作用研究[J]. 地质论评，58(2)：277-284.
童崇光，1985. 四川盆地找气的新领域[J]. 石油学报，6(1)：117-118.
童崇光，1992. 四川盆地构造演化与油气聚集[M]. 北京：地质出版社.
童崇光，张亮鉴，1981. 川东南地区区域构造特征及圈闭类型与气藏分布关系[J]. 石油实验地质，8(3)：155-165.
汪华，沈浩，黄东，等，2014. 四川盆地中二叠统热水白云岩成因及其分布[J]. 天然气工业，34(9)：25-32.
王兴志，张帆，马青，等，2002. 四川盆地东部晚二叠世—早三叠世飞仙关期礁滩特征与海平面变化[J]. 沉积学报，20(2)：249-254.
王一刚，文应初，洪海涛，等，2006. 四川盆地开江—梁平海槽内发现大隆组[J]. 天然气工业，26(9)：32-36.
王一刚，文应初，张帆，等，1998. 川东地区上二叠统长兴组生物礁分布规律[J]. 天然气工业，18(6)：10-15.
文龙，张奇，杨雨，等，2012. 四川盆地长兴组—飞仙关组礁、滩分布的控制因素及有利勘探区带[J]. 天然气工业，32(1)：39-44.
闫海军，彭先，夏钦禹，等，2020. 高石梯—磨溪地区灯影组四段岩溶古地貌分布特征及其对气藏开发的指导意义[J]. 石油学报，41(6)：658-670.
杨雨，王一刚，文应初，2001. 川东飞仙关组沉积相与鲕滩气藏的分布[J]. 天然气勘探与开发，24(3)：18-21.
杨跃明，文龙，罗冰，等，2016. 四川盆地达州—开江古隆起沉积构造演化及油气成藏条件分析[J]. 天然气工业，36(8)：1-10.
叶勇，2008. 碳酸盐岩缝洞型储层预测技术及在塔河油田南部的应用研究[D]. 武汉：中国地质大学.
殷积峰，谷志东，李秋芬，2013. 四川盆地大川中地区深层断裂发育特征及其地质意义[J]. 石油与天然气地质，34(3)：376-382.
曾汇川，何骁，赵松，等，2017. 复杂构造带深层碳酸盐岩礁滩气藏高效勘探开发技术——以川东北龙会场地区为例[M]. 北京：科学出版社.
曾伟，黄先平，杨雨，等，2006. 川东地区飞仙关组储层中的埋藏溶蚀作用[J]. 天然气工业，26(11)：4-6.
曾伟，黄先平，杨雨，等，2007. 川东下三叠统飞仙关组白云岩成因及分布[J]. 西南石油大学学报，29(1)：19-22.

张水昌，梁狄刚，陈建平，等，2017. 中国海相油气形成与分布[M]. 北京：科学出版社.

赵虎，尹成，张云峰，等，2018. 五百梯区块滚动开发目标地震老资料处理解释[R]. 成都：西南石油大学.

赵文光，郭彤楼，蔡忠贤，等，2010. 川东北地区二叠系长兴组生物礁类型及控制因素[J]. 现代地质，24(5)：951-956.

钟建华，温志峰，李勇，等，2005. 生物礁的研究现状与发展趋势[J]. 地质论评，51(3)：288-300.

周路，吴勇，刘怡，等，2018. 大猫坪西-大猫坪区块三维地震资料平行处理解释[R]. 成都：西南石油大学.

朱筱敏，钟大康，袁选俊，等，2016. 中国含油气盆地沉积地质学进展[J]. 石油勘探与开发，43(5)：820-829.

Castagna J P，Sun S J，Siegfried R W，2003. Instantaneous spectral analysis：detection of low-frequency shadows associated with hydrocarbons[J]. The Leading Edge，22：120-127.

Choquette P W，Pray L C，1970. Geologic nomenclature and classification of porosity in sedimentary carbonates[J]. AAPG Bulletin，54(2)：207-250.

Gu Y F，Jiang Y Q，Fu Y H，et al.，2019. Hydrocarbon accumulation and main controlling factors of reef-shoal gas reservoirs in Changxing Formation in the complex tectonic area，Eastern Sichuan Basin[J]. Arabian Journal of Geosciences，12(24)：1-15.

He Z H，Xiong X J，Bian L E，Numerical simulation of seismic low-frequency shadows and its application[J]. Applied Geophysics，5(4)：301-306.

Hu M Y，Hu Z G，Qiu X S，et al.，2012. Platform edge reef and bank structure and depositional model of Changxing formation in Panlongdong section，Xuanhan，northeastern Sichuan[J]. Journal of Earth Science，23(4)：431-441.

Hu Z W，Huang S T，Li Z M，et al.，2013. Geochemical characteristics of the Permian Changxing formation reef dolomites，northeastern Sichuan Basin，China[J]. Petroleum Science，10(1)：38-49.

James N P，Ginsburg R N，1979. The seaward margin of belize barrier and atoll reefs：morphology，sedimentology，organism distribution and Late Quaternary history[M]. Oxford：Blackwell Scientific Publications.

Jiang L，Worden R H，Cai C F，et al.，2014. Dolomitization of gas reservoirs：the upper Permian Changxing and lower Triassic Feixianguan Formations，northeast Sichuan Basin，China[J]. Journal of Sedimentary Research，84(10)：792-815.

Jin X J，Dou Q F，Hou J G，et al.，2017. Rock-physics-model-based pore type characterization and its implication for porosity and permeability qualification in a deeply-buried carbonate reservoir，Changxing formation，Lower Permian，Sichuan Bain，China[J]. Journal of Petroleum Science and Engineering，153：223-233.

Li Z M，Xue E S，Fan M，et al.，2010. Geochemical characteristics and formation of dolostones from the Changxing Formation at Puguang gas field in Sichuan Basin[J]. Geochimica，39(4)：371-380.

Liang H R，Xu F H，Xu G S，et al.，2019. Geochemical characteristics and origins of the diagenetic fluids of the Permian Changxing Formation calcites in the Southeastern Sichuan Basin：evidence from petrography，inclusions and Sr，C and O isotopes[J]. Marine and Petroleum Geology，103：564-580.

Liu C H，Xie Q，Wang G W，et al.，2016. Dolomite origin and its implication for porosity development of the carbonate gas reservoirs in the Upper Permian Changxing Formation of the eastern Sichuan Basin，Southwest China[J]. Journal of Natural Gas Science and Engineering，35：775-797.

Long S X，Huang R C，Li H T，et al.，2011. Formation mechanism of the Changxing formation gas reservoir in the Yuanba gas field，Sichuan Basin，China[J]. Acta Geologica Sinica-English Edition，85(1)：233-242.

Sheriff R E，2002. Encyclopedic dictionary of applied geophysics[M]. Tulsa：Society of Exploration Geophysicists.

Taner M T，Koehler F，Sheriff R E，1979. Complex seismic trace analysis[J]. Geophysics，44(6)：1041-1063.

Zhang B，Zheng R C，Wang X B，et al.，2012. Geochemical characteristics and diagenetic systems of dolomite reservoirs of the

Changxing Formation in the eastern Sichuan Basin，China[J]. Petroleum Science，9(2)：141-153.

Zhao R，Wu Y S，Jiang H X，et al.，2017. Oxygen isotope clue to migration of dolomitizing fluid as exampled by the Changxing Formation dolomite at Panlongdong，Northeastern Sichuan[J]. Journal of Earth Science，28(2)：333-346.

Zheng Q F，Cao C Q，Zhang M Y，2013. Sedimentary features of the Permian-Triassic boundary sequence of the Meishan section in Changxing County，Zhejiang Province[J]. Science China Earth Sciences，56(6)：956-969.